全国高等院校人工智能系列"十三五"规划教材

TensorFlow 应用案例教程

方志军　高永彬　吴晨谋　编著

中国铁道出版社有限公司
CHINA RAILWAY PUBLISHING HOUSE CO., LTD.

内 容 简 介

TensorFlow 是由 Google 团队开发的一套基于数据流的深度学习框架,广泛应用于计算机视觉中各类算法模型的代码实现。本书用 4 章的内容,结合深度学习中的基本概念,深入浅出地介绍了 TensorFlow 的基本概念、安装以及使用方法。为了使读者了解最新的科研成果,本书介绍了当前计算机视觉中图像分类、目标检测、目标分割以及生成对抗网络等方向的最新算法,从算法的提出背景、算法设计思想以及代码实践三个方面对算法进行剖析,便于读者快速上手和深入学习。

本书要求读者具有使用 Python 进行编程的基础。本书所有的代码都采用 Python 语言编写,适合研究计算机视觉以及相关领域的学生和老师、初次接触计算机视觉但具有 Python 基础并想进行深入研究的人员学习参考。

图书在版编目(CIP)数据

TensorFlow 应用案例教程/方志军,高永彬,吴晨谋编著.—北京:中国铁道出版社有限公司,2020.9(2021.12重印)
全国高等院校人工智能系列"十三五"规划教材
ISBN 978-7-113-27206-7

Ⅰ. ①T… Ⅱ. ①方… ②高… ③吴… Ⅲ. ①人工智能–算法–高等学校–教材 Ⅳ. ①TP18

中国版本图书馆 CIP 数据核字(2020)第 163609 号

书　　名:TensorFlow 应用案例教程
作　　者:方志军　高永彬　吴晨谋

策　　划:曹莉群　　　　　　　　　　　编辑部电话:(010)51873202
责任编辑:刘丽丽　贾淑媛
封面设计:刘　颖
责任校对:张玉华
责任印制:樊启鹏

出版发行:中国铁道出版社有限公司(100054,北京市西城区右安门西街 8 号)
网　　址:http://www.tdpress.com/51eds/
印　　刷:北京柏力行彩印有限公司
版　　次:2020 年 9 月第 1 版　2021 年 12 月第 2 次印刷
开　　本:787 mm×1 092 mm　1/16　印张:15.75　字数:374 千
书　　号:ISBN 978-7-113-27206-7
定　　价:59.00 元

版权所有　侵权必究

凡购买铁道版图书,如有印制质量问题,请与本社教材图书营销部联系调换。电话:(010)63550836
打击盗版举报电话:(010)63549461

前　言

计算机视觉领域的快速发展离不开深度学习技术，而深度学习框架作为深度学习中一种最基本且最重要的工具，是计算机视觉领域快速发展的基础。无论是学术界还是工业界都离不开深度学习框架的使用。相较于其他深度学习框架，TensorFlow 拥有全面而且灵活的生态系统，其中包含各种工具、库以及社区资源，使开发者能轻松地构建和部署深度学习模型。因此，本书致力于向读者详细介绍 TensorFlow 的安装及使用方法，并且为使读者了解计算机视觉领域最新的科研动态，本书从图像分类、目标检测、目标分割以及生成对抗网络 4 个方向分别介绍了几个最新的算法网络。同时，本书第 4 章给出了 4 个使用 TensorFlow 完成深度学习任务的案例，这些案例涉及人脸识别、车牌识别、图像风格迁移等方面，在实际生活中有很大的应用参考价值。

本书作为一本应用型教材，与其他书籍相比具有如下特色：

（1）内容安排合理且全面，从神经元的基本概念、卷积、激活函数等，到 TensorFlow 的安装配置，再到计算机视觉中经典算法的讲解，最后到实际应用案例，循序渐进、深入浅出地介绍了深度学习的相关内容。

（2）适用范围广。本书既有对深度学习基本知识和 TensorFlow 的基本使用方法的介绍，同时也有相对较高阶的经典算法分析，不仅适合于初学者入门，同时也适合有一定基础且对相应算法感兴趣的读者使用。

（3）理论与案例相结合，理论与实践相结合。本书第 4 章介绍 4 个应用案例，基本涵盖了常用的深度学习领域。

本书主要分为以下 4 章。

第 1 章：深度学习原理。本章主要介绍深度学习中的一些基本概念和基本的神经网络模型。第 1.1 节以生物学中大脑神经元工作机制为导引，介绍了人工神经网络在计算机科学中的发展、运行原理以及优化过程；第 1.2 节从人工神经网络的缺陷出发，讲解了卷积神经网络的设计理念和核心部分，介绍了多个经典卷积神经网络模型；第 1.3 节从数据层面出发，讲解了循环神经网络设计理念和核心部分，介绍了基础循环神经网络、长短期记忆网络和门控循环单元网络三个经典模型；第 1.4 节介绍了近年来热门的生成式对抗网络模型设计理念和基本概念，以及 WGAN、CycleGAN 和 BigGAN 三个较为典型的改进模型。

第 2 章：TensorFlow 简介。本章主要介绍 TensorFlow 的安装方法、基本概念以及使用方法。第 2.1 节介绍 TensorFlow 的安装方法；第 2.2 节介绍 Tensor 的定义、常见形式和使用方法；第 2.3 节介绍计算图和会话在 TensorFlow 整体框架中的概念，以及如何搭建一个 Tensorflow 框架。第 2.4 节介绍了如何运行一个 TensorFlow 框架，整个流程中包含示例和文字说明。第 2.5 节介绍 TensorFlow 中常用的函数，包含常见的卷积函数、池化函数和全连接函数等。第 2.6 节介绍 TensorFlow 中的可视化问题。

第 3 章：经典视觉图像处理算法。本章介绍计算机视觉领域比较经典的深度学习图像处理算法，从算法提出背景、设计思想和代码实践三个方面进行剖析。第 3.1 节介绍了深度学习在图像分类任务中的热门模型，从基础的 AlexNet，到改进的 GoogLeNet，再到当下最流行的 ResNet 模型。第 3.2 节介绍了深度学习在目标检测中的热门模型，从最初的 Faster R-CNN 到热门的 YOLO 以及近几年的 M2Det 模型。第 3.3 节介绍了深度学习在目标分割中的热门模型，包括 U-Net、Mask R-CNN 和 RefineNet 三个网络模型。第 3.4 节介绍了深度学习在数据生成中的热门模型，包括基础的 GAN 网络和基于不同思想改进的 DCGAN、WGAN 和 BigGAN 三个网络模型。

第 4 章：TensorFlow 应用案例。本章介绍四个基于 TensorFlow 的应用案例，分别从案例背景、原理分析和代码实现三个方面进行叙述。第 4.1 节为人脸识别和性别年龄判别，分别介绍了如何搭建系统以及系统中每一个模块的功能与实现；第 4.2 节介绍车牌识别系统的搭建以及各个模块的功能与实现；第 4.3 节为图像风格迁移的实例，介绍了风格迁移的原理和实现方法；第 4.4 节为命名实体标注的实例，介绍了针对自然文本如何进行分词，以及词性标注、识别与关键词抽取。

本书由方志军、高永彬和吴晨谋编著。具体编写分工如下：方志军编写第 1 章；高永彬编写第 2、3 章；吴晨谋编写第 4 章。感谢姚依凡、齐欣宇、卢俊鑫、田方正和周恒对本书的贡献。

由于编者水平有限，加之时间仓促，书中难免存在疏漏和不足之处，敬请老师和同学批评指正。

编 者

2020 年 6 月

目 录

- 第1章 深度学习原理 ………… 1
  - 1.1 神经网络概述………… 3
    - 1.1.1 神经元………… 4
    - 1.1.2 神经网络模型 ………… 6
    - 1.1.3 代价函数………… 7
    - 1.1.4 神经网络的优化 ………… 8
    - 1.1.5 神经网络应用实例 ……… 9
  - 1.2 卷积神经网络 ………… 10
    - 1.2.1 基本概念………… 10
    - 1.2.2 经典的卷积神经网络 ………… 13
  - 1.3 循环神经网络 ………… 18
    - 1.3.1 长短期记忆网络 ………… 19
    - 1.3.2 门控循环单元网络 …… 20
  - 1.4 生成式对抗网络 ………… 20
    - 1.4.1 Vanilla GAN ………… 21
    - 1.4.2 WGAN ………… 22
    - 1.4.3 CycleGAN ………… 22
    - 1.4.4 BigGAN ………… 23
  - 本章小结………… 24

- 第2章 TensorFlow 简介 ……… 25
  - 2.1 TensorFlow 的安装 ………… 25
  - 2.2 Tensor 的基本概念 ………… 26
    - 2.2.1 Tensor 的常见形式 …… 28
    - 2.2.2 Tensor 的类型和属性………… 29
    - 2.2.3 Tensor 的使用 ………… 30
  - 2.3 TensorFlow 的框架 ………… 30
    - 2.3.1 计算图(graph) ………… 30
    - 2.3.2 会话(Session) ………… 31
    - 2.3.3 框架………… 32
  - 2.4 TensorFlow 的实现流程 …… 33
    - 2.4.1 运行流程——例子说明………… 33
    - 2.4.2 运行流程——文字说明………… 34
  - 2.5 神经网络中 TensorFlow 的常用函数 ………… 35
    - 2.5.1 卷积与反卷积操作…… 35
    - 2.5.2 激活函数 ………… 40
    - 2.5.3 池化层 ………… 42
    - 2.5.4 批量标准化 ………… 43
    - 2.5.5 随机丢失 ………… 44
    - 2.5.6 全连接层 ………… 45
    - 2.5.7 常用损失函数 ………… 46
    - 2.5.8 LSTM 构建常用函数 ………… 47
  - 2.6 TensorFlow 的可视化 ……… 48
    - 2.6.1 TensorBoard 简介 …… 48
    - 2.6.2 TensorBoard 计算图可视化………… 50
    - 2.6.3 TensorBoard 其他可视化 ………… 50
  - 本章小结 ………… 53

- 第3章 经典视觉图像处理算法 ………… 54
  - 3.1 图像分类 ………… 54
    - 3.1.1 AlexNet ………… 56
    - 3.1.2 GoogLetNet ………… 62
    - 3.1.3 ResNet ………… 77
  - 3.2 目标检测 ………… 84
    - 3.2.1 Faster R-CNN ………… 86
    - 3.2.2 YOLO ………… 99

3.2.3 M2Det …………… 111
3.3 目标分割…………………… 119
　3.3.1 U-Net 网络………… 119
　3.3.2 Mask R-CNN
　　　　网络 …………… 125
　3.3.3 RefineNet 网络 …… 134
3.4 生成对抗网络……………… 139
　3.4.1 基础 GAN(Vanilla
　　　　GAN)…………… 140
　3.4.2 DCGAN …………… 150
　3.4.3 WGAN …………… 153
　3.4.4 BigGAN …………… 162
本章小结 ………………………… 179

第4章 TensorFlow 应用案例 …………… 181

4.1 人脸识别与性别年龄
　　判别…………………………… 181
　4.1.1 背景介绍 …………… 181
　4.1.2 原理分析 …………… 181
　4.1.3 代码实现 …………… 185
4.2 车牌识别…………………… 198
　4.2.1 背景介绍 …………… 198
　4.2.2 原理分析 …………… 199
　4.2.3 代码实现 …………… 200
4.3 图像风格迁移……………… 213
　4.3.1 基于 VGG-19 的图像
　　　　风格迁移 ………… 213
　4.3.2 基于 CycleGAN 的图像
　　　　风格迁移 ………… 225
4.4 命名实体标注……………… 238
　4.4.1 背景介绍 …………… 238
　4.4.2 概念解释 …………… 239
　4.4.3 模型 ………………… 240
　4.4.4 代码研读 …………… 242
本章小结 ………………………… 243

参考文献 …………………… 244

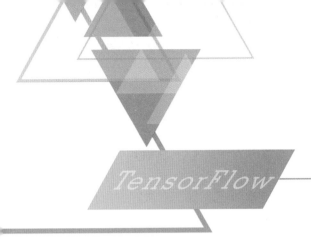

第 1 章
深度学习原理

深度学习(Deep Learning)在人工智能领域取得了瞩目成就,是近年来十分火热的一个研究领域。从根本上来说,深度学习是为了让计算机模拟人脑,具备像人一样的分析学习能力,让计算机去解决那些对人来说容易执行、但难以形式化描述的任务,比如理解人所说的话或者识别图像中的人物等。对于这些问题,人们凭借与生俱来的能力就可以轻易解决,但对计算机而言却显得尤为困难,而深度学习就是在这个背景之下提出的一种新颖的解决方案。

机器学习(Machine Learning,ML)指让计算机学习有限样本,总结出样本中的一般性规律,使其应用到全新的数据集上的方法。比如,现在拥有一些胃癌的历史病历,通过学习,机器总结出了症状和疾病之间的规律。在这之后,如若有新的病人,便可以对比总结出的规律,来确定该患者是否得了胃癌。

传统的机器学习侧重于如何让机器学习一个预测模型。通常来说,先将数据表示为一组特征(Feature),特征的表示形式是多样的,可以是连续的数值或离散的符号,也可以是其他形式。表示完毕后将这些特征输入到预测模型,使其输出预测结果。这类机器学习可视作为浅层学习(Shallow Learning)。但浅层学习的缺点是无法自动学习特征,也就是说特征主要靠人工经验或特征转换方法的方式来抽取。

深度学习与传统的机器学习相比,优势在于其能够从数据中自动学习到有意义的特征表示。深度学习模型通常使用神经网络架构来实现,可以有几层神经网络,也可以有几十层乃至上百层神经网络。具体来说,深度学习能够通过连续的网络层,学习数据的特征表示,并且每一层都在前一层的基础上学习了更有效的特征表示。由于神经网络模型一般比较复杂,所以复杂的神经网络的学习可以看做是一种深度的机器学习,即深度学习。

不仅如此,深度学习还实现了端到端学习(End-to-End Learning)。与传统的机器学习不同,深度学习能够在学习过程中不进行分模块或分阶段训练,直接优化任务的总体目标。通常,端到端学习不需要明确给出不同模块或阶段的功能,而且学习过程中无须人为干预。端到端学习的训练数据采用"输入-输出"对的形式,并且不需要给出其他信息[1]。

深度学习模型主要使用神经网络,但深度学习与神经网络并不等同。深度学习中最关键的一个问题是解决贡献度分配问题(Credit Assignment Problem),也就是一个系统中的每一个组件对最终输出结果的贡献或影响。神经网络能够使用误差反向传播算法,所以能够较好地解决贡献度分配问题。也就是说,深度学习既可以用神经网络,也可以采用其他模型。但由于神经网络能够较好地解决贡献度分配问题,所以深度学习主要采用了神经网络。

深度学习应用范围极其广泛,常用于鉴别应用场景,比如人脸识别、文本翻译、语音识别、高级驾驶辅助系统。而且深度学习改变了传统的互联网商务,例如网络搜索、广告推送和推荐系统。此外,深度学习也在许多新产品新企业中以很多方式帮助人们,比如同声翻译、文本识别和股票走势预测等。

在健康方面,深度学习做得非常好的一个方面是读取 X 光图像。在教育方面,深度学习能够根据用户的个人习惯,合理定制个性化服务。甚至在农业、卫生、自动驾驶以及其他的一些方面,深度学习都能带来一些令人眼前一亮的操作。

图 1-1 所示是深度学习模型的示意图。

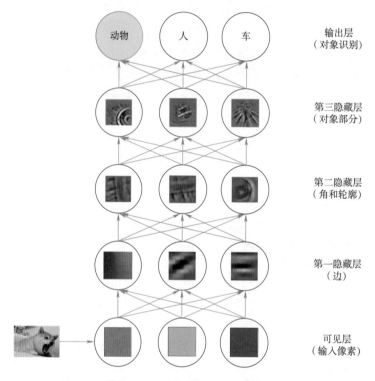

图 1-1 深度学习模型的示意图

如图 1-1 所示,人类轻易就能理解的图像,对计算机而言不过是一堆像素值的集合。为了让计算机理解输入数据的含义,需要将一组像素映射到对象标识的函数。深度学习中,深度学习网络将所需的复杂映射分解为一系列嵌套的简单映射。在可见层(Visible Layer,即输入层 Input Layer)输入像素,将输入层这样命名是因为该层包含了所能观察到的变量。紧跟着的是一系列隐藏层(Hidden Layer),它们能够从图像中提取越来越多的抽象特征,由于它们的值不在数据中给出,无法直接观察,所以将这些层称为"隐藏层"。输入像素后,第一隐藏层能够通过比较相邻像素的亮度来识别边缘。在识别边缘的基础上,第二隐藏层能够搜索角和轮廓的边的集合。有了角和轮廓的图像描述,第三隐藏层找到角和轮廓的特定集合来检测特定对象的整个部分。最后一层,通常被称为输出层(Output Layer),通过图像描述中所包含的对象,识别图像中存在的物体,输出结果。

如果说深度学习如此强大,并且深度学习和神经网络的基础理论技术已经存在几十年了,那么为什么到近几年两者才逐渐受到大众的追捧?可以用一张图来解释这个问题,如图1-2所示,水平方向代表着用于训练模型的数据量,垂直方向代表着模型的性能。根据示意图可以直观发现,传统的机器学习算法随着数据量的增多其性能在上升,但是当上升至一定阶段后,它的性能却会随着数据的增多而下降。然而深度学习却随着数据量的不断增多,性能不断得到提升。而过去几十年里,我们遇到的大多数问题都只有相对较少的数据量,即深度学习并没有太大的用武之地。

现在,随着数字化时代的到来,一个行业从几十年前开始保存并不断更新存档的数据就是一个非常大的量,更何况有那么多的行业。再者,数据获取的成本比以往大大降低了。同时,每个人手中的智能手机、各种传感器的发明与传感器的数据获取,都让我们更加容易获取海量数据。这个数据量的规模,传统的机器学习算法已经无法应对,没有办法高效发挥其自身的优势。这些都为深度学习的蓬勃发展奠定了基础。

神经网络为人类分析海量的数据提供了一条崭新的道路。神经网络展现出的优势是:如果训练一个小型的神经网络,那么它的性能表现会符合图1-3所示的黄色曲线;如果训练一个稍微大点的神经网络,性能则会满足绿色曲线的走势;如果训练一个大型神经网络,曲线则会表现出蓝色曲线的走势。因此可以注意到:如果有足够大的数据规模,那么完全可以设计一个非常复杂的神经网络来发挥出庞大的数据规模的巨大优势。当然神经网络的发展,另外一个条件就是计算机硬件的飞速发展,GPU并行运算加快了神经网络的训练速度,使得在几十年前需要运算数月的一个任务,如今一天之内便可以完成。

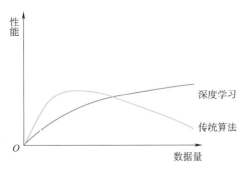

图1-2 传统算法与深度学习性能上的比较

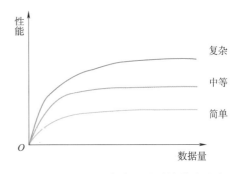

图1-3 神经网络复杂程度对性能的影响

1.1 神经网络概述

人工神经网络(Artificial Neural Network,ANN)简称神经网络(Neural Network),是人类为了实现人工智能所提出的一种模拟人脑思维方式的数学模型,能够模仿人类大脑神经网络的结构和行为。与人脑神经网络类似,人工神经网络是由多个人工神经元(Neuron)连接而成的网络结构模型。

1.1.1 神经元

神经元是神经网络的基本组成单元(又称激活单元或单元),能够模拟生物神经元的结构和特性,采纳一些特征作为输入,并且根据本身的模型提供一个输出:

假设有一个神经元接收了 n 个输入 $x_1, x_2, \cdots, x_n$,用向量 $\boldsymbol{x} = [x_1, x_2, \cdots, x_n]$ 表示输入,并用 z 表示该神经元所接收的输入的加权和:

$$z = \sum_{i=1}^{n} w_i x_i + b$$

这里的 $\boldsymbol{w} = [w_1, w_2, \cdots, w_n]$ 是 n 维的权重(Weight)向量,b 为偏置项(Bias)。而权重 w 是指该输入对输出的影响大小值。当 z 经过一个非线性函数 f 之后,获得神经元的活性值(Activation) y。

$$y = f(z)$$

通常将非线性函数 $f(\ )$ 称为激活函数(Activation Function)。

典型的神经元结构如图 1-4 所示。

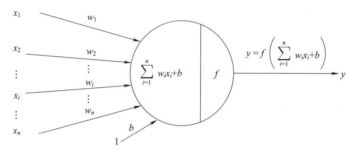

图 1-4 神经元的结构图

选择合适的激活函数是神经网络非常重要的一环。合适的激活函数能够使网络更加强大,进而学习更复杂的事物。一般来说,一个激活函数须具备以下性质:

①非线性,且连续可导。非线性保证了多层网络不退化成单层线性网络,可导保证了在优化中梯度的可计算性。

②计算简单。简单的非线性函数有利于提高计算效率。

③有限的输出范围。这能保证网络的稳定性。

常用的激活函数有:Sigmoid( )函数、Tanh( )函数(双曲正切函数)、ReLU( )函数(线性修正单元),以及后来由 ReLU( )演变而来的 Leaky-ReLU( )、P-ReLU( )等。这里简单介绍一下 Sigmoid( )函数、Tanh( )函数和 ReLU( )函数。

1. Sigmoid( )函数

Sigmoid( )函数又称 Logistic( )函数,其数学定义为:

$$S(x) = \frac{1}{1 + e^{-x}}$$

值域范围为 $(0,1)$,Sigmoid( )函数能够将一个实数域的输入映射到区间 $(0,1)$。但输入的值在 0 附近时,Sigmoid( )函数可近似看做线性函数;而当输入的值在两端附近时,输入的值越小,输出越接近于0,输入的值越大,输出越接近于1。

优点:易于求导,其数学性质好。

缺点:求导涉及除法,计算量大;反向传播时,容易出现梯度消失的情况,导致训练失败。

2. Tanh( )函数

Tanh( )函数,即双曲线正切函数,对应数学定义为:

$$\tanh(x) = \frac{\sinh(x)}{\cosh(x)} = \frac{e^x - e^{-x}}{e^x + e^{-x}}$$

Tanh( )函数的取值范围是(-1,1),可看做是放大平移后的 Sigmoid( )函数,具备与 Sigmoid( )函数相似的优缺点。图 1-5 给出了 Sigmoid( )函数和 Tanh( )函数的图像。

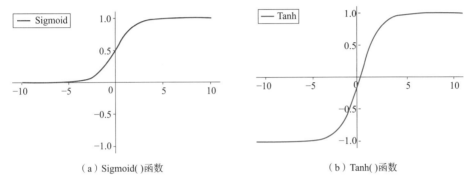

(a) Sigmoid( )函数　　　　(b) Tanh( )函数

图 1-5　Sigmoid( )函数和 Tanh( )函数的图像

从图中可以看到,两者十分相似,但 Tanh( )函数的值域与 Sigmoid( )函数不同,Sigmoid( )函数的值域始终大于0,这种输出会导致梯度下降的收敛速度变缓慢。

3. ReLU( )函数

修正线性单元(Rectified Linear Unit,ReLU)是目前神经网络最常用的激活函数,其定义为:

$$f(x) = \max(0, x) = \begin{cases} x & x \geq 0 \\ 0 & x < 0 \end{cases}$$

ReLU( )函数的图像如图 1-6 所示。

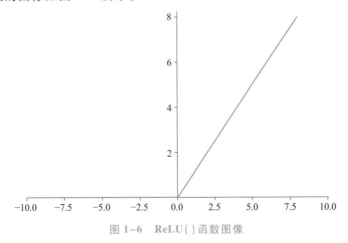

图 1-6　ReLU( )函数图像

由于ReLU( )函数简单,计算时比较高效。并且ReLU( )函数使得一部分输入直接为0,这样暴力迫使一部分输入直接失效,造成网络的稀疏性,可以在一定程度上缓解过拟合。同时由于导数为常量,在一定程度上解决了梯度消失的问题,使梯度下降的收敛速度变快。

1.1.2 神经网络模型

随着众多学者对深度学习研究的不断深入,人们发明了各式各样的神经网络模型。目前比较常用的神经网络模型包括前馈神经网络(Feedforward Neural Network)和反馈神经网络(Feedback Neural Network)。

前馈神经网络是一种简单直接的拓扑结构。网络信息处理的方向是从前至后的,按处理信息的先后顺序分为不同层,每一层都是从前至后地传递信息,整个网络没有反方向的传递信息。前馈神经网络包括了卷积神经网络、全连接前馈网络等。

反馈神经网络的每个神经元都具备信息处理功能,且既可以接收外界输入,又可以向外界输出。与前馈神经网络不同,反馈神经网络的信息传递方向既可以是单向也可以双向。反馈神经网络包括了循环神经网络、玻尔兹曼机等。

除此之外,生成对抗式网络也十分常用。在本章后续内容将会详细介绍卷积神经网络(1.2节)、循环神经网络(1.3节)和生成对抗式网络(1.4节)。

神经网络模型是由多数的神经元按照不同层级级联起来的网状结构,每一层的输出变量都是下一层的输入变量。图1-7所示是一个典型的5层神经网络示例,第一层为输入层,输入层与输出层之间的所有层均称为隐藏层,而最后一层是输出层。上一层的神经元与下一层的每一个神经元相连接,同层的神经元不相连接,也不存在跨层连接的神经元,这样的结构称为多层全连接神经网络。

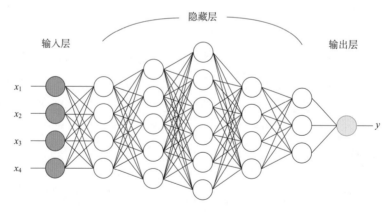

图1-7 典型的5层神经网络示例

我们引入以下记号来帮助描述一个神经网络模型:L代表神经网络的总层数,m^l代表第l层神经元的个数,f_l代表第l层激活函数,W^l代表$l-1$层到第l层的权重矩阵,b^l代表$l-1$层到第l层的偏置项,z^l代表第l层神经元的输入,a^l代表第l层神经元的输出。

由此可以通过下式表示神经网络的信息传播:

$$z^{(l)} = W^{(l)} \cdot a^{(l-1)} + b^{(l)}$$
$$a^{(l)} = f_l(z^{(l)})$$

将上述两个公式合并可得:
$$z^{(l)} = W^{(l)} \cdot f_{l-1}(z^{(l-1)}) + b^{(l)}$$

由此神经网络可以逐层地传递信息,得到最终的输出结果 y。我们可以将神经网络视作一个复杂的复合函数 $\varphi(x;W,b)$,当数据 x 当做第一层的输入 a^0,则神经网络输出的最终结果就是第 L 层的输出 a^L,即:

$$x = a^{(0)} \to z^{(1)} \to a^{(1)} \to z^{(2)} \to a^{(2)} \to \cdots \to a^{(L-1)} \to z^{(L)} \to a^{(L)} = \varphi(x;W,b)$$

1.1.3 代价函数

代价函数(又称损失函数)是一种非负实数函数,能够量化模型预测和真实标签之间的差异。通常,我们希望模型所预测的值与训练集给出的实际值之间的差距,即建模误差(Modeling Error)最小,为此引入了代价函数。常用的几种代价函数有 0-1 代价函数、平方代价函数、交叉熵代价函数。从学习任务的类型出发,又可以在广义上将损失函数划分为两大类:回归损失函数和分类损失函数。在分类任务中,对数据集中的样本进行类别值的判断,比如对于 MNIST 手写数字数据集中的图像进行 0~9 的分类判断。而回归任务处理的是连续值的预测,例如给定房屋面积、房间数量以及地段位置,进行房屋价格的预测。

1. 回归损失函数

这里将介绍三种常用的回归损失函数:均方误差、平方绝对误差、平均偏差误差。

(1)均方误差(平方损失/L2 损失)

均方误差(Mean Square Error,MSE)度量的是预测值 y_i^p 和实际观测值 y_i 间差的平方的均值。它只考虑误差的平均大小,不考虑其方向,其公式如下所示:

$$\text{MSE} = \frac{\sum_{i=1}^{n}(y_i - y_i^p)^2}{n}$$

(2)平均绝对误差(L1 损失)

平均绝对误差(Mean Absolute Error,MAE)度量的是预测值 y_i^p 和实际观测值 y_i 间绝对差之和的平均值。和 MSE 一样,这种度量方法也是在不考虑方向的情况下衡量误差大小。但和 MSE 的不同之处在于,MAE 需要像线性规划这样更复杂的工具来计算梯度。此外,MAE 对异常值更加稳健,因为它不使用平方(注:平均偏差误差 MBE 则是考虑方向的误差,是残差的和),MAE 范围是 0~∞,其公式如下所示:

$$\text{MAE} = \frac{\sum_{i=1}^{n}|y_i - y_i^p|}{n}$$

(3)平均偏差误差

与其他损失函数相比,平均偏差误差(Mean Bias Error,MBE)在机器学习领域没那么常见。它与 MAE 相似,唯一的区别是这个函数没有用绝对值。用这个函数需要注意的一点是,正负误差可以互相抵消。尽管在实际应用中没那么准确,但它可以确定模型存在正偏差还是

负偏差,其公式如下所示:

$$\text{MBE} = \frac{\sum_{i=1}^{n}(y_i - y_i^P)}{n}$$

2. 分类损失函数

这里将介绍两种常用的分类损失函数:Hinge Loss、交叉熵损失。

(1) Hinge Loss/多分类 SVM 损失

Hinge Loss 是常用于最大间隔分类(Maximum-margin Classification)的损失,依据的是在一定的安全间隔内(通常是1),正确类别的分数应高于所有错误类别的分数之和的原理。因此,尽管不可微,但它是一个凸函数,可以轻而易举地使用机器学习领域中常用的凸优化器。其对应的数学公式如下:

$$\text{SVMLoss} = \sum_{j \neq y_i} \max(0, s_j - s_{y_i} + 1)$$

(2) 交叉熵损失/负对数似然

分类问题中最常用的损失函数,其可以计算预测概率值$\hat{y}_i$与实际标签y_i之间的偏离程度,当预测概率偏离实际标签,交叉熵损失会逐渐增加。数学公式为:

$$\text{CrossEntropyLoss} = -[y_i \log(\hat{y}_i) + (1-y_i)\log(1-\hat{y}_i)]$$

注意:当实际标签为1(即$y_i = 1$)时,函数的后半部分消失;而当实际标签为0(即$y_i = 0$)时,函数的前半部分消失。简言之,交叉熵损失只是把对真实值类别的实际预测概率的对数相乘,并且交叉熵损失会严重惩罚那些置信度高但是错误的预测值。

1.1.4 神经网络的优化

由于神经网络的优化目标是非凸的,所以会存在很多局部最优点,这时为了找到最优模型,一般会利用凸优化中一些高效、成熟的优化方法。在深度学习中,最常用的优化算法就是梯度下降法,即通过迭代的方法来找到最优点。而梯度下降法又可以分为三种:批量梯度下降、随机梯度下降以及小批量梯度下降。

如果在梯度下降时,每次迭代都需要计算整个训练数据上的梯度,会耗费相当多的计算资源。另外,大规模训练集中的数据一般都比较冗余,也没有必要在整个训练集上计算梯度。因此,在训练深层神经网络时,常常使用小批量梯度下降算法。这里就以小批量梯度下降算法为例进行展开。

现在假设$f(x, \theta)$为一个深层神经网络模型,θ为网络参数。在使用小批量梯度下降进行优化时,每次选取K个训练样本I_t。

第t次迭代(Iteration)时,代价函数关于参数θ的偏导数为:

$$g_t(\theta) = \frac{1}{K} \sum_{(x(k), y(k)) \in I_t} \frac{\partial L[y^{(k)}, f(x^{(k)}, \theta)]}{\partial \theta}$$

其中,K为批量大小(Batch Size);L为可微分的代价函数。而第t次更新的梯度g_t定义为:

$$g_t \triangleq g_t(\theta_{t-1})$$

之后用梯度下降更新参数:

$$\theta_t \leftarrow \theta_{t-1} - \alpha g_t$$

其中,α 是学习率,始终大于零。

每次迭代时参数更新的差值 $\Delta\theta_t$ 定义为:

$$\Delta\theta_t \triangleq \theta_t - \theta_{t-1}$$

$\Delta\theta_t$ 和梯度 g_t 没必要一样。$\Delta\theta_t$ 是每次迭代时参数的实际更新方向,即 $\theta_t = \theta_{t-1} + \Delta\theta_t$。在标准的小批量梯度下降中,$\Delta\theta_t = -\alpha g_t$。一般 K 较小时,需要设置较小的学习率,否则模型不会收敛。

如果想要更有效地训练神经网络,在小批量梯度下降方法的基础上,也可以尝试一些改进方法以加快优化速度。改进方法通常从以下两个方面进行改进:梯度方向优化和学习率衰减。这些方法同样可以应用在批量或随机梯度下降方法上。

1.1.5 神经网络应用实例

假设现在有一个房屋数据集,包含众多房屋信息,每个房屋存在着面积、价格属性。这时,如果要进行一个新房屋的价格预测,该怎么做?一般会想到拟合一个根据房屋面积来预测房屋价格的函数。如果对线性回归很熟悉,会想到用一条直线去拟合房价,输入是房屋面积,输出是房屋价格,如图 1-8 所示。如果再使用一些回归的策略,比如最小二乘法,很可能会得到一条拟合这些数据的不错的直线,但是随着数据量的不断增多会发现,会有越来越多的点偏离所拟合出来的直线。

现在问题不变,还是预测房价。但是我们在数据集里为每个房屋加入了更多的属性,比如房屋所在的城市,房屋周边学校的数量、医院的数量,房屋的卧室数量,房屋的类型(别墅、写字楼或者公寓),当然还有房屋的面积以及价格。加入这些变量后,整个问题就变得更为复杂。在这个情景里,卧室数量、周边学校数量等都会影响最终预测的房屋价格。这时已经无法仅用一条拟合直线来预测房价,需要用更加有效、更加健壮的模型来进行建模,而神经网络可以有效解决这个问题。

以此为例,以上提到的六个属性视为输入 X,输出 Y 则是尝试预测的房屋价格。每个属性代表一个神经元节点,这些单个的神经元叠加在一起就构建了一个稍微大的神经网络,如图 1-9 所示。神经网络的神奇之处就在于,当设计好网络模型后,我们要做的只是输入 X,就能得到输出 Y。因为它可以自己计算训练数据集中样本的内容。图中 X 表示自己定义的输入,可以是房屋的面积、房屋周边学校的数量、医院的数量、房屋的卧室数量、房屋的类型。给出这些输入的特征之后,神经网络的工作就是预测对应的价格。当然必须要注意到的是这里面的小圆圈,每个小圆圈都代表一个隐藏单元。隐藏单元中包含了神经网络所要计算的参数,比如权重参数等。这些隐藏单元会自动学习数据集中所包含的特征。在这个例子最后的输出只有一个,即房价。一个网络训练好之后,当再给出一个新的房屋数据让模型预测房价时,神经网络就会根据所学到的经验知识去精准预测房屋的价格。

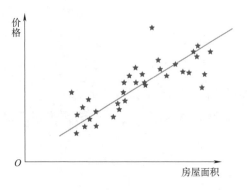

图 1-8 房屋价格随房屋面积变化示意图

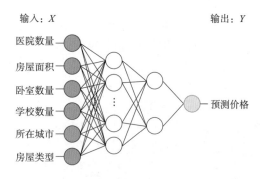

图 1-9 一个用于预测房价的简单的神经网络示意图

1.2 卷积神经网络

1.2.1 基本概念

卷积神经网络(Convolutional Neural Network,CNN),是一种深层前馈神经网络,是比较经典的深度学习算法。卷积神经网络专门用来处理具有类似网格结构的数据,常用于图像数据的处理,也会用作音频数据的处理,在许多图像分类数据集上的表现都十分出色。

卷积神经网络的提出受到了生物学上的感受野(Receptive Field)的启发。生物学上,神经元的感受野指的是该神经元只能在自己支配的特定区域里感受刺激。卷积神经网络里的感受野也有异曲同工之妙。

图 1-10 所示为卷积神经网络示意图。

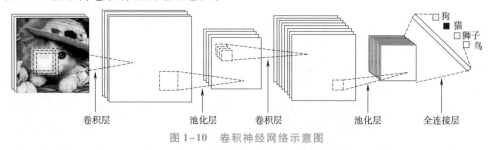

图 1-10 卷积神经网络示意图

1. 卷积

卷积(Convolution)是卷积神经网络的核心基石,卷积神经网络一般会在网络层中使用卷积运算代替一般的矩阵乘法运算。卷积神经网络中所用到的卷积运算与其他领域(如纯数学领域)中的定义并不完全一致。卷积是对两个实变函数的一种数学运算,它的定义为:

$$s(t) = \int x(a)w(t-a)\,\mathrm{d}a$$

这是函数 x 与函数 w 的卷积,卷积运算通常用星号 * 来表示:

$$s(t) = (x*w)(t)$$

其中函数 x 叫作输入(Input);函数 w 称为核函数(Kernel Function);而最终的输出又被称为特征映射(Feature Map,又名特征图)。

通常情况下,我们用计算机处理数据时,连续数据都被离散化,离散形式的卷积定义为:

$$s(t) = (x*w)(t) = \sum_{a=-\infty}^{\infty} x(a)w(t-a)$$

在深度学习的应用中,输入的数据一般是多维数组,而核一般是经过学习算法优化所得到的多维数组的参数。我们把这些多维数组称作张量(Tensor)。由于输入与核的每一个元素都必须明确地分开存储,我们将存储了数值的有限点集之外的函数值都赋为零。这意味着在实际操作中,我们可以通过对有限个数组元素的求和来实现无限求和[2]。

我们常常一次性在多个维度上进行卷积运算,而在图像处理中,常用二维卷积处理图像,因为图像可视为一个二维结构。在此举一个二维例子以便更好的理解:输入一张二维图形 I,使用一个二维的核 K,得到:

$$S(i,j) = (I*K)(i,j) = \sum_{m}\sum_{n} I(m,n)K(i-m,j-n)$$

卷积是可交换的,故又可写作:

$$S(i,j) = (K*I)(i,j) = \sum_{m}\sum_{n} I(i-m,j-n)K(m,n)$$

卷积的可交换性是将核相对输入进行了翻转(Flip)。众多神经网络库都会实现一个相关的函数,称之为互相关函数(Cross-correlation),它与卷积运算类似但没有对核进行翻转:

$$S(i,j) = (I*K)(i,j) = \sum_{m}\sum_{n} I(i+m,j+n)K(m,n)$$

许多机器学习的库实现的是互相关函数,但称之为卷积。本书遵循了把两种运算都称作卷积的传统。图1-11演示了一个在二维张量上的卷积运算的例子。

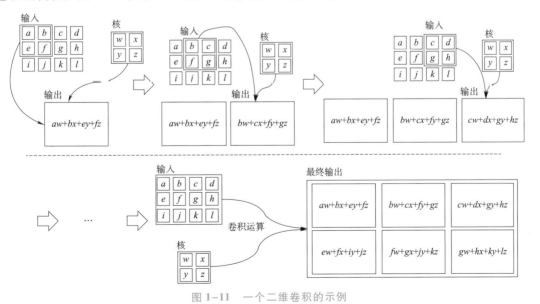

图1-11 一个二维卷积的示例

如上图,我们限制只对核完全处在图像中的位置进行卷积并输出,这种输出方式被称为"有效"卷积。图1-11中卷积核的大小为 2×2,步长为1。

2. 卷积层

卷积层(Convolutional Layer)是用来提取某个局部区域的特征,每一个卷积核都可看作是一个特征提取器。根据卷积的定义,卷积层有几个非常重要的特性:

(1) 稀疏连接

卷积层的每一个神经元都仅与下一层的部分神经元连接,形成一个局部连接的网络。稀疏连接如图1-12所示。

(2) 全连接

卷积层的每一个神经元与下一层的所有神经元都进行连接,形成一个全连接的稠密网络,全连接如图1-13所示。

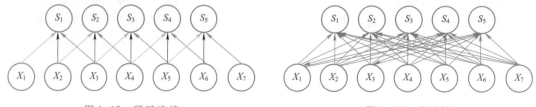

图 1-12 稀疏连接　　　　　　　　　　　图 1-13 全连接

由图1-12可知,经过卷积运算,受单个神经元X_4影响的输出单元只有S_2,S_3,S_4,这些单元被称为X_4的感受野。卷积层与下一层的连接数量骤减。在图1-13中,当经过矩阵乘法产生输出时,所有的输出单元都会受到神经元X_4的影响。可见,稀疏连接需要存储的参数更少,减少了计算量,提高了计算效率。

(3) 权重共享

由于卷积核的权重是不变的,所以对某一层的神经元来说权重都是相同的,即共享权重。如图1-12所示,相同颜色的连接线上权重是一致的。

3. 池化层

池化层(Pooling Layer),即下采样层(Subsampling Layer)。除了卷积层,卷积神经网络也常常使用池化层来缩小网络模型的大小。通常用在卷积层之后,其主要作用是通过筛选减少特征数量来减小计算量,同时提高所提取特征的健壮性。使用池化函数(Pooling Function)来进一步调整这一层的输出。池化函数可以用某一位置的相邻输出的总体统计特征来代替网络在该位置的输出,比如,最大池化(Max - pooling)函数能够在给定区域内取最大值,均值池化(Mean - pooling)函数可以在区域内取平均值来对整个区域进行表达。

这里举一个池化运算的例子。如图1-14所示,输入一个4×4的矩阵,使用一个大小为2×2,步长为2的池化矩阵进行最大池化。将输入矩阵拆分成不同的区域(用不同颜色表示),那么将会得到一个2×2的矩阵,而每个元素都是对应区域中的最大值。这就是最大池化的计算过程。

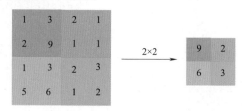

图 1-14 最大池化运算示意图

其中,池化矩阵和步长均为池化的超参数,分别用 f,s 表示,即参数值设定为 $f=2$,$s=2$,其效果是将原特征图的尺寸的宽和高各缩小一半。

最大池化在众多实验中得到了不俗的效果,因此被广泛使用。虽然平均池化并不常用,但是当神经网络的层数非常深时,平均池化就会派上用场。

4. 全连接层

全连接层的作用是将最后的特征图上的特征值展开为平铺结构,通过几层全连接的参数矩阵,最后给出输出结果,起到一个分类的作用。卷积神经网络在经过多轮卷积层和池化层的处理之后,通常会在最后使用一个或多个全连接层(Fully-connected Layer)输出最后的分类结果。全连接层的每一个节点都与上一层所有的节点相连,用来把前一层提取到的特征综合起来,由于其全部相连的特点,导致全连接层的参数也是最多的。例如在 VGG16 网络中,第一个全连接层的神经元个数为 4 096 个,而上一层也就是最后一层卷积池化后的结果为 $7 \times 7 \times 512 = 25\ 088$ 个节点,则该处的连接需要 $4\ 096 \times 25\ 088$ 个权重,这需要消耗大量的内存。全连接层与卷积层一样,全连接层的每个神经元中同样包含激活函数,如 Sigmoid( )、ReLU( )等。

设计全连接层的一个好处是全连接层可以将卷积池化后得到的特征图的特征表示整合到一起,最终输出一个值,同时也可以减少特征位置对分类带来的影响。比如现在有一个关于猫的训练数据集,恰好数据集里所有的猫都在左上角,当测试集中的一只猫在右下角时,神经网络因为全连接层对特征图的特征进行了整合表达,使得整个网络依然能够辨认出右下角的猫。

当然,全连接层的参数量巨大(达到整个网络参数的 80%),会造成严重的参数冗余是一个不争的事实。因此,近期的一些神经网络模型使用了全卷积网络,通过全局平均池化或其他的卷积方法,用卷积、池化层来取代全连接层去融合学习到的特征表示。大量的实验证明,全卷积网络一样能得到与全连接一样优异的性能。

接下来将介绍一些广泛使用的经典卷积神经网络,包括了 LeNet-5、AlexNet、GoogLeNet、VGGNet、ResNet。在这些网络结构中,它们都使用或部分使用了已经提到的神经网络的基本模块。而它们之间的差别则是思想的不同,比如 GoogLeNet 加入了 Inception 模块融合特征,ResNet 使用残差模块来融合不同层之间的特征。

1.2.2 经典的卷积神经网络

1. LeNet-5

LetNet-5 模型[3]是 1998 年 Yann LeCun 教授在 *Gradient-based learning applied to document recognition* 论文中提出的。虽然提出时间很早,但它是第一个成功应用于识别手写数字问题的卷积神经网络。在数据集 MNIST 上,LeNet-5 模型的正确率可以达到 99.2%。LeNet-5 模型共 7 层(没有包括输入层),模型架构如图 1-15 所示。

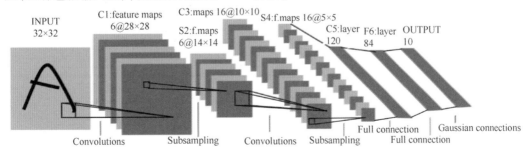

图 1-15 LeNet-5 模型架构

表1-1详细介绍了LeNet-5的每一层结构。

表1-1　LeNet-5网络结构表

层序号	层类型	核尺寸	步长	零填充	输出大小
1	卷积层	5×5(6个)	1	有效填充	28×28×6
2	平均池化层	2×2	2	有效填充	14×14×6
3	卷积层	5×5(16个)	1	有效填充	10×10×16
4	平均池化层	2×2	2	有效填充	5×5×16
5	全连接层	120	—	—	120
6	全连接层	84	—	—	84
7	输出层	10	—	—	10

2. AlexNet

AlexNet模型[4]是由Hinton和他的学生Alex设计的，获得了2012年ImageNet挑战赛冠军。它是第一个现代深度卷积神经网络，使用了许多现代的技术方法，比如用GPU进行并行训练、运用ReLU激活函数、使用数据增强，等等。

AlexNet的具体结构如图1-16所示，整个网络包含5个卷积层、3个最大池化层、3个全连接层、1个softmax层。

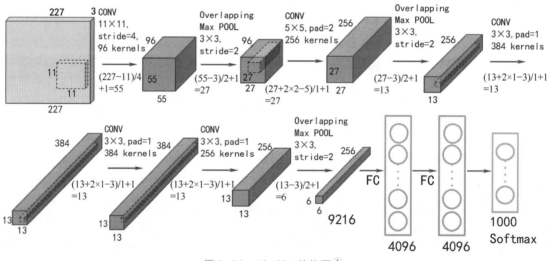

图1-16　AlexNet结构图①

AlexNet每一层的详细结构如表1-2所示。

表1-2　AlexNet网络结构表

层序号	层类型	核尺寸	步长	零填充	输出大小
1	卷积层	11×11(96个)	4	有效填充	55×55×96
2	最大池化层	3×3	2	有效填充	27×27×96
3	卷积层	5×5(256个)	1	相同填充	27×27×256

---

① 参见https://www.learnopencv.com/understanding-alexnet/

续表

层序号	层类型	核尺寸	步长	零填充	输出大小
4	最大池化层	3×3	2	有效填充	13×13×256
5	卷积层	3×3(384个)	1	相同填充	13×13×384
6	卷积层	3×3(384个)	1	有效填充	13×13×384
7	卷积层	3×3(256个)	1	有效填充	13×13×256
8	最大池化层	3×3	2	有效填充	6×6×256
9	全连接层	9 216	—	—	9 216
10	全连接层	4 096	—	—	4 096
11	全连接层	4 096	—	—	4 096

3. GoogLeNet

GoogLeNet模型[5]是2014年ImageNet挑战赛的冠军,是由Christian Szegedy提出的一种全新的深度学习结构。在这之前的AlexNet、VGG等网络结构都是通过增大网络的深度来获得更好的训练效果,但增加层数的同时会带来不少负面影响,比如过拟合、梯度消失、梯度爆炸等。GoogLeNet提出了一种增强卷积模块功能,可以大幅度减少网络的参数数量的结构,名为Inception模块。

Inception模块是指在一个卷积层中包含了多个大小不同的卷积操作。GoogLeNet中的Inception模块,同时包含了1×1、3×3、5×5的卷积核,并将所得所有特征图堆叠起来作为输出。图1-17所示为该Inception模块的结构图。如图所示,Inception模块使用了4组平行的特征降维方式,即1×1、3×3、5×5的卷积和3×3的最大池化。其中,使用了3次1×1的卷积可以降低特征图的深度,减少参数量,提高计算效率。

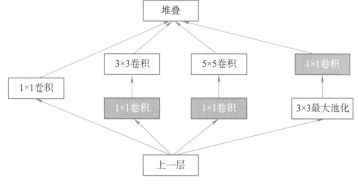

图1-17 Inception模块结构图

GoogLeNet使用了9个这样的Inception模块,以及5个池化层、卷积层和全连接层,连接组成整个网络。网络配置详情表如表1-3所示。

表1-3 GoogLeNet的结构详情

type	patch size/stride	output size	depth	#1×1	#3×3 reduce	#3×3	#5×5 reduce	#5×5	pool proj	params	ops
convolution	7×7/2	112×112×64	1							2.7K	34M
max pool	3×3/2	56×56×64	0								

续表

type	patch size/ stride	output size	depth	#1×1	#3×3 reduce	#3×3	#5×5 reduce	#5×5	pool proj	params	ops
convolution	3×3/1	56×56×192	2		64	192				112K	360M
max pool	3×3/2	28×28×192	0								
inception (3a)		28×28×256	2	64	96	128	16	32	32	159K	128M
inception (3b)		28×28×480	2	128	128	192	32	96	64	380K	304M
max pool	3×3/2	14×14×480	0								
incepcion (4a)		14×14×512	2	192	96	208	16	48	64	364K	73M
inception (4b)		14×14×512	2	160	112	224	24	64	64	437K	88M
inception (4c)		14×14×512	2	128	128	256	24	64	64	463K	100M
inception (4d)		14×14×528	2	112	144	288	32	64	64	580K	119M
inception (4e)		14×14×832	2	256	160	320	32	128	128	840K	170M
max pool	3×3/2	7×7×832	0								
inception (5a)		7×7×832	2	256	160	320	32	128	128	1072K	54M
inception (5b)		7×7×1024	2	384	192	384	48	128	128	1388K	71M
avg pool	7×7/1	1×1×1024	0								
dropout (40%)		1×1×1024	0								
linear		1×1×1000	1							1000K	1M
softmax		1×1×1000	0								

4. VGGNet

VGGNet 模型[6]是 2014 年由牛津大学提出的，取得了 ILSVRC 2014 比赛分类项目的第二名和定位项目的第一名。它探索了卷积神经网络的深度和其性能之间的关系，通过反复地堆叠 3×3 的小型卷积核和 2×2 的最大池化层，成功地构建了 16～19 层深的卷积神经网络。目前为止，VGGNet 依然被用来提取图像的特征。VGGNet 有一些变种，其中最受欢迎的是 VGG-16。图 1-18 所示是 VGG-16 的结构图。

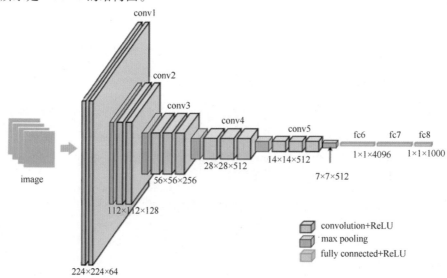

图 1-18 VGG-16 的结构图

表 1-4 详细介绍了 VGG-16 的每一层结构。

表 1-4 VGG-16 的结构详情

层序号	层 类 型	核 尺 寸	步长	零 填 充	输 出 大 小
1	卷积层	3×3(64 个)	1	相同填充	224×224×64
2	卷积层	3×3(64 个)	1	相同填充	224×224×64
3	最大池化层	2×2	2	有效填充	112×112×64
4	卷积层	3×3(128 个)	1	相同填充	112×112×128
5	卷积层	3×3(128 个)	1	相同填充	112×112×128
6	最大池化层	2×2	2	有效填充	56×56×128
7	卷积层	3×3(256 个)	1	相同填充	56×56×256
8	卷积层	3×3(256 个)	1	相同填充	56×56×256
9	卷积层	3×3(256 个)	1	相同填充	56×56×256
10	最大池化层	2×2	2	有效填充	28×28×256
11	卷积层	3×3(512 个)	1	相同填充	28×28×512
12	卷积层	3×3(512 个)	1	相同填充	28×28×512
13	卷积层	3×3(512 个)	1	相同填充	28×28×512
14	最大池化层	2×2	2	有效填充	14×14×512
15	卷积层	3×3(512 个)	1	相同填充	14×14×512
16	卷积层	3×3(512 个)	1	相同填充	14×14×512
17	卷积层	3×3(512 个)	1	相同填充	14×14×512
18	最大池化层	2×2	2	有效填充	7×7×512
19	全连接层	4 096	—	—	4 096
20	全连接层	4 096	—	—	4 096
21	全连接层	1 000	—	—	1 000

5. ResNet

残差网络(Residual Network),简称 ResNet[7],是在 2015 年被提出的,它在当年的 ImageNet 比赛分类任务上获得了第一名。ResNet 的提出是为了解决当时随着网络的不断加深,训练集准确率会出现下降现象问题。

ResNet 的主要思想是在网络中增加直连通道。此前的网络结构是对输入做一个非线性变换,而直连通道则允许保留之前网络层的一定比例的输出。ResNet 的思想和直连通道的思想非常类似,允许原始输入信息直接传到后面的层中,其中引入的新网络结构如图 1-19 所示。

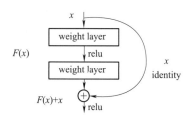

图 1-19 ResNet 的残差学习模块

这样的话,这一层的神经网络无须学习整个的输出,而是学习上一层网络输出的残差,因此 ResNet 又称为残差网络。ResNet 有不同的网络层数,常用的有 50 层、101 层、152 层,通过堆叠上述的残差模块进行构建。

1.3 循环神经网络

循环神经网络(Recurrent Neural Network,RNN)是一种用于处理序列数据的神经网络。相比一般的神经网络来说,其能够处理序列变化的数据。比如某个单词的意思会因为上文提到的内容不同而有不同的含义,RNN 就能够很好地解决这类问题。

对循环神经网络的研究始于 20 世纪 80~90 年代,并在 21 世纪初发展为深度学习算法之一,其中双向循环神经网络(Bidirectional RNN,Bi-RNN)和长短期记忆网络(Long Short-Term Memory networks,LSTM)是常见的循环神经网络。

循环神经网络具有记忆性、参数共享并且图灵完备(Turing completeness),因此在对序列的非线性特征进行学习时具有一定优势。循环神经网络在自然语言处理(Natural Language Processing,NLP),例如语音识别、语言建模、机器翻译等领域有应用,也被用于各类时间序列预报。引入了卷积神经网络构筑的循环神经网络可以处理包含序列输入的计算机视觉问题。

循环神经网络通过使用带自反馈的神经元,使得网络的输出不仅和当前的输入有关,还和上一时刻的输出相关,于是在处理任意长度的时序数据时,就具有短期记忆能力,如图 1-20 所示。

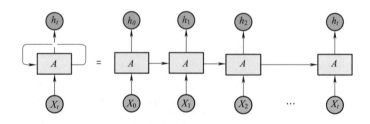

图 1-20 循环神经网络结构图(来源于[13])

A 是一组神经网络(卷积神经网络),接收传入的数据 X_t 和 h_{t-1},计算并输出 h_t,这样使得它可以保证每一步的计算都保存先前的信息。例如,给定一个输入序列 $X_{1:T} = (X_1, X_2, \cdots, X_t, \cdots, X_T)$,循环神经网络通过以下公式来更新带反馈的隐含层活性值 h_t:

$$h_t = f(h_{t-1}, X_t)$$

其中,$h_0 = 0$,f 是一个非线性函数,隐藏层的活性值 h_t 又称为状态或隐状态。

这种链式的结构揭示了 RNN 与序列和列表类型数据的密切相关,这也成为 RNN 在语音识别、文字建模、翻译、字幕等领域应用的成功所在。

在循环神经网络中,记忆能力分为短期记忆、长期记忆和长短期记忆。

(1)短期记忆

短期记忆是指简单循环神经网络中的隐状态 h。因为隐状态 h 存储了历史信息,但是隐状态每个时刻都会被重写,因此可以看做是一种短期记忆(Short-Term Memory)。

(2)长期记忆

长期记忆指神经网络学习到的网络参数。因为网络参数一般是在所有"前向"和"后向"计算都完成后,才进行更新,隐含了从所有训练数据中学习到的经验,并且更新周期要远远慢于短期记忆,所以看做是长期记忆(Long-Term Memory)。

(3)长短期记忆

在 LSTM 网络中,由于遗忘门的存在,如果选择遗忘大部分历史信息,则内部状态 c 保存的信息偏于短期,而如果选择只遗忘少部分历史信息,那么内部状态偏于保存更久远的信息,所以内部状态 c 中保存信息的历史周期要长于短期记忆 h,又短于长期记忆(网络参数),因此称为长短期记忆。

1.3.1 长短期记忆网络

LSTM 是一种特殊的 RNN,主要是为了解决长序列训练过程中的 RNN 存在的梯度消失和梯度爆炸问题。简单来说,就是相比普通的 RNN,LSTM 能够在更长的序列中有更好的表现。该网络由 Hochreiter 和 Schmidhuber 于 1997 提出[12],之后得到了众多学者的改进和普及,该工作被用来解决各种各样的问题,直到目前还被广泛应用。

在传统的 RNN 模型中,重复模块 A 都具有非常简单的结构,例如单个 tanh 层,如图 1-21 所示。

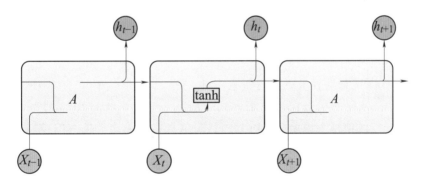

图 1-21 传统 RNN 结构图(来源于[13])

LSTM 也具有这种链式结构,但是它的重复单元不同于标准 RNN 网络里的单元只有一个网络层,它的内部由 4 个网络层组成。LSTM 可以通过"门"结构来去除或者增加"细胞状态"的信息,实现了对重要内容的保留和不重要内容的去除。通过 Sigmoid 层输出一个 0~1 之间的概率值,描述每个部分有多少量可以通过,0 表示"不允许任向变量通过",1 表示"允许所有变量通过"。用于遗忘的门称为"遗忘门",用于信息输入的叫"输入门",最后是用于输出的"输出门"。LSTM 的结构如图 1-22 所示。

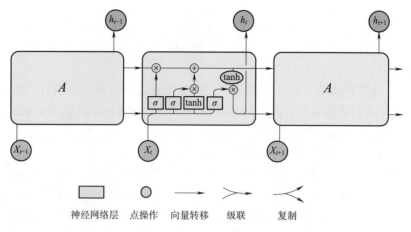

图 1-22　LSTM 结构图（来源于[13]）

1.3.2　门控循环单元网络

门控循环单元网络（Gated Recurrent Unit，GRU）是 2014 年提出的一种 LSTM 改进算法。它较 LSTM 网络的结构更加简单，效果更好，因此也是当前非常流行的一种网络。GRU 既然是 LSTM 的变体，因此也可以解决 RNN 网络中的长依赖问题。

LSTM 中存在三个门函数：输入门、遗忘门和输出门，用来控制输入值、记忆值和输出值。而在 GRU 模型中只有两个门，分别是更新门和输出门。具体结构如图 1-23 所示。

图 1-23 中的 z_t 和 r_t 分别表示更新门和输入门。更新门用于控制前一时刻的状态信息被带入到当前状态中的程度，更新门的值越大说明前一时刻的状态信息带入越多。输入门控制前一状态有多少信息被写入到当前的候选集 $\tilde{h}_t$ 上，输入门越小，前一状态的信息被写入得越少。

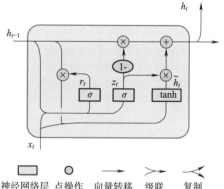

图 1-23　GRU 结构图（来源于[13]）

从上面的单元结构可以看出 GRU 的特点：

①长期记忆状态和短期记忆状态被整合到一个状态 h_t。

②GRU 有一个过滤旧状态的"过滤门" r_t，来控制上一个时间步的状态 h_{t-1} 的信息需要决定保留多少输入给当前单元的结构。

③将普通 LSTM 输入门和遗忘门结合成一个新的"更新门" z_t。

1.4　生成式对抗网络

生成式对抗网络（Generative Adversarial Network，GAN），是近年来深度学习中最热门的。

它的应用场景有图像合成、恶意攻击检测、数据增强等。

1.4.1 Vanilla GAN

第一代 GAN 又叫 Vanilla GAN[8]，它是由 Lan Goodfellow 在 2014 年提出的。GAN 的主要灵感来源于博弈论中零和博弈的思想。GAN 本质上是通过对抗训练的方式来使得产生的样本服从真实数据分布。在 GAN 中，有两个网络进行对抗训练，即生成网络 G(Generator Network)和判别网络 D(Discriminator Network)。通过两者的不断博弈，进而使 G 学习到数据的分布，若用到图片生成上，则训练完成后，G 可以从一段随机数中生成类似于原始数据的逼真图像。

G,D 的主要功能如下：

①G 是一个生成式网络，接收随机噪声 Z(随机数)，通过将噪声 Z 映射到新的高维数据空间，得到生成图像 $G(z)$。

②D 是一个判别网络，根据输入的真实数据 x 以及生成图像 $G(z)$，判别传入网络的图像是不是"真实的"。输出值为一个概率值，表示 D 对于输入数据是真实数据还是生成数据的置信度，以此来判断生成器 G 的性能好坏。如果输出值为 1，则表明当前输入图像为真实的图片，若输出值为 0，代表该图像为假。

因此，训练网络的过程中，生成器 G 不断接收传入的随机噪声，尽量生成"假"图像去欺骗判别器 D。判别器 D 的目标就是尽量判别出 $D(x)$ 和 $D(G(z))$ 之间的区别，增加两者之间的区别，最大程度地判别出生成器的生成图像 $G(z)$ 是"真"图像还是"假"图像。这样，G 和 D 构成一个动态的"博弈过程"，最终的平衡点为纳什均衡点。GAN 的结构示意图如图 1-24 所示。

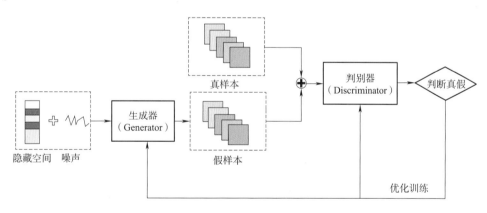

图 1-24　GAN 的结构示意图

图中，隐藏空间是指抽象的集合空间，里面的元素为一个个生成样本的主题，通常用向量表示。如生成器是用来生成人脸的，那么它的隐藏空间就是眼睛、鼻子、嘴巴等。

对整个过程进行建模，得到整个 GAN 网络的目标函数，如下式：

$$\min_G \max_D V(D,G) = E_{x \sim p_{\text{data}}(x)}[\log D(x)] + E_{z \sim p_z(z)}[\log(1 - D(G(z)))]$$

其中，第一项 $\log D(x)$ 表示判别器对真实数据的判断；第二项 $\log(1 - D(G(z)))$ 表示对合成数据的判断。通过这样一个最大最小(Max-Min)博弈，循环交替地分别优化 G 和 D 来训练所需要的生成器与判别器,直到均衡点,即$p_{datax}=p_{z(z)}$时达到最优解,此时,生成模型G恢复了训练数据的分布,判别模型D的准确率等于50%。训练过程中固定一方,更新另一个网络的参数,交替迭代,使得对方的误差最大化。

1.4.2 WGAN

自GAN被提出以来,就存在着各种问题,比如训练困难、生成器和判别器的损失函数无法指示训练进程、生成样本缺乏多样性等。从那时起,很多论文都在尝试解决,但是效果不尽人意,直到Martin Arjovsky[9]在2017提出WGAN,从损失函数着手寻求解决GAN存在的问题。WGAN相比于原始GAN具有以下优点:

①彻底解决GAN训练不稳定的问题,不再需要小心平衡生成器和判别器的训练程度。
②基本解决了模型崩溃(Mode Collapse)的问题,确保了生成样本的多样性。
③训练过程中终于有一个像交叉熵、准确率这样的数值来指示训练的进程,这个数值越小代表GAN训练得越好,代表生成器产生的图像质量越高。
④以上一切好处不需要精心设计的网络架构,用最简单的多层全连接网络就可以实现。

而与GAN相比,WGAN仅仅进行了以下四点改进:

①去掉判别器最后一层的Sigmoid。
②生成器和判别器的损失函数不取对数。
③每次更新判别器的参数后把它们的绝对值截断到不超过一个固定常数c。
④不要用基于动量的优化算法(包括momentum和Adam),推荐使用RMSProp、SGD等优化器。

1.4.3 CycleGAN

CycleGAN[10],即循环生成式对抗网络,于2017年由朱俊彦提出,它变革了基于图像的计算机图形学,可以作为一种通用的框架将一组图像中的视觉风格迁移至其他图像,就连艺术品的风格也可迁移,比如将梵高的著作风格迁移到想改变风格的图像上,使该图片也具有"梵高的风格"。图1-25所示为CycleGAN的网络结构。

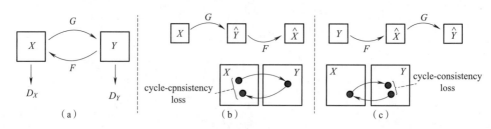

图1-25 CycleGAN的网络结构

整个网络是一个对偶结构,该模型通过从域D_X获取输入图像,该输入图像被传递到第一个生成器$X{\rightarrow}Y$,其任务是将来自域D_X的图像转换到目标域D_Y中的图像。然后这个新生成的图像被传递到另一个生成器$Y{\rightarrow}X$,其任务是在原始域D_X转换回图像循环X。

从图1-25中可以看出,CycleGAN的核心思想是:如果图像风格转换器G可以将X域的图片转换为 Y 域的风格,而转换器 F 可以将 Y 域的图片转换为 X 域的风格,那么 G 和 F 应该是互逆的。具体而言,X 域的图片经过 G 转换为 Y 之后,Y 应该可以通过 F 转换回 X。同样地,Y 域的图片经过 F 转换为 X 之后,X 应该也可以通过 G 转换为 Y,即:$F(G(x))=x, G(F(y))=y$。为了实现这一个循环一致性(Cycle Consistency),使用了循环一致性损失函数(Cycle Consistency Loss):

$$L_{cyc}(G,F)=E_{x \sim p_{data}(x)}[\|F(G(x))-x\|_1]+E_{y \sim p_{data}(y)}[\|G(F(y))-y\|_1]$$

CycleGAN 同时训练两个原始 GAN:生成器 G、F 和判别器 D_Y、D_X。G 可以将 X 域的图片转换成 Y 域风格的图片,D_Y 则分辨 Y 的真假;F 将 Y 域的图片转换成 X 域的风格,D_X 则判别 X 的真假。这里用了两个原始 GAN 的损失函数:

$$L_{GAN}(G,D_Y,X,Y)=E_{y \sim p_{data}(y)}[\log D_Y(y)]+E_{x \sim p_{data}(x)}[\log(1-D_Y(G(x)))]$$
$$L_{GAN}(F,D_X,Y,X)=E_{x \sim p_{data}(x)}[\log D_X(x)]+E_{y \sim p_{data}(y)}[\log(1-D_X(F(y)))]$$

CycleGAN 实现了风格迁移,但依旧存在着一些缺点:会在改变物体的同时改变背景、缺乏多样性。

1.4.4 BigGAN

BigGAN[11] 是 GAN 发展史上非常重要的里程碑,它的精度实现了跨越式的提升。在 ImageNet 数据集下,Inception Score(衡量图片的生成质量及多样性的指标,简称 IS)比当时最好 GAN 模型(SAGAN)提高了 100 多分(接近 2 倍),取得了巨大超越。图 1-26 是 BigGAN 生成的图像。

图 1-26　BigGAN 生成的图像

BigGAN 的生成网络详细结构如图 1-27 所示。

图 1-27 中,(a)表示整体网络结构;(b)表示每个 block 结构。(a)将噪声向量 z 通过 split 等分成多块,然后和条件标签 c 连接后一起送入生成网络的各个层中,对于生成网络的每一个残差块又可以进一步展开为(b)的结构。可以看到噪声向量 z 的块和条件标签 c 在残差块下是通过 concat 操作后送入 BatchNorm 层,其中这种嵌入是共享嵌入,线性投影到每个层的偏置项和权重。

BigGAN 的提出,主要带来了以下三点贡献:

① 参数量(增加通道数 channel)增加了 2~4 倍,batch size 扩大了 8 倍,从而使得 GAN 获得最大的性能提升。

② 通过使用截断技巧(truncation trick)(后续第 3 章将进行详细阐述),能够使得训练更加

平稳,但是需要平衡多样性和逼真度。

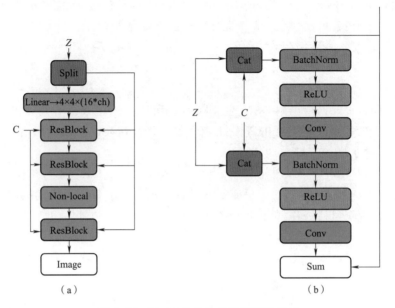

图1-27　BigGAN的生成网络详细结构

③通过现存的和其他新颖的各种技术的结合,可以保证训练的平稳性,但是精度也会随之下降,需要在性能和训练平稳性之间做平衡。

本 章 小 结

深度学习能够同时进行特征的学习和预测模型的学习,且无须人工干预。深度学习所需解决的问题是贡献度分配问题,而神经网络恰好是解决这个问题的有效模型。因而,深度学习主要是以神经网络为基础,也可以理解为是神经网络的发展。它主要研究如何设计网络模型结构、如何有效地学习网络模型的参数、如何优化网络模型性能等内容。

神经网络是非常典型的分布式并行处理模型,通过神经元之间的交互来处理信息,每一个神经元都发送兴奋和抑制的信息到其他神经元。在一个神经网络中选择合适的激活函数十分重要。

本章简单地介绍了深度学习,并对神经网络进行了概述,之后分别对一些经典的卷积神经网络、循环神经网络、生成式对抗网络进行了介绍,各种神经网络结构的不断发展更新,都凸显了深度学习的重要性。其中卷积神经网络在图像处理中已经有了许多非常优秀的成果。在对图像的分析方面,其性能远远优于传统的算法。循环神经网络更注重于对时序信息的理解,比如文本识别、语音处理、实时翻译等方面也出现了许多非常成功的应用。我们日常生活中使用的百度翻译、谷歌翻译,都离不开这些神经网络的应用。通过两个基本的神经网络相互博弈的过程,生成式对抗网络能够使两个网络互相优化、共同进步。

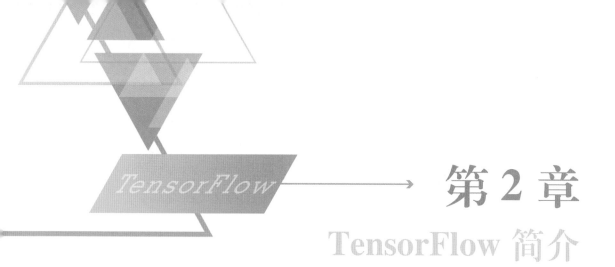

第 2 章 TensorFlow 简介

在第 1 章中我们介绍了神经网络、卷积网络、循环神经网络以及 GAN 的基本概念。本章 2.1 节介绍 TensorFlow 的安装问题，2.2 节介绍 tensor 的基本概念，让大家对 TensorFlow 有一个基本的了解，后 4 节对 TensorFlow 的框架、实现流程、神经网络中 TensorFlow 的常用函数和可视化操作进行系统的介绍，让大家可以更加深入地理解 TensorFlow。

2.1 TensorFlow 的安装

TensorFlow 是由 Google 公司于 2015 年发布的，广泛用于实现机器学习，并且可进行大量数据运算，目前主要应用在语音、图像识别，自动驾驶等领域。

下面介绍 TensorFlow 的详细安装步骤，本书以在 CPU 下安装 TensorFlow1.9.0 版本为例。在安装 TensorFlow 之前需要在计算机上安装好 Python，并且需要知道安装的 Python 版本号是多少，因为需要下载与 Python 相对应的 TensorFlow 版本。除此之外，还需要知道要进行安装的计算机是多少位，目前计算机版本为 64 位与 32 位，其分别对应不同的 TensorFlow 版本。

TensorFlow 是 Python 的机器学习库，在网络上有一个形象的比喻：如果把 Python 比作的话，那 TensorFlow 就是它的一个触手。也就是说，TensorFlow 是 Python 的一个工具。

下面介绍安装 TensorFlow 的操作方法。

①下载 TensorFlow 的安装包，打开浏览器，输入网址 https://pypi.org/project/tensorflow/1.9.0/#files，进入下载页面，如图 2-1 所示。

②单击左侧栏的 Download files 选项，根据自己的 Python 版本和计算机系统以及版本号选择相应的安装包进行下载。如图 2-2 所示，笔者的 Python 是 3.6.6 版本，所以选择 cp36，计算机是 64 位的 Windows 系统，所以选择后面几位是 win_amd64.whl 的版本。

③下载好安装包以后，将其复制到 Python 的文件夹下。打开"运行"窗口，输入 cmd，进入 Python，输入 pip install tensorflow==1.9.0，然后按【Enter】键，等待下载完成即可，如图 2-3 所示。

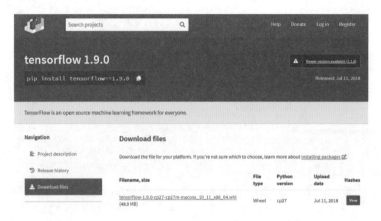

图 2-1　下载界面

tensorflow-1.9.0-cp36-cp36m-macosx_10_11_x86_64.whl (48.9 MB)	Wheel	cp36	Jul 11, 2018	View
tensorflow-1.9.0-cp36-cp36m-manylinux1_x86_64.whl (51.1 MB)	Wheel	cp36	Jul 13, 2018	View
tensorflow-1.9.0-cp36-cp36m-win_amd64.whl (37.1 MB)	Wheel	cp36	Jul 11, 2018	View

图 2-2　版本选择

```
C:\Users\Administrator>Python
Python 3.6.6 (v3.6.6:4cf1f54eb7, Jun 27 2018, 03:37:03) [MSC v.1900 64 bit (AMD64)] on win32
Type "help", "copyright", "credits" or "license" for more information.
>>> pip install tensorflow==1.9.0
```

图 2-3　安装语言

④下载完成后就可以直接导入 TensorFlow 进行使用,导入语句如图 2-4 所示。

```
import tensorflow as tf
```

图 2-4　TensorFlow 导入语句

2.2　Tensor 的基本概念

在 TensorFlow 中,张量(tensor)是一个很重要的概念,程序中的所有数据都通过张量的形式表示。在功能上,数据用 Tensor 表示,一个 Tensor 可以看成一个多维数组,里面可以存放不同类型的数据。

在日常学习中,我们把零阶张量称作标量(scalar),实际上是一个数;把一阶张量称作向量(vector),实际上是一个一维数组;二阶张量称作矩阵;n 阶张量就是一个 n 维数组。

张量的概念是相对于标量、向量、矩阵这一类概念的拓展,不同数据概念如表 2-1 所示。

表 2-1 不同数据概念

维 数	阶	名 字	例 子
0 维	0	标量	$a=1$
1 维	1	向量	$b=[1,2]$
2 维	2	矩阵	$c=[[1,2],[3,4]]$
n 维	3	张量	$d=[[[[[[\cdots\cdots n\ 个]]]]]]]$

在 Python 中,我们用 tf 代表 TensorFlow,就像用 np 代表 NumPy 一样,利用"import tensorflow as tf"的形式来载入 TensorFlow,as 的意思是给 TensorFlow 起一个别名,对其进行简化表达。

```
import tensorflow as tf
```

需要注意的是,与 NumPy 不同,在 TensorFlow 中张量并不是直接采用数组的形式,它只表示对运算结果的引用。换句话说,在张量中并没有像数组一样真正的保存数字,而只是保存的计算过程。例如运行如下代码时,并不会得到代码结果,而是得到对其结果的一个引用。

```
import tensorflow as tf
a = tf.ones([3,4])      #a 是一个 3×4 的二维数组,数组元素为 1
b = tf.ones([3,4])
c = tf.add(a,b,name = "add")
print(c)
```

输出:

```
Tensor("add:0",shape = (3,4),dtype = float32)
```

由上述代码的输出结果就可以看出 TensorFlow 和 NumPy 中的数组不同,TensorFlow 计算的结果并不是一个具体的数字,而是一个张量结构。

在上段代码的输出结果中,第一个代表的是操作类型,它是张量唯一的标识符,也表明该张量是如何计算出来的,此处的"add"就是名字,也就是这个张量的操作类型,"0"是索引,表示它是这个计算中产生的第几个;第二个代表的是 Tensor 的维度,上述代码所得的结果是一个 3 行 4 列的数组;第三个"dtype"代表的是 Tensor 的数据类型,每个张量都有唯一的数据类型,此处得到的是 float32 类型的张量。

虽然有时张量可以被看做多维数组,但是它又和单纯的多维数组不一样,因为它有 rank 这个概念。比如,标量的 rank 为 0,向量的 rank 为 1,矩阵的 rank 为 2,下面代码生成一个三维数组,它的 rank 为 3。

```
b = tf.ones([2, 3, 4])
sess = tf.Session()
print(sess.run(b))    # rank = 3,c 是一个三维数组,由 2 个 3×4 的二维数组组成,数组元素为 1
```

输出:

```
[[[ 1.  1.  1.  1.]
  [ 1.  1.  1.  1.]
  [ 1.  1.  1.  1.]]

 [[ 1.  1.  1.  1.]
  [ 1.  1.  1.  1.]
  [ 1.  1.  1.  1.]]]
```

2.2.1 Tensor 的常见形式

1. Constant(常量)

Constant 生成一个值不可改变的 tensor。常用的创建方法:

```
tf.constant(常量,dtype=数据类型)
import tensorflow as tf
const = tf.constant([[3,2],[2,3]])      #const 是一个两行两列的数组
print(const)
```

输出:

```
Tensor("Const:0", shape=(2, 2), dtype=int32)
```

2. Variable(变量)

Variable 生成一个值可以改变的 tensor。常用的创建方法:

```
tf.Variable(变量,dtype=数据类型)
import tensorflow as tf
x = tf.Variable([1,2])                  #x 是一个一维数组,里面有两个数据
print(x)
```

输出:

```
<tf.Variable 'Variable:0' shape=(2,) dtype=int32_ref>
```

3. Placeholder(占位符)

先占一位,然后再向其中传入需要的数据。

```
import tensorflow as tf
input = tf.placeholder(tf.float32)      # 使用 placeholder()占位,需要提供类型
```

输出:

```
Tensor("Placeholder:0", dtype=float2)
```

4. feed

定义好占位符之后,若要传入需要处理的数据,那么就用 feed 来执行,表示在会话运行时喂入数据。

但有以下两点需要格外注意:

①在使用 feed 之前,需要提前定义占位符。

②在使用 feed 喂入数据时,要以字典的形式传入所需要的数据。

```python
import tensorflow as tf

#定义两个占位符
input1 = tf.placeholder(tf.float32)
input2 = tf.placeholder(tf.float32)
#定义乘法 op
#传入的数值是不确定的,只是用 input1 和 input2 占一个位置,在运行乘法 op 的时候传入数据
output = tf.multiply(input1,input2)

#定义会话
with tf.Session() as sess:
    #feed 的数据以字典的形式传入
    print(sess.run(output,feed_dict = {input1:[3.0],input2:[2.0]}))
```

输出:

[6.]

5. fetch

在每个会话中,可以同时对多个操作进行计算。

```python
import tensorflow as tf

#定义三个常量
input1 = tf.constant(5.0)
input2 = tf.constant(2.0)
input3 = tf.constant(3.0)

#定义乘法 op、加法 op
add = tf.add(input2,input3)
mul = tf.multiply(input1,add)

#定义会话
with tf.Session() as sess:
    #fetch: run 中可以同时运行多个 op,用 [] 括起来即可
    result = sess.run([mul,add])
    print(result)
```

输出:

[25.0, 5.0]

提示:上面所用到的 Session( ) 函数会在后面提到,也可以学完后面的图和会话的基本概念后再看 fetch( ) 和 feed( ) 函数。

2.2.2 Tensor 的类型和属性

1. Tensor 的类型

TensorFlow 支持多种不同的类型,常用的有以下几种:

①实数 tf.float32、tf.float64。

②整数 tf.int8、tf.int16、tf.int32、tf.int64、tf.uint8。
③布尔 tf.bool。
④复数 tf.complex64、tf.complex128。
当定义时不具体指定数据类型会变成默认类型：
①不带小数点的数会被默认为 tf.int32。
②带小数点的会被默认为 tf.float32。

2. Tensor 对象的三个属性

①rank：number of dimensions 阶数，表示此变量的维数。
②shape：number of rows and columns 结构，表示此变量的行和列。
③type：data type of tensor's elements 类型，表示此变量的数据类型。

2.2.3 Tensor 的使用

张量的使用可以区分为两大类。

①第一类应用是对中间计算结果的引用。运算时，不需要再去生成这些常量，可直接使用这些数据，提高代码的可读性，并且可以方便地获取中间结果。

②第二类应用是直接获得计算结果，这需要在学习完图和会话后再来继续讨论。

2.3 TensorFlow 的框架

在研究 TensorFlow 框架之前需要先明白以下几个概念。

2.3.1 计算图（graph）

在 TensorFlow 中，计算图是一个最基本的概念。因为 TensorFlow 中的所有计算都会被转化为计算图上的节点，在 2.2 节中我们讲述了 Tensor 的基本概念，下面将对 Flow 的概念进行解释。

首先，Flow 的中文解释是"流"，"流"就代表了数据与数据之间相互流动、依靠和转化的关系。Flow 用于计算模型，所以它就形象地表达了各个张量之间通过计算的相互转化关系。

在 TensorFlow 中，计算图上的每一个节点代表一次计算，每两个节点之间的边描述的是这两个计算之间的依赖关系。计算图是有向无环图，因为计算图只是搭建神经网络的计算过程，并不进行实际的运算。如图 2-5 所示，每个节点代表的都是一个计算，边代表了各个计算之间的依赖关系。

在计算图中的每个节点就是一个操作（operation，简称 op），operation 以 0 个或多个 Tensor 作为输入，以 0 个或多个 tensor 作为输出。比如图中节点 c = a + b，a 和 b 是作为输入的两个 tensor，c 是作为输

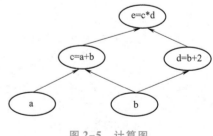

图 2-5 计算图

出的 Tensor,Tensor 就在图中沿着箭头方向流动,张量 a 和 b 按照箭头的方向流动到 c = a + b 方向。

上述计算图对应的代码如下:

```
import tensorflow as tf
a = tf.constant(10)        #先定义常量 a、b、i
b = tf.constant(20)
i = tf.constant(2)
c = tf.add(a,b)            #将常量进行计算
d = tf.add(b,i)
e = tf.mul(c,d)
```

graph 仅仅定义了 operation 和 Tensor 的流向,并没有进行任何实际的数据运算。TensorFlow 会自动将定义的计算转化为计算图上的节点,之后 Session 通过 graph 的定义预分配资源,计算 operation,得出结果。

在 TensorFlow 程序中,系统会自动维护一个默认的计算图,我们可以通过 tf.get_default_graph()来获取当前默认的计算图在内存中的存放位置,代码如下。

```
import tensorflow as tf
a = tf.ones([3,4])
b = tf.ones([3,4])
c = tf.add(a,b,name = "add")
d = tf.get_default_graph()
print(d)
<tensorflow.python.framework.ops.Graph object at 0x0000000105A0A358>
```

2.3.2 会话(Session)

会话是用来执行计算图中的节点运算,即执行之前定义好的运算,通过 graph 的定义预分配资源计算 operation。会话拥有并管理 TensorFlow 程序运行时的所有资源,并且所有的计算完成以后还需要通过关闭会话来帮助系统回收资源,否则将会产生资源泄露的问题。

在 TensorFlow 中会话模式被分为两类:

1. 需要明确调用会话生成函数和关闭函数

```
import tensorflow as tf
a = tf.ones([3,4])
b = tf.ones([3,4])
c = a + b
sess = tf.Session()        #创建一个会话,目前没有参数,启动默认图
d = sess.run(c)            #得到真实的 a + b 的值,返回值是一个 numpy 'ndarray' 对象.
print(d)
sess.close()               #关闭本次会话,释放资源
```

上述代码表明,在构造阶段完成后,才能启动图,而启动图的第一步是创建一个 Session 对象,如果无任何创建参数,会话构造器将启动默认图,然后得到真实的计算值并且输出,最后还需要关闭本次会话,释放占用的资源。

2. 采用 Python 中的上下文管理器来使用会话

若使用第一种模式,一方面每次结束后需要将会话关闭,使得操作更加麻烦;另一方面是如果在程序执行过程中出现异常,导致程序中途退出,那么关闭会话函数代码就可能不会被执行,从而使会话关闭失败进而导致资源泄露。

基于以上的问题,我们选择的解决办法是采用 Python 中的上下文管理器来使用会话,这样只要将所有的计算放在"with"的内部就可以了,代码如下。

```
import tensorflow as tf
a = tf.ones([1, 3])
b = tf.ones([1, 3])
c = a + b
with tf.Session() as sess:     #创建一个会话并且通过上下文管理器来管理
    d = sess.run(c)
    print(d)
#不需再调用 sess.close()函数了,当上下文退出时,会话关闭和资源释放也自动完成了
```

输出:

[[2. 2. 2.]]

这样既解决了异常退出时的无法进行资源释放的问题,同时也解决了忘记调用 Session.close()函数而产生的资源泄露问题。

除此之外还有另一种方法,可以通过设定默认会话计算张量取值,代码如下:

```
sess = tf.Session()
with sess.as_default():
    print(c.eval())
```

输出:

[[2. 2. 2.]]#和上式的结果一样

2.3.3 框架

通过以上小节对图(graph)和会话(Session)的详细介绍,对其基本概念有了大致的了解,现在开始对 TensorFlow 的框架进行简单介绍。TensorFlow 框架的简单理解是使用数据流图技术进行数值计算的软件框架,其中包含节点(op)进行数值的计算,还包括边来表示多维数据(Tensor)之间的联系。

TensorFlow 程序通常可以分为两个阶段:图的构建阶段和图的执行阶段。

构建阶段:创建图,用来表示和训练神经网络。

执行阶段:利用 Session 来执行图中的节点,在图中重复执行一系列的训练操作。

TensorFlow 是基于计算图的框架。

①使用图(graph)来表示计算任务。

②使用 tensor 表示数据。

③在被称之为会话(Session)的上下文(context)中执行图。

④通过变量(Variable)维护状态。

⑤使用 feed 和 fetch 可以为任意的操作(operation)赋值或者从其中获取数据。

2.4 TensorFlow 的实现流程

2.4.1 运行流程——例子说明

TensorFlow 的运行流程主要有两步,分别是构造模型和训练模型。

1. 构造模型

在构造模型阶段,为了完整描述出我们的模型,需要先构建出一个图。我们可以把这个图理解为流程图,就是指首先输入数据,对数据进行中间处理,然后将数据输出的过程。在此期间,我们需要完成数据初始化、定义损失函数、初始化训练模型等工作。

我们用基于 TensorFlow 的 MNIST 手写数字识别例子来对 TensorFlow 的实现流程进行详细介绍,我们使用的是官方 tutorial 中的 mnist 数据集的分类代码。此部分是构造模型阶段,代码如下:

```
#建立抽象模型
x = tf.placeholder(tf.float32, [None, 784])    # 输入占位符
y = tf.placeholder(tf.float32, [None, 10])     # 输出占位符
W = tf.Variable(tf.zeros([784, 10]))
b = tf.Variable(tf.zeros([10]))
a = tf.nn.softmax(tf.matmul(x, W) + b)         # a 表示模型的实际输出

# 定义损失函数和训练方法
cross_entropy = tf.reduce_mean(-tf.reduce_sum(y * tf.log(a), reduction_indices = [1]))
                                               # 损失函数为交叉熵
optimizer = tf.train.GradientDescentOptimizer(0.5)  # 梯度下降法,学习速率为 0.5
train = optimizer.minimize(cross_entropy)      # 训练目标:最小化损失函数
```

需要注意的是,此时的图是不会发生实际运算的,因为并没有启动会话程序来执行图。在上述代码中,训练模型所需的图结构、损失函数、下降方法和训练目标都已包含在 train 中。接下来我们要做的是对上述训练模型进行一下测试,看看其准确度如何。此部分是模型的测试阶段,代码如下:

```
correct_prediction = tf.equal(tf.argmax(a, 1), tf.argmax(y, 1))
#tf.argmax()表示寻找预测的和实际分类的最大值的位置,tf.equal()表示看两者位置是否一致,若一致则返回布尔类型的真,不一致返回假
accuracy = tf.reduce_mean(tf.cast(correct_prediction, tf.float32))
#tf.cast()将布尔类型转换为 int 类型,然后 tf.reduce_mean()是对指定维度求均值,默认求所有元素均值,用其求出平均值进而得到识别的准确率
```

2. 训练模型

在上述模型构建完毕以后,接下来将要进入实际的训练步骤,这时会有实际的数据输入训练模型,并且进行梯度计算等一系列操作。此部分是模型的训练阶段,代码如下:

```
sess = tf.InteractiveSession()                              # 建立交互式会话
tf.initialize_all_variables().run()                         # 所有变量初始化
for i in range(1000):
    batch_xs, batch_ys = mnist.train.next_batch(100)        # 获得一批 100 个数据
    train.run({x: batch_xs, y: batch_ys})                   # 给训练模型提供输入和输出
print(sess.run(accuracy,feed_dict={x:mnist.test.images,y:mnist.test.labels}))
```

由上述代码可以看到，当训练模型搭建完毕以后，我们要做的仅仅是为这个模型提供输入和输出，其他的都由模型内部自己解决，让它自己进行训练和测试。TensorFlow 会自动帮助我们完成中间的求导、求梯度、反向传播等许多复杂的事情，这使得代码量和工作量大大减少，这一点是十分可观的，同时也使得错误的机会减少，大大提高了工作效率。

2.4.2 运行流程——文字说明

我们可以将上述复杂的运行流程用文字的形式详细记录下来，主要有以下步骤。

(1) 导入数据

所有的机器学习算法都依赖样本数据集合，需先导入并且生成数据集合。

(2) 转化数据格式

因为我们一开始输入的样本数据集合并不一定完全符合 TensorFlow 对数据的要求，所以需要先将数据格式进行转化。

(3) 划分样本数据

一般机器学习算法要求训练样本集和测试样本集是不同的，并且还需要验证样本集来决定最优的超参数进行超参调优。所以我们将样本数据划分为训练样本集合、测试样本集合和验证样本集合。

(4) 设置参数

机器学习需要一系列的常量参数，这些参数也称为超参数，后期可以改变它们来提高准确率，包括迭代次数、学习率、梯度或者其他固定参数。一般是一次性初始化所有的参数。

```
learning_rate = 0.01
batch_size = 100
iterations = 1000
```

(5) 初始化变量和占位符

在求解最优化过程中，TensorFlow 通过占位符获取数据，并调整变量、权重和偏差。

```
x_input = tf.placeholder(tf.float32, [None, input_size])
y_input = tf.placeholder(tf.float32, [None, num_classes])
```

(6) 定义模型

在获取样本数据集、初始化变量和占位符后，开始定义机器学习模型。

(7) 声明损失函数

损失函数可以直接表现出预测值和真实值之间的差距，所以需要声明损失函数来输出评估结果。

```
loss = tf.reduce_mean(tf.square(y_actual - y_pred))
```

(8) 初始化和训练模型

TensorFlow 开始创建计算图实例，通过占位符赋值，然后维护变量的状态信息，进而初始化和训练模型。

```
with tf.session(graph = graph) as session:
    ...
    session.run(...)
    ...
```

(9) 评估机器学习模型

计算图被构建，并且机器学习模型被训练后，需评估该机器学习模型对新样本数据集的训练效果。通过评估，可以确定该机器学习模型是否合适，进而可以判断它是过拟合还是欠拟合。

(10) 调优超参数

通过调整之前定义的超参数来重复训练模型，并用划分好的验证样本集来评估机器学习模型。

(11) 发布模型和预测结果

完成上述操作后，即可发布模型，并预测结果。

2.5 神经网络中 TensorFlow 的常用函数

2.5.1 卷积与反卷积操作

本节主要介绍 1 维、2 维、3 维卷积和反卷积操作，以及空调卷积、空调反卷积的操作。

1. 1 维卷积

原型：

```
tf.nn.conv1d(
    input,
    filters,
    stride,
    padding,
    data_format = 'NWC',
    dilations = None,
    name = None)
```

参数：

- input：一个 3 维 Tensor。类型必须为 float16、float32 或 float64。形状为［batch_size, in_width, in_channels］或［batch_size, in_channels, in_width］。

● filters：一个 3 维 Tensor。类型与 input 一致，形状为[filter_width, output_channels, in_channels]。

● stride：一个长度为 1 的 int 或一个长度为 3 的列表 ints。指卷积核每次在输入 input 中向右移动的步长。

● padding：SAME 或 VALID。SAME 表示在执行卷积之前，对 input 做填充操作；VALID 表示在执行卷积之前，不对 input 做填充操作。

● data_format：string 类型。有 NWC 和 NCW 两种可选类型。默认为 NWC，数据以[batch_size, in_width, in_channels]的顺序存储。NCW 格式将数据存储为[batch_size, in_channels, in_width]。

● dilations：输入每个维度的膨胀因子。一个长度为 1 的 int 或一个长度为 3 的列表 ints。

● name：操作的名称(可选)。

返回：

返回具有与输入(input)相同的类型的 Tensor。

2. 1 维反卷积

原型：

```
tf.nn.conv1d_transpose(
    input,
    filters,
    output_shape,
    strides,
    padding = 'SAME',
    data_format = 'NWC',
    dilations = None,
    name = None)
```

参数：

● input：3 维类型的 Tensor。类型为 float。形状为[batch_size, in_width, in_channels]或[batch_size, in_channels, in_width]。

● filters：3 维的 Tensor。类型与 input 一致，形状为[filter_width, output_channels, in_channels]。

● output_shape：1 维 Tensor，包含三个元素，代表反卷积运算的输出形状。

● strides：一个长度为 1 的 int 或长度为 3 的列表 ints。指卷积核每次在输入 input 中向右移动的步长。

● padding：string 类型，VALID 或者 SAME。与 1 维卷积相同。

● data_format：string 类型。有 NWC 和 NCW 两种可选类型。默认为 NWC。与 1 维卷积相同。

● dilations：每个维度的膨胀因子。一个长度为 1 的 int 或一个长度为 3 的列表 ints。

● name：返回的张量的名称(可选)。

返回：

返回具有与输入(input)相同的类型的 Tensor。

3. 2维卷积

原型：

```
tf.nn.conv2d(
    input,
    filters,
    strides,
    padding,
    data_format = 'NHWC',
    dilations = None,
    name = None)
```

参数：

- input：一个4维的Tensor。类型必须为half、float16、float32、float64。对于NHWC数据格式，形状为[batch_size], height, width, in_channels；对于NCHW数据格式，形状为[batch_size, in_channels, height, width]。
- filters：一个1维的Tensor。类型与input一致。形状为[filter_height, filter_width, in_channels, out_channels]。
- strides：单个int或一个列表ints，长度为1、2或4。指卷积核每次在输入input中向右移动的步长。如果给出单个值，则将其复制到H和W维度中。默认情况下，N和C尺寸设置为1。
- padding：string类型，SAME或VALID。指示要使用的填充算法的类型；或者是一个列表，指示在每个维度的开始和结束处的显式填充。如果使用显式填充，并且使用data_format为NHWC，采用[[0,0],[padtop, padbottom],[padleft, padright],[0,0]]的形式进行填充。如果使用显式填充，并且data_format是NCHW，采用[[0,0],[0,0],[pad_top, pad_bottom],[pad_left, pad_right]]的形式进行填充。
- data_format：string类型。有NHWC和NCHW两种可选类型。默认为NHWC，数据按以下顺序存储：[batch_size, height, width, channels]；NCHW的数据存储顺序为：[batch_size, channels, height, width]。
- dilations：对输入input的各维的膨胀因子。一个int或列表ints，长度为1、2或4。
- name：操作的名称（可选）。

返回：

返回具有与输入（input）相同的类型的Tensor。

4. 2维反卷积

原型：

```
tf.nn.conv2d_transpose(
    input,
    filters,
    output_shape,
    strides,
    padding = 'SAME',
    data_format = 'NHWC',
    dilations = None,
    name = None)
```

参数：
- input：4维的Tensor。类型为float。对于NHWC数据格式，形状为：[batch_size, height, width, in_channels]。对于NCHW数据格式，形状为：[batch_size, in_channels, height, width]。
- filters：1维的Tensor。类型与input一致。形状为[filter_height, filter_width, in_channels, out_channels]。filter的in_channels尺寸必须与input的尺寸匹配。
- output_shape：1维的Tensor。表示反卷积运算的输出形状。
- strides：单个int或一个列表ints，长度为1、2或4。与2维卷积相同。
- padding：string类型，有SAME或VALID两种类型。与2维卷积相同。
- data_format：string类型。有NHWC或NCHW两种可选类型。与2维卷积相同。
- dilations：输入input的各维膨胀因子。一个int或列表ints，长度为1、2或4。
- name：操作的名称(可选)。

返回：

返回具有与输入(input)相同的类型的Tensor。

5. 3维卷积

原型：

```
tf.nn.conv3d(
    input,
    filters,
    strides,
    padding,
    data_format='NDHWC',
    dilations=None,
    name=None)
```

参数：
- input：5维的Tensor。类型必须为half、float16、float32、float64。形状默认为[batch_size, in_depth, in_height, in_width, in_channels]。
- filters：1维的Tensor。类型与input一致。形状为[filter_depth, filter_height, filter_width, in_channels, out_channels]。in_channels必须在input和filters之间匹配。
- strides：单个int或一个列表ints，长度为1、3或5。指卷积核每次在输入input中向右移动的步长。
- padding：string类型，有SAME或VALID两种类型。SAME表示在执行卷积之前对input做填充操作；VALID表示在执行卷积之前，不对input做填充操作。
- data_format：string类型。有NDHWC或NCDHW两种可选类型。默认为NDHWC，其数据按以下顺序存储：[batch_size, in_depth, in_height, in_width, in_channels]；NCDHW的数据存储顺序为：[batch_size, in_channels, in_depth, in_height, in_width]。
- dilations：一个列表ints。默认为[1, 1, 1, 1, 1]。长度为1的1维张量。输入input的各维膨胀因子。
- name：操作的名称(可选)。

返回：

返回具有与输入(input)相同的类型的Tensor。

6. 3维反卷积

原型：

```
tf.nn.conv3d_transpose(
    input,
    filters,
    output_shape,
    strides,
    padding = 'SAME',
    data_format = 'NDHWC',
    dilations = None,
    name = None)
```

参数：

- input：5维的Tensor。类型必须为float。形状默认为[batch_size, in_depth, in_height, in_width, in_channels]。
- filters：1维的Tensor。类型与input一致。形状为[filter_depth, filter_height, filter_width, in_channels, out_channels]。in_channels必须在input和filters之间匹配。
- output_shape：1维的Tensor。表示反卷积运算的输出形状。
- strides：单个int或一个列表ints，长度为1、3或5。指卷积核每次在输入input中向右移动的步长。
- padding：string类型，有SAME或VALID两种类型。
- data_format：string类型。有NDHWC或NCDHW两种类型。与3维卷积相同。
- dilations：输入input的各维膨胀因子。一个int或列表ints，长度1、3或5。与3维卷积相同。
- name：操作的名称（可选）。

返回：

返回具有与输入（input）相同的类型的Tensor。

7. 空洞卷积

原型：

```
tf.nn.atrous_conv2d(
    value,
    filters,
    rate,
    padding,
    name = None)
```

参数：

- value：4维的Tensor。类型为float。必须采用默认的NHWC格式。其形状为[batch_size, in_height, in_width, in_channels]。
- filters：1维的Tensor。类型与value相同。形状为[filter_height, filter_width, in_channels, out_channels]。filters的in_channels尺寸必须与value的尺寸匹配。
- rate：正整数int32类型。在height和width维度上采样，输入值的跨度。
- padding：string类型，有SAME或VALID两种类型。

● name:操作的名称(可选)。

返回:

返回具有与输入(value)相同类型的 Tensor。带 VALID 填充的输出形状为:[batch_size, height − 2 ∗ (filter_width − 1), width − 2 ∗ (filter_height − 1), out_channels]。

带 SAME 填充的输出形状为:[batch_size, height, width, out_channels]。

8. 空洞反卷积

原型:

```
tf.nn.atrous_conv2d_transpose(
    value,
    filters,
    output_shape,
    rate,
    padding,
    name=None)
```

参数:

● value:4 维的 Tensor。类型为 float。必须采用默认的 NHWC 格式。其形状为[batch_size, in_height, in_width, in_channels]。

● filters:1 维的 Tensor。类型与 value 相同。形状为[filter_height, filter_width, in_channels, out_channels]。filters 的 in_channels 尺寸必须与 value 的尺寸匹配。

● output_shape:1 维 Tensor,表示解卷积运算的输出形状。

● rate:正整数 int32。正整数 int32 类型。在 height 和 width 维度上采样,输入值的跨度。

● padding:string 类型,有 SAME 或 VALID 两种类型。

● name:操作的名称(可选)。

返回:

返回具有与输入(value)相同的类型的 Tensor。

2.5.2 激活函数

本节介绍 tanh()激活函数、sigmoid()激活函数、softmax()激活函数、ReLU()激活函数、Leaky ReLU()激活函数。

1. tanh()激活函数

原型:

```
tf.math.tanh(
    x,
    name=None)
```

参数:

● x:一个 Tensor。必须是下列类型之一:float16、half、float32、float64、complex64、complex128。

● name:操作的名称(可选)。

返回:

与 x 类型相同的 Tensor。如果 x 为 SparseTensor,则返回 SparseTensor(x.indices, tf.math.tanh(x.values,…), x.dense_shape)

2. sigmoid()激活函数

原型:

```
tf.math.sigmoid(
    x,
    name=None)
```

参数:
- x:一个 Tensor。类型为 float16、float32、float64、complex64 或 complex128。
- name:操作的名称(可选)。

返回:

与 x 类型相同的 Tensor。

3. softmax()激活函数

原型:

```
tf.nn.softmax(
    logits,
    axis=None,
    name=None)
```

参数:
- logits:非空的 Tensor。必须是下列类型之一:half,float32,float64。
- axis:将对维度执行 softmax 操作。默认值为 -1,表示最后一个维度。
- name:操作的名称(可选)。

返回:

一个 Tensor。具有与 logits 相同的类型和形状。

4. ReLU()激活函数

原型:

```
tf.nn.relu(
    features,
    name=None)
```

参数:
- features:一个 Tensor。必须是下列类型之一:float32,float64,int32,uint8,int16,int8,int64,bfloat16,uint16,half,uint32,uint64,qint8。
- name:操作的名称(可选)。

返回:

与 features 类型相同的 Tensor。

5. Leaky ReLU()激活函数

原型:

```
tf.nn.leaky_relu(
    features,
    alpha=0.2,
    name=None)
```

参数：
• features：一个 Tensor。表示预激活值的张量。必须是下列类型之一：float16，float32，float64，int32，int64。
• alpha：激活函数在 x<0 时的斜率。
• name：操作的名称（可选）。

返回：
激活值。

2.5.3 池化层

本节介绍最大池化和平均池化。

1. 最大池化

原型：

```
tf.nn.max_pool(
    input,
    ksize,
    strides,
    padding,
    data_format=None,
    name=None)
```

参数：

• input：N+2 级 Tensor，如果 data_format 不是以 NC 开头（默认），则形状为[batch_size] + input_spatial_shape + [num_channels]；如果 data_format 以 NC 开头，则形状为[batch_size，num_channels] + input_spatial_shape。池化仅在空间维度上发生。

• ksize：长度为 1、N 或 N+2 的整数或整数列表。输入张量的每个维度的窗口大小。

• strides：长度为 1、N 或 N+2 的整数或整数列表。输入张量的每个维度的滑动窗口的步幅。

• padding：字符串类型，选择 VALID 或者 SAME。填充算法。

• data_format：一个字符串。指定通道尺寸。对于 N=1，它可以是 NWC（默认）或 NCW；对于 N=2，它可以是 NHWC（默认）或 NCHW；对于 N=3，它可以是 NDHWC（默认）或 NCDHW。

• name：操作的名称（可选）。

返回：

由 data_format 指定的格式 Tensor。最大池化输出张量。

2. 平均池化

原型：

```
tf.nn.avg_pool(
    input,
    ksize,
    strides,
    padding,
    data_format=None,
    name=None)
```

参数：
- input：N+2 级 Tensor，如果 data_format 不是以 NC 开头（默认），则形状为[batch_size] + input_spatial_shape + [num_channels]；如果 data_format 以 NC 开头，则形状为[batch_size, num_channels] + input_spatial_shape。池化仅在空间维度上发生。
- ksize：长度为 1、N 或 N+2 的整数或整数列表。输入张量的每个维度的窗口大小。
- strides：长度为 1、N 或 N+2 的整数或整数列表。输入张量的每个维度的滑动窗口的步幅。
- padding：字符串类型，选择 VALID 或者 SAME。填充算法。
- data_format：一个字符串。指定通道尺寸。对于 N=1，它可以是 NWC（默认）或 NCW；对于 N=2，它可以是 NHWC（默认）或 NCHW；对于 N=3，它可以是 NDHWC（默认）或 NCDHW。
- name：操作的名称（可选）。

返回：
由 data_format 指定的格式 Tensor。平均池化输出张量。

2.5.4　批量标准化

1. batch_norm_with_global_normalization

原型：

```
tf.nn.batch_norm_with_global_normalization(
    input,
    mean,
    variance,
    beta,
    gamma,
    variance_epsilon,
    scale_after_normalization,
    name=None)
```

参数：
- input：4 维输入张量。
- mean：1 维平均张量，其大小与 t 的最后一个维数相匹配。这是 tf.nn.moments 的第一个输出，或其保存的移动平均值。
- variance：1 维方差张量，其大小与 t 的最后一个维度匹配。这是 tf.nn.moments 的第二个输出，或其保存的移动平均值。
- beta：1 维 beta 张量，其大小与 t 的最后一个维数相匹配。要添加到标准化张量中的偏移量。
- gamma：1 维 gamma 张量，其大小与 t 的最后一个维数相匹配。如果 scale_after_normalization 为 true，则该张量将与标准化张量相乘。
- variance_epsilon：一个小的浮点数，以避免被 0 除。
- scale_after_normalization：布尔值，指示是否需要将生成的张量乘以 gamma。
- name：此操作的名称（可选）。

返回:

批量标准化 t。

2. batch_normalization

原型:

```
tf.nn.batch_normalization(
    x,
    mean,
    variance,
    offset,
    scale,
    variance_epsilon,
    name = None)
```

参数:

- x:任意维数的输入张量(Tensor)。
- mean:平均张量(Tensor)。
- variance:方差张量(Tensor)。
- offset:一个偏移 Tensor,常在方程式中表示为 β,或无。如果存在,将被添加到标准化张量。
- scale:一个尺度比例 Tensor,通常在等式中用 γ 或者 None 表示。如果存在,则将尺度比例应用于标准化张量。
- variance_epsilon:一个小的浮点数,以避免被 0 除。
- name:此操作的名称(可选)。

返回:

标准化,缩放,偏移张量。

2.5.5 随机丢失

原型:

```
tf.nn.dropout(
    x,
    rate,
    noise_shape = None,
    seed = None,
    name = None)
```

参数:

- x:一个浮点张量(Tensor)。
- rate:与 x 类型相同的标量 Tensor。每个元素被删除的概率。例如,设置 rate = 0.1 将减少 10% 的输入元素。
- noise_shape:类型为 int32 的 1 维 Tensor,表示随机生成的保留/丢弃标志的形状。
- seed:Python 整数。用于创建随机种子。
- name:操作的名称(可选)。

返回：

具有与张量 x 相同形状的 Tensor。

2.5.6 全连接层

原型：

```
tf.contrib.slim.fully_connected(
    inputs,
    num_outputs,
    activation_fn = nn.relu,
    normalizer_fn = None,
    normalizer_params = None,
    weights_initializer = initializers.xavier_initializer(),
    weights_regularizer = None,
    biases_initializer = init_ops.zeros_initializer(),
    biases_regularizer = None,
    reuse = None,
    variables_collections = None,
    outputs_collections = None,
    trainable = True,
    scope = None)
```

参数：

- inputs：秩至少为 2 的张量，最后一个维度为静态值；即 [batch_size, depth], [None, None, None, channels]。
  - num_outputs：整型，层中输出单元的数量。
  - activation_fn：激活函数。默认是 ReLU 函数。
  - normalizer_fn：用来代替"偏差"的归一化函数。如果提供 normalizer_fn，则忽略 biases_initializer 和 biases_regularizer，并且不会创建或添加 bias。
  - normalizer_params：规范化函数参数。
  - weights_initializer：权值的初始化器。
  - weights_regularizer：可选的权重正则化器。
  - biases_initializer：用于偏差的初始化器。
  - biases_regularizer：可选的偏差调整器。
  - reuse：是否应该重用层及其变量。为了能够重用层范围，必须给出。
  - variables_collections：所有变量的可选集合列表，或包含每个变量的不同集合列表的字典。
  - outputs_collections：用于添加输出的集合。
  - trainable：布尔值，如果为 True，将变量添加到图形集合 GraphKeys 中。
  - scope：variable_scope 的可选作用域。

返回：

一系列运算结果的张量变量。

2.5.7 常用损失函数

1. L2 损失函数

原型：

```
tf.nn.l2_loss(
    t,
    name = None)
```

参数：

• t：一个 Tensor。必须是下列类型之一：half,float16,float32,float64。通常为二维,但可以具有任何尺寸。

• name：操作的名称(可选)。

返回：

与 t 类型相同的 Tensor。

2. 带采样的 softmax 损失函数

原型：

```
tf.nn.sampled_softmax_loss(
    weights,
    biases,
    labels,
    inputs,
    num_sampled,
    num_classes,
    num_true = 1,
    sampled_values = None,
    remove_accidental_hits = True,
    seed = None,
    name = 'sampled_softmax_loss')
```

参数：

• weights：形状为[num_classes,dim]的张量,或其沿维度 0 的连接具有形状[numclasses,dim]的张量对象列表。

• biases：形状为[num_classes]的张量。类别偏执。

• labels：类型为 int64 和形状为[batch_size, num_true]的张量。目标类。请注意,此格式的 labels 与[nn.softmax_cross_entropy_with_logits]的参数不同。

• inputs：形状为[batch_size, dim]的张量。网络的正向激活。

• num_sampled：一个 int。每批要随机抽样的类的数量。

• num_classes：一个 int。可能的类数。

• num_true：一个 int。每个训练示例的目标课程数。

• sampled_values：由_candidate_sampler 函数返回的一个元组(sampled_candidates, true_expected_count, sampled_expected_count)(如果为 None,则默认为 log_uniform_candidate_ sampler)。

- remove_accidental_hits：一个布尔值。在样本类别等于目标类别的情况下，是否删除"意外命中"。默认值为 True。
- seed：用于候选采样的随机种子。默认为 None，这不会为候选采样设置操作级随机种子。
- name：操作的名称（可选）。

返回：

1 维张量。batch_size 的每个实例采样 softmax 损失。

3. 按副本数缩放给定正则化损失的总和

原型：

```
tf.nn.scale_regularization_loss(regularization_loss)
```

参数：

　　regularization_loss：正则化损失。

返回：

标量损耗值。

2.5.8　LSTM 构建常用函数

1. 创建 variable 层的 op 的上下文管理器

原型：

```
tf.variable_scope()
```

参数：

- name_or_scope：类型为字符串或 VariableScope 要打开的范围。
- default_name：如果 name_or_scope 参数为 None，则将使用默认名称，此名称将被唯一。如果提供了 name_or_scope，它将不会被使用。
- initializer：此范围内的变量的默认初始化程序。
- dtype：在此范围中创建的变量类型（默认为传递范围中的类型，或从父范围继承）。

2. 创建 LSTM 层

原型：

```
tf.contrib.rnn.BasicLSTMCell()
```

参数：

- num_uints：整型，神经元数量。
- forget_bias：遗忘的偏置设置（0～1），0 为全忘记，1 为全记得。
- state_is_tuple：布尔类型，是否返回元组，true 为返回元组。
- activation：激活函数，默认 tanh。

3. 对 RNN 进行堆叠

原型：

```
tf.contrib.rnn.MultiRNNCell()
```

参数：
- cells：run cell 的列表。
- state_is_tuple：同上，非必须参数。

4. 获得全零的初始状态

原型：

`tf.contrib.rnn.MultiRNNCell.zero_state(batch_size, tf.float32)`

参数：
- batch_size：batch 的大小。
- dtype：数据类型。

5. 多次调用 call 函数

原型：

`tf.nn.dynamic_rnn()`

参数：
- cell：通过 tf.contrib.rnn.MultiRNNCell( ) 堆叠的多层 RNN，或者单层的 lstm cell。
- inputs：需要传入的训练数据。
- initial_state：初始状态（一般可以是零矩阵）。

2.6　TensorFlow 的可视化

TensorBoard 是 TensorFlow 提供的可视化工具，我们可以通过它来观察计算图和各种不同指标的变化情况。

2.6.1　TensorBoard 简介

TensorBoard 是一款可以帮助我们图形化地显示计算图的工具，以图像的形式把程序内部的运行状态生动地展现在人们的眼前，更利于我们观察程序内部状态和对其的深入理解。TensorBoard 程是对序运行过程中输出的日志文件进行可视化，可以在其中观察到 TensorFlow 程序此刻的运行状态。并且它会自动读取最新的 TensorFlow 日志文件并且进行呈现。

```
import tensorflow as tf
a = tf.constant(5,name = "imput_a")
b = tf.constant(3,name = "imput_b")
c = tf.multiply(a,b,name = "mul_c")
d = tf.add(a,b,name = "add_d")                    #定义计算图
e = tf.add(c,d,name = "add_e")
sess = tf.Session()
output = sess.run(e)
writer = tf.summary.FileWriter('./my_graph',sess.graph)
                                                  #生成日志文件，将当前计算图写入文件
writer.close()
sess.close()
```

上述代码定义了一个简单的计算图，实现的是加法和乘法操作，我们可以在 TensorBoard 中看到相应的可视化操作。

首先，我们需要先启动 TensorBoard，先复制所生成的计算图的路径。例如，路径如图 2-6 所示。

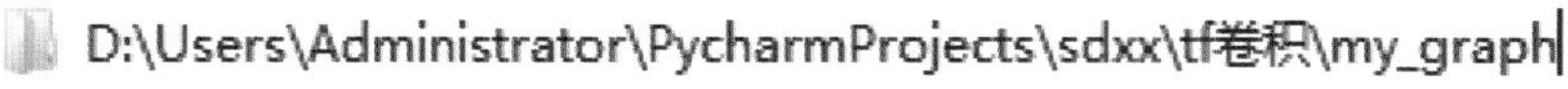

D:\Users\Administrator\PycharmProjects\sdxx\tf卷积\my_graph

图 2-6　计算图路径

然后在 cmd 命令框中输入命令：tensorboard －－logdir = 上图路径，命令如图 2-7 所示。

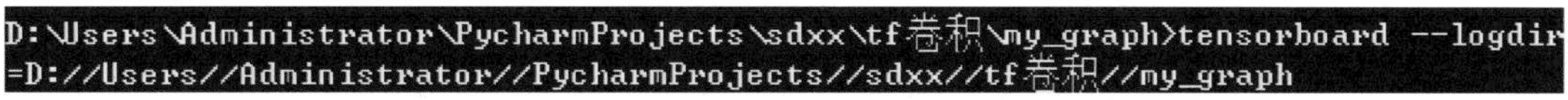

D:\Users\Administrator\PycharmProjects\sdxx\tf卷积\my_graph>tensorboard --logdir
=D://Users//Administrator//PycharmProjects//sdxx//tf卷积//my_graph

图 2-7　输入命令

若下一步在 TensorBoard 中无法读入数据，那就需要将此处复制地址中“ \”全部改为“//”如图 2-7 所示。

按下【Enter】键，在所得结果的最后一行会得到一个地址，如图 2-8 所示。

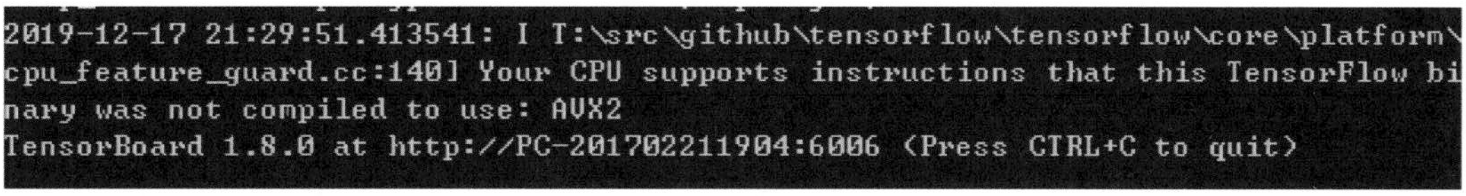

2019-12-17 21:29:51.413541: I T:\src\github\tensorflow\tensorflow\core\platform\
cpu_feature_guard.cc:140] Your CPU supports instructions that this TensorFlow bi
nary was not compiled to use: AVX2
TensorBoard 1.8.0 at http://PC-201702211904:6006 (Press CTRL+C to quit)

图 2-8　计算图地址

此时，我们需要将给出的地址（http://PC －2017002211904:6006）复制到浏览器中进行显示，此时即可得到可视化的计算图，如图 2-9 所示。

TensorBoard
GRAPHS
INACTIVE
Fit to screen
Download PNG
Run (1)
Session runs (0)
Upload
Choose File
Trace inputs
Color
Structure
Device
Close legend.
Graph
(* = expandable)
Namespace* ?
OpNode ?
Unconnected series* ?
Connected series* ?
Constant ?
Summary ?
Dataflow edge ?
Control dependency edge ?
Reference edge ?
add_e
scalar
mul_c
add_d
imput_a
imput_b
imput_a
imput_b

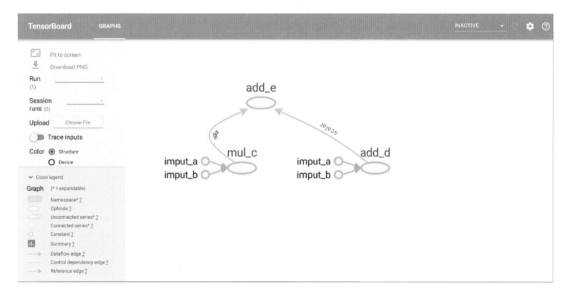

图 2-9　计算图可视化

2.6.2 TensorBoard 计算图可视化

在 TensorBoard 这张图中清晰地展示出了我们定义的两个常量及其进行的加法和乘法计算,还包括各数据之间的联系,这就是其可视化效果。在上述代码中,我们给常量 a 和 b 以及操作赋予了各自的名字,这个名字在可视化中直接显示,这个功能就可以让我们非常快捷地找到其所在的位置和状态。

我们不仅可以看到计算图,还可以选择不同的可视化内容,其中包括 SCALARS、IMAGES 等不同的选项来观察不同的效果,如图 2-10 所示。

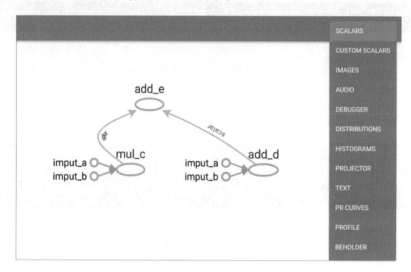

图 2-10 计算图可视化

2.6.3 TensorBoard 其他可视化

本节将介绍 TensorBoard 的其他几个可视化功能。

```
import tensorflow as tf
import numpy as np
import os
os.environ['TF_CPP_MIN_LOG_LEVEL'] = '2'

def add_layer(inputs, in_size, out_size, layer_name, activation_function):
    layer_name = 'layer% s' % layer_name
    with tf.name_scope('layer_name'):
        with tf.name_scope('weights'):
            Weights = tf.Variable(tf.random_normal([in_size, out_size]), name =
                'weight')
            # 查看 Weights 的分布情况
            tf.summary.histogram(layer_name + '/weights', Weights)
        # biases 是值全是 0.1 的矩阵
        with tf.name_scope('bias'):
```

```python
        biases = tf.Variable(tf.zeros([1, out_size]) + 0.1, name='bias')
        # 查看biases的分布情况
        tf.summary.histogram(layer_name + '/biases', biases)
    with tf.name_scope('Wx_plus_b'):
        Wx_plus_b = tf.matmul(tf.cast(inputs, tf.float32), Weights) + biases

    if activation_function is None:
        outputs = Wx_plus_b
    else:
        outputs = activation_function(Wx_plus_b)
    # 查看outputs的分布情况
    tf.summary.histogram(layer_name + '/outputs', outputs)
    return outputs

x_data = np.linspace(-1, 1, 300)[:, np.newaxis]
noise = np.random.normal(0, 0.1, x_data.shape)
y_data = np.square(x_data) * 5 + noise

with tf.name_scope('inputs'):
    # 我们在最后运行时再输入数据
    xs = tf.placeholder(tf.float32, [None, 1], name='x_data')
    ys = tf.placeholder(tf.float32, [None, 1], name='y_data')

# 添加的隐藏层
with tf.name_scope('hidden_layer'):
    # 多加个参数，网络1
    l1 = add_layer(xs, 1, 10, layer_name=1, activation_function=tf.nn.relu)
# 添加的输出层
with tf.name_scope('output_layer'):
    # 多加个参数，网络2
    prediction = add_layer(l1, 10, 1, layer_name=2, activation_function=None)
# L2 损失函数
with tf.name_scope('loss'):
    loss = tf.reduce_mean(tf.reduce_sum(tf.square(ys - prediction), reduction_
        indices=[1]), name='L2_loss')
    # 查看损失函数loss的变化
    tf.summary.scalar("loss", loss)
# 最小化损失函数
with tf.name_scope('train'):
    # 学习率0.08
    train = tf.train.GradientDescentOptimizer(0.08).minimize(loss)

with tf.Session() as sess:
    merged = tf.summary.merge_all()
    write = tf.summary.FileWriter("logs/", sess.graph)
    init = tf.global_variables_initializer()
    sess.run(init)
```

```
#训练模型 2000 次
for step in range(2000):
    sess.run(train, feed_dict = {xs: x_data, ys: y_data})
    if step% 50 == 0:
        # 每 50 步绘制一个点
        result = sess.run(merged, feed_dict = {xs: x_data, ys: y_data})
        write.add_summary(result, step)
```

在 TensorBoard 中查看此程序的计算图,如图 2-11 所示。

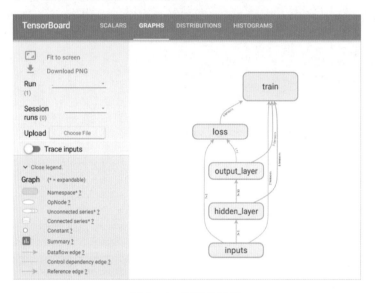

图 2-11　可视化界面

在上面导航一栏可以看出,我们不仅可以看 GRAPH,还可以查看 SCALARS,这描绘出了 loss 函数的变化过程,如图 2-12 所示。

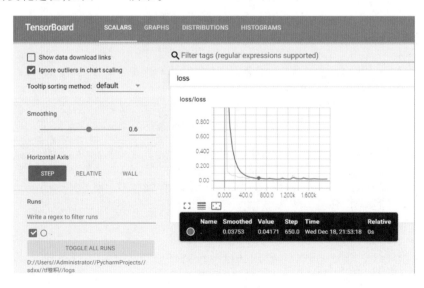

图 2-12　loss 可视化

在 DISTRIBUTIONS 可以看到两层网络权重、偏差、输出的分布情况，如图 2-13 所示。

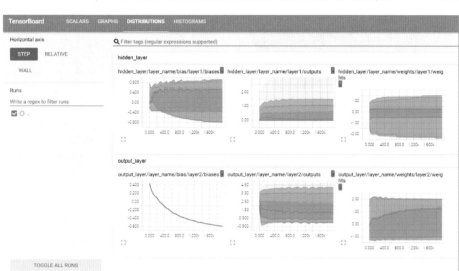

图 2-13 其他可视化

本 章 小 结

第 2 章对 TensorFlow 做了一个基本的介绍，首先介绍了 TensorFlow 的安装以及一些基本语法，其中包括 Tensor 张量概念的讲解。其次对 TensorFlow 的基本框架做了详细的介绍，其中对计算图和会话等概念做了详细的概述。然后介绍了神经网络中 TensorFlow 的常用函数，包括卷积、反卷积、激活函数、池化层、全连接层以及 LSTM 的构建的一些方法。最后对 TensorFlow 的可视化工具 TensorBoard 做了简单的介绍，对其所具有的功能进行了概述。

第 3 章 经典视觉图像处理算法

3.1 图像分类

图像分类是计算机视觉中最基础的任务,也是几乎所有的基准模型进行比较的任务。从最开始比较简单的 10 分类的灰度图像手写数字识别任务 mnist[①],到后来更大一点的 10 分类的[②] cifar10 和 100[③] 分类的 cifar100 任务,再到后来的 Imagenet[14] 任务,图像分类模型伴随着数据集的增长,一步一步提升到了今天的水平。现在,在 Imagenet 这样超过 1 000 万图像、超过 2 万类的数据集中,计算机的图像分类水准已经超过了人类。

图像分类、顾名思义,就是一个模式分类的问题,它的目的就是将不同的图像划分到不同的类别,实现最小的分类误差。总体来说,对于单标签的图像分类问题,可以将图像分类划分为跨物种语义级别的图像分类、子类细粒度图像分类,以及实例级图像分类三个类别。

1. 跨物种语义级别的图像分类

跨物种语义级别的图像分类,是在不同的物种层面上识别不同类别的对象,比较常见的是对猫狗的分类等。这样的图像分类,各个类别之间因为属于不同的物种或大类,往往具有较大的差异性,即具有较大的类间方差和较小的类内误差。

图 3-1 是 cifar10 的 10 类别示意图,它是一个比较典型的跨物种语义级别数据集。

2. 子类细粒度图像分类

细粒度图像分类,相对于跨物种的图像分类,级别更低一些。它往往是同一个大类中的子类的分类,如不同鸟类的分类,不同狗类的分类,不同车型的分类等。

加利福尼亚理工学院鸟类数据库-2011,即 Caltech-UCSD Birds-200-2011[④] 是一个典型的子类细粒度图像数据集。该数据集包含着 200 类,11 788 张鸟图像,针对这些图像,进行鸟的

[①] 参见 http://yann.lecun.com/exdb/mnist/
[②] 参见 http://www.cs.toronto.edu/~kriz/cifar-10-python.tar.gz
[③] 参见 http://www.cs.toronto.edu/~kriz/cifar-100-python.tar.gz
[④] 参见 http://www.vision.caltech.edu/visipedia/CUB-200-2011.html

分类是比较困难的。取其中的两类鸟各选一张示意如图 3-2 所示。

从图 3-2 可以看出,两只鸟的纹理形状基本一致,如果要进行这两类的区分只能依靠头部的颜色和纹理。所以要想训练出这样的分类器,就必须能够让分类器识别到这些区域,这是比跨物种语义级别的图像分类更难的问题。

图 3-1   cifar10 的 10 类示意图

图 3-2   鸟类示意图

3. 实例级图像分类

如果需要区分图像中的不同个体,而不仅仅是物种类别或者子类,这就转变为一个识别问题。例如最典型的任务就是人脸识别,人脸识别对于计算机视觉领域落地是十分有意义的,它能够完成很多任务、例如安全维稳、考勤打卡、人脸解锁等应用场景都是和人脸识别这个实例级图像分类任务密切相关的。

图像分类任务从传统的方法到基于深度学习的方法,经历了几十年的发展。在计算机视觉分类算法的发展中,MNIST 是首个具有通用学术意义的基准,它是一个手写数字的分类标准,包含 60 000 个训练数据,10 000 个测试数据,图像均为灰度图,通用的版本大小为 28×28 像素。

在 20 世纪 90 年代末至本世纪初,传统方法支持向量机(Support Vector Machine,SVM)和 KNN 最近邻算法(K-nearest neighbors)是最常用的方法,以 SVM 为代表的方法,可以将 MNIST 分类错误率降低到 0.56%,在当时仍然可以超过以神经网络为代表的方法,即 LeNet 系列网络。LeNet[15]网络诞生于 1994 年,后经过多次的迭代才有了 1998 年的 LeNet 5,网络结构如图 3-3 所示。虽然 LeNet 5 当时的错误率仍然停留在 0.7% 的水平,不如同时期最好的 SVM 方法,但随着网络结构的发展,神经网络方法很快就超过了其他所有方法,错误率也降低到了 0.23%,甚至有的方法已经达到了错误率接近 0 的水平。

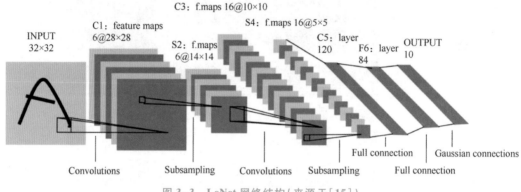

图 3-3　LeNet 网络结构(来源于[15])

LeNet 5 之后涌现了大量杰出的分类网络,接下来将对 AlexNet、GoogLeNet、ResNet 这三个经典的分类网络展开剖析,进一步了解基于卷积神经网络实现图像分类的具体原理。

3.1.1　AlexNet

1. 背景介绍

在 21 世纪的早期,神经网络开始悄然复苏,但是受限于当时数据集的规模和硬件的发展,神经网络的训练和优化仍然是非常困难的。MNIST 和 CIFAR 等小样本数据集,对于 10 分类等简单的分类任务来说或许足够,但是如果想在工业界落地应用到更加复杂的图像分类任务,数据规模仍然是远远不够的。

2009 年,李飞飞等人经过数年时间的整理发布了 ImageNet[14]数据集,ImageNet 数据集总共有 1 400 多万幅图片,涵盖 2 万多个类别。ImageNet 这种大样本数据集的出现,为深度学习送来了加速燃料。在 ImageNet 发布的前几年,仍然是以 SVM 和 Boost 为代表的分类方法占据优势,直到 2012 年 AlexNet 的出现打破了这一僵局。

AlexNet[16]是第一个真正意义上的深度网络,与 LeNet5 的 5 层相比,它的层数增加了 3 层,网络的参数量也大幅度增加,输入从原先的 28 维增长到了 224 维,同时 GPU 的面世,也使得深度学习从此进入以 GPU 为王的训练时代。

2. 设计思想

AlexNet 是在 LeNet 的基础上加深了网络的结构,学习更丰富、更高维的图像特征。

AlexNet 主要的设计思想如下：

①网络比 LeNet 5 更深，包括 5 个卷积层和 3 个全连接层，共 8 层网络。

②使用 Relu 激活函数，提升了网络的收敛速度，解决了 Sigmoid 在网络较深时出现的梯度弥散问题。

③ 防止过拟合，在网络中加入了 Dropout 层。

④使用了 LRN 归一化层，对局部神经元的活动创建竞争机制，抑制反馈较小的神经元，放大反应大的神经元，增强了模型的泛化能力。

⑤使用裁剪翻转等操作做数据增强，增强了模型的泛化能力。预测时使用提取图片四个角加中间五个位置，并进行左右翻转一共十幅图片的方法求取平均值，这也是后面刷比赛的基本使用技巧。

⑥分块训练，当年的 GPU 计算能力没有现在强大，AlexNet 创新地将图像分为上下两块分别训练，然后在全连接层合并在一起。

⑦总体的数据参数大概为 240 M，远大于 LeNet 5。

AlexNet 具有以下的特点：

(1) 使用 ReLU 激活函数

激活函数如非线性 tanh 函数、非线性 sigmod 函数被经常运用在之前流行的神经网络中，使用这些激活函数，可能会导致梯度消失以及梯度爆炸的发生，AlexNet 使用 ReLU 激活函数，一定程度上对之前的问题起到了抑制。

(2) 数据增广

在有限训练数据的情况下，想要迅速得到可以用于训练的大量实用数据集，可以在现有的训练样本中，利用变换的方法将部分训练数据生成出来。实现的方法有很多，包括变换颜色与光照、图像的水平翻转、平移变换与随机裁剪等。

那在训练 AlexNet 网络的情况下，数据增广是怎样实现的呢？

①使用随机裁剪的办法：将原始图片（大小为 256×256 像素）大小转变为 224 × 224 像素，接着再运用水平翻转，使样本的数量大小变为 2 048 倍。

②网络测试时，利用裁剪五次的办法分开对左上、右上、左下、右下、中间进行操作，随后翻转，因此产生了十个裁剪，接着对结果求取均值。倘若不进行该随机裁剪的操作，过拟合往往会出现在较大的网络中。

③将 RGB 空间运用 PCA 方法（主成分分析）进行分析，接着将主成分进行满足(0,0.1)分布的高斯扰动，即变换光照与颜色，这样就能够下降 1% 的错误率。

(3) 重叠池化

在通常情况下的池化操作(Pooling)并非重叠，即相同的大小与步长应用在池化区域的窗口池化区域。可重叠(Overlapping)池化(Pooling)被运用于 AlexNet，换而言之，池化的情况下，池化窗口的长度往往大于每次移动之步长。3×3 的正方形即是该网络池化之大小，只要池化移动步长为 2，重叠情况就会出现。过拟合的问题也可以通过重叠池化来缓解。

(4) Dropout

避免过拟合可以采取 Dropout 的办法。利用改变神经网络自己的结构来达到 Dropout 作用于神经网络中的目的，想要某个神经元不进行前向或后向的传播，就可以在该层的神经元，利用定义的概率把神经元设成0,即好像被删除在网络中一样,这样的办法可以实现输入层和输出层的神经元个数达到不变的效果,接着根据神经网络学习的方法采用参数更新的办法。于下一次的迭代中,再次利用一些神经元随机删除的办法(置为0),一直进行至训练结束。

Dropout同样能被认为是一模型组合,因为产生的网络结构并不相同,利用组合几个模型的办法就可有效地降低过拟合,Dropout往往需两倍的训练时间就能实现模型组合(类似取平均)效果,十分的高效。

3. 代码研读

(1)定义卷积层函数

```
def conv(x,filter_height,filter_width,num_filters,stride_y,stride_x,name,
        padding = 'SAME'):
    # 获取输入图像的通道数
    input_channels = int(x.get_shape()[-1])
    weights = tf.Variable(tf.truncated_normal([filter_height,filter_width,input_channels,num_filters],dtype = tf.float32,stddev = 1e-1),name = 'weights')
    biases = tf.Variable(tf.constant(0.0,shape = [num_filters],dtype = tf.float32),
    trainable = True,name = 'biases')

    conv = tf.nn.conv2d(x,weights,strides = [1,stride_y,stride_x,1],padding = padding)
    # 添加偏置值
    bias = tf.reshape(tf.nn.bias_add(conv,biases),tf.shape(conv))
    # relu 激活
    relu = tf.nn.relu(bias,name = scope.name)
    return relu
```

① tf.nn.relu(features,name = None)这个函数的作用是计算激活函数relu,即max(features,0)。将大于0的保持不变,小于0的数置为0。

② tf.nn.bias_add(value.bias,name = None)激活函数:

参数:

• value:输入Tensor。

• bias:一个1-D Tensor,其大小与value的最后一个维度匹配。

• name:操作的名称。

返回:

与value具有相同类型的Tensor。

③ tf.nn.conv2d()函数,卷积操作。

原型:

tf.nn.conv2d()(input,filter,strides,padding,use_cudnn_on_gpu = None,data_format = None,name = None)

• input:输入需要进行卷积操作的图片,要求为一个张量,shape为[batch,in_height,in_weight,in_channel],其中batch为图片的数量,in_height为图片高度,in_weight为图片宽度,in_channel为图片的通道数,灰度图该值为1,彩色图为3。

• filter:卷积核,要求为一个张量,shape为[filter_height,filter_weight,in_channel,out_ channels],其中 filter_height 为卷积核高度,filter_weight 为卷积核宽度,in_channel 是图像通道数,和 input 的 in_channel 要保持一致,out_channel 是卷积核数量。

- strides:卷积时在图像每一维的步长,这是一个一维的向量,维度大小为[1,strides,strides,1],第一位和最后一位固定必须是1。
- padding:string 类型,值为 SAME 和 VALID,表示的是卷积的形式,是否考虑边界。SAME 是考虑边界,不足的时候用 0 去填充周围,VALID 则不考虑。
- use_cudnn_on_gpu:bool 类型,是否使用 cudnn 加速,默认为 true。

④tf. truncated_normal()函数从截断的正态分布中输出随机值。生成的值遵循具有指定平均值和标准偏差的正态分布,不同之处在于其平均值大于 2 个标准差的值将被丢弃并重新选择。

原型:

```
tf.truncated_normal(
    shape,
    mean = 0.0,
    stddev = 1.0,
    dtype = tf.float32,
    seed = None,
    name = None )
```

参数:

- shape:一维整数张量或 Python 数组,输出张量的形状。
- mean:dtype 类型的 0-D 张量或 Python 值,截断正态分布的均值。
- stddev:dtype 类型的 0-D 张量或 Python 值,截断前正态分布的标准偏差。
- dtype:输出的类型。
- seed:一个 Python 整数,用于为分发创建随机种子。
- name:操作的名称(可选)。

返回:

返回指定形状的张量填充随机截断的正常值。

(2)定义归一化层函数

```
def lrn(x,radius,alpha,beta,name,bias = 1.0):
    return tf.nn.local_response_normalization(x,depth_radius = radius,
alpha = alpha,beta = beta,bias = bias,name = name)
```

tf. nn. lrn()函数为 TensorFlow 提供的归一化函数:

原型:

tf.nn.lrn(input,depth_radius = None,bias = None,alpha = None,beta = None,name = None)

参数:

- input:一个张量。
- depth_radius:一个可选的整型数,一维规格化窗口的半宽度。
- bias:一个可选的浮点,偏移量(通常为正,以避免除以 0)。
- alpha:一个可选的浮动,一个尺度因子,通常是正的。
- beta:一个可选的浮动,一个指数。

(3) 定义 Dropout 层函数

```
def dropout(x,keep_prob):
    return tf.nn.dropout(x,keep_prob)
```

tf.nn.dropout( )函数为 TensorFlow 提供的 Dropout(失活函数)函数:

原型:

tf.nn.dropout(x,keep_prob,noise_shape = None,seed = None,name = None)

参数:

- x:指输入,输入 tensor。
- keep_prob:float 类型,每个元素被保留下来的概率。
- noise_shape:一个 1 维的 int32 张量,代表了随机产生"保留/丢弃"标志的 shape。
- seed:整型变量,随机数种子。

(4) 定义全连接层函数

```
def fc(x,num_in,num_out,name,relu = True):
    with tf.variable_scope(name) as scope:
        weights = tf.Variable(tf.truncated_normal([num_in,num_out],dtype = tf.float32,stddev = 1e - 1),name = 'weights')
        biases = tf.Variable(tf.constant(0.0,shape = [num_out],dtype = tf.float32),trainable = True,name = 'biases')
        act = tf.nn.xw_plus_b(x,weights,biases,name = scope.name)
    if relu:
        # 应用非线性 relu
        relu = tf.nn.relu(act)
        return relu
    else:
        return act
```

tf.nn.xw_plus_b( )函数,用于计算 matmul(x,weights) + biases。

原型:

```
tf.nn.xw_plus_b(
    x,
    weights,
    biases,
    name = None)
```

参数:

- x:2D Tensor,维度通常为:[batch_size,in_units]。
- weights:2D Tensor,维度通常为[in_units,out_units]。
- biases:1D Tensor,维度为 out_units。
- name:操作的名称(可选),如果未指定,则使用"xw_plus_b"。

返回:

2-D Tensor 用来计算 matmul(x,weights) + biases。维度通常为[batch,out_units]。

(5) AlexNet 整体网络搭建

AlexNet 的整体网络结构拥有八层网络,前五层为卷积层,后三层为全连接层,具体网络结构如图 3-4 所示。

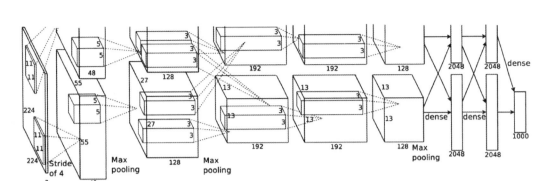

图 3-4 AlexNet 网络结构(来源于[16])

基于上述构建的各个网络层和 AlexNet 的整体网络结构,搭建 AlexNet 的代码如下:

```
def alexnet(self):
    """Create the network graph."""
    # 第一层: Conv (w ReLu) -> Lrn -> Pool
    conv1 = conv(self.X,11,11,96,4,4,padding = 'VALID',name = 'conv1')
    norm1 = lrn(conv1,2,2e-05,0.75,name = 'norm1')
    pool1 = max_pool(norm1,3,3,2,2,padding = 'VALID',name = 'pool1')
    # 第二层: Conv (w ReLu)   -> Lrn -> Pool with 2 groups
    conv2 = conv(pool1,5,5,256,1,1,groups = 2,name = 'conv2')
    norm2 = lrn(conv2,2,2e-05,0.75,name = 'norm2')
    pool2 = max_pool(norm2,3,3,2,2,padding = 'VALID',name = 'pool2')
    # 第三层: Conv (w ReLu)
    conv3 = conv(pool2,3,3,384,1,1,name = 'conv3')
    # 第四层: Conv (w ReLu) splitted into two groups
    conv4 = conv(conv3,3,3,384,1,1,groups = 2,name = 'conv4')
    # 第五层: Conv (w ReLu) -> Pool splitted into two groups
    conv5 = conv(conv4,3,3,256,1,1,groups = 2,name = 'conv5')
    pool5 = max_pool(conv5,3,3,2,2,padding = 'VALID',name = 'pool5')
    # 第六层: Flatten -> FC (w ReLu) -> Dropout
    flattened = tf.reshape(pool5,[-1,6*6*256])
    fc6 = fc(flattened,6*6*256,4096,name = 'fc6')
    dropout6 = dropout(fc6,self.KEEP_PROB)
    # 第七层: FC (w ReLu) -> Dropout
    fc7 = fc(dropout6,4096,4096,name = 'fc7')
    dropout7 = dropout(fc7,self.KEEP_PROB)
    # 第八层: FC and return unscaled activations
    self.fc8 = fc(dropout7,4096,self.NUM_CLASSES,relu = False,name = 'fc8')
```

第一层:卷积层 1,输入图像的 shape 为 $224 \times 224 \times 3$,96 为卷积核之数量,其大小为 $11 \times 11 \times 3$,步长(stride)为 4,填充(pad)为 0,表含义为边缘不扩充。

第二层:卷积层 2,它输入的 feature map1,即为上面一层卷积的输出,256 为卷积核的数量,其大小为 $5 \times 5 \times 48$;步长(stride)为 1,填充(pad)为 2,随后应用 ReLU 激活函数,最后利用 max_pooling,pool_size 为 (3,3),stride 为 2。

第三层:卷积层3,它输入的 feature map2,即为上面一层卷积输出,384 为卷积核的数量,其大小为 3×3×256,填充(pad)为 1。

第四层:卷积层4,它输入的 feature map3,即为上面一层卷积输出,384 为卷积核的数量,其大小为 3×3,填充(pad)为 1。

第五层:卷积层5,它输入的 feature map4,即为上面一层卷积输出,256 为卷积核的数量,其大小为 3×3,填充(pad)为 1,最后利用 max_pooling,pool_size 为 (3,3),stride 为 2。

第六层:全连接层1,ReLU 激活函数,4 096 为神经元之个数,随后为 Dropout(rate = 0.5)。

第七层:全连接层2,ReLU 激活函数,4 096 为神经元之个数。

第八层:全连接层2,ReLU 激活函数,1 000 为神经元之个数,该层即为输出层。

3.1.2 GoogLetNet

1. 背景介绍

在 2014 年的 ImageNet 挑战赛(ILSVRC14)中,VGG 和 GoogLeNet 这两个分类网络引起人们的极大关注,它们被称为当面挑战赛的双雄。在这次比赛中,GoogLeNet 获得了第一名,VGG 获得比赛的第二名。虽然两者同为图像分类网络,但是在设计思想上却大有不同。VGG 继承了 LeNet 以及 AleNet 的一些框架结构,通过增加网络的深度来获得更好的分类性能;而 GoogLeNet 则是从另一种角度出发,重新思考在相同参数和计算量下如何提升网络的性能。

在深度学习领域,提升深度学习网络性能最直接的方法就是增加网络的尺寸,这个"尺寸"包含两个层面的含义。第一层含义是网络的深度,即增加网络的层数;第二层含义是网络的宽度,即增加每一层中隐藏层单元的数量。这是一种训练高质量模型的简便且安全的方法,特别是当有大量的有标注的数据可以作为训练集使用时。然而这种方法有两个缺点:第一,尺寸越大的网络往往意味着网络的参数量比较大,在数据集不均衡的情况下网络容易出现过拟合现象,同时也会导致梯度消失和梯度爆炸等问题;第二,尺寸较大的网络使用的计算资源急剧增加。例如,如果将两个卷积层链接在一起,增加滤波器的数量则会导致计算量平方级地增加,若是增加的容量的权重接近零,则导致大量的计算资源被浪费。

这两个问题可以通过引入稀疏性来解决,并且用稀疏的层代替全连接层(Fully Connected Layers)。文献[17]表明,如果数据集的概率分布可以有一个大型的、非常稀疏的深度神经网络表示,则可以通过分析前一层激活的相关统计量和聚类高度相关输出的神经元来逐层构建最佳网络结构。同时文献[18]也表明,网络将稀疏矩阵聚类为相对密集的子矩阵所获得的性能不比网络采用系数矩阵乘法所获得的性能差。基于上述背景和理论,2014 年 Christian 等人[19]提出的 GoogLeNet,该网络结构中的主要模块——Inception 块,正是基于上述稀疏性原理所设计的。整个 GoogLeNet 由九个 Inception 块和其他一些常用层组成,在性能上,GoogLeNet 获得了当年 ILSVRC14 挑战赛的冠军,网络的尺寸却比 AlexNet 和 VGG 小很多。

2. 设计思想

Inception 块是 GoogLeNet 模型中非常重要的组成部分,在 Christian 等人[19]的论文中,

Inception 块有两个版本,分别为 Navive Inception 和 Inception。图 3-5 所示是 Naive Inception 块结构图。

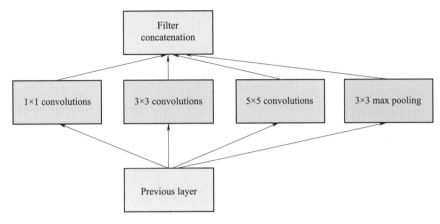

图 3-5 Naive Inception 块结构图

如图 3-5 所示,在 Naive Inception 块中,有四条并行的线路,这些线路中的 1×1、3×3、5×5 卷积核以及 max pooling 层均用来对输入的特征图进行特征提取,不同大小的卷积核能使网络提取到不同尺度下的特征信息,使 Filter concatenation 中的特征信息更加丰富。这是 Inception 块比较明显的优点。另外一个潜在的优点就是这种设计利用了稀疏矩阵分解成密集矩阵计算的原理,加快了网络的收敛速度。传统的卷积层的输入数据只和一种尺度的卷积核进行卷积计算,输出固定维度的稀疏分布特征图,这个特征图均匀分布在该尺度下的范围内;而 Inception 块在特征维度上对输入数据进行分解,利用多个不同尺度的卷积核进行卷积,如图中 1×1、3×3、5×5 卷积核,这样输出的特征图就不是均匀分布,而是关联性强的特征聚集在一起,形成多个密集分布的子特征,使 Inception 块输出的特征冗余信息较少,作为反向计算的输入时,网络收敛速度变快。

Naive Inception 块增加了网络的宽度,增强了网络提取特征信息的能力,但同时也使得网络参数增加。为解决此问题,Christian 等人在简化版 Inception 块的基础上增加多个 1×1 卷积块,减少网络参数量。修改后的 Inception 块结构如图 3-6 所示。

在 Naive Inception 结构的基础上增加了三个 1×1 的卷积核。最左边的 1×1 卷积核的作用依旧是对输入数据进行特征提取,而其他三个 1×1 卷积核则有如下两个作用。

第一,在相同尺寸的感受野中加入更多的卷积层,能够提取到更加丰富的特征描述,这个观点来源于 Network in Network 结构[20]。以图 3-6 中第二条线路 3×3 卷积核为例,在 Naive Inception 块中,设 3×3 卷积核的表达式为 $f_3(x)$,则该线路的输出为 $f_3(x)$,而在 Inception 块中,该线路的输出为 $f_3(f_1(x))$,$f_1(x)$ 表示 1×1 卷积核的表达式。需注意的是,无论是在 Naive Inception 块或是 Inception 块中,卷积后面都跟有一个 relu 激活函数,因此,与 Naive Inception 块相比,Inception 块的非线性更强,具有更强的表征非线性特征的能力。

第二,1×1 卷积核具有降维的作用,减少了网络中的参数量。同样以第二条线路为例,设输入的特征数是 192,大小是 32×32,输出特征数是 256,1×1 卷积核数量为 96(论文中的数据),在 Naive Inception 块中,进行一次 3×3 卷积需要做 $192\times32\times32\times3\times3\times256=$

452984832 次乘法运算,而在 Inception 块中,只需要 192×32×32×1×1+96×3×3××32×32×256=245366784 次乘法运算,运算次数明显减少。

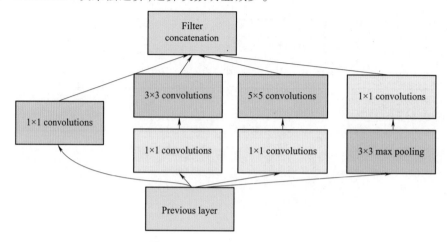

图 3-6 Inception 网络结构图

GoogLeNet 的网络架构如表 3-1 所示,主要有 Inception 块和一些其他常用的卷积层、池化层组成,其中 Inception 块的数量是 9 个,层数统计分别如表 3-1 所示。

表 3-1 GoogLeNet 层数统计

type	patch size/stride	output size	depth	#1×1	#3×3 reduce	#3×3	#5×5 reduce	#5×5	pool proj
convolution	7×7/2	112×112×64	1						
max pool	3×3/2	56×56×64	0						
convolution	3×3/1	56×56×192	2		64	192			
max pool	3×3/2	28×28×192	0						
inception(3a)		28×28×256	2	64	96	128	16	32	32
inception(3b)		28×28×480	2	128	128	192	32	96	64
max pool	3×3/2	14×14×480	0						
inception(4a)		14×14×512	2	192	96	208	16	48	64
inception(4b)		14×14×512	2	160	112	224	24	64	64
inception(4c)		14×14×512	2	128	128	256	24	64	64
inception(4d)		14×14×528	2	112	144	288	32	64	64
inception(4e)		14×14×832	2	256	160	320	32	128	128
max pool	3×3/2	7×7×832	0						
inception(5e)		7×7×832	2	256	160	320	32	128	128
inception(5b)		7×7×1024	2	384	192	384	48	128	128
avg pool	7×7/1	1×1×1024	0						

续表

type	patch size/stride	output size	depth	#1×1	#3×3 reduce	#3×3	#5×5 reduce	#5×5	pool proj
dropout(40%)		1×1×1024	0						
linear		1×1×1000	1						
softmax		1×1×1000	0						

从上到下，GoogLeNet 可以分为如下几个模块。

(1) 第一个是卷积层模块

此模块包含一个卷积层(convolution)和最大池化层(max pool)。卷积核大小为 7×7，数量为 64，步长为 2；最大池化层窗口大小为 3×3，输出通道数为 64，步长为 2。

(2) 第二个也是卷积层模块

此模块同样由两个卷积层和最大池化层组成。第一个卷积核大小为 1×1，数量为 64，步长为 1；第二个卷积核大小为 3×3，数量为 192，步长为 1。最大池化层窗口大小为 3×3，输出通道数为 192，步长为 2。

(3) 第三个是两个串联的 Inception 块(3a,3b)，后面加上一层最大池化层

3a 中四条线路的输出通道数分别为 64、128、32、32，一共是 256；3b 中四条线路的输出通道数分别为 128、192、96、64，一共是 480。最大池化层窗口大小为 3×3，输出通道数为 480，步长为 2。

(4) 第四个是五个串联的 Inception 块(4a,4b,4c,4d,4e)，后面加上一层最大池化层

4a 中四条线路的输出通道数分别为 192、208、48、64，一共是 512；4b 条线路的输出通道数分别为 160、224、64、64，一共是 512；4c 中四条线路的输出通道数分别为 128、256、64、64，一共是 512；4d 中四条线路的输出通道数分别为 112、288、64、64，一共是 528；4e 中四条线路的输出通道数分别为 256、320、128、128，一共是 832。最大池化层窗口大小为 3×3，输出通道数为 832，步长为 2。

(5) 第五个是两个串联的 Inception 块(5a,5b)

5a 中四条线路的输出通道数分别为 256、320、128、128，一共是 832；5b 条线路的输出通道数分别为 384、384、128、128，一共是 1 024。

(6) 第六个是输出层

输出层由全局平均池化层(avg pool)、Dropout 层、线性层(linear)和 softmax 层构成，全局平均池化层的窗口大小为 7×7，输出通道数为 1 024，Dropout 层的丢弃概率为 40%，线性层和 softmax 层输出通道数为对应的标签类别数。

3. 代码研读

对于 Inception 模块的代码实践可以从上面六个模块分别编写代码。首先导入 TensorFlow 包，然后定义一个 inception_v1_base() 函数，并在函数内部进行网络层权重的初始化，如下面代码所示。

```
import tensorflow as tf
slim = tf.contrib.slim
```

```
trunc_normal = lambda stddev: tf.truncated_normal_initializer(0.0,stddev)

def inception_v1_base(inputs,final_endpoint = 'Mixed_5b',scope = 'InceptionV1'):
    end_points = {}  # 存入命名变量,根据变量名存入网络层
    with tf.variable_scope(scope,'InceptionV1',[inputs]):
        # 初始化卷积层和全连接层权重
        with slim.arg_scope([slim.conv2d,slim.fully_connected],
                            weights_initializer = trunc_normal(0.01)):
```

tf.contrib.slim 是一个库,它不仅能够使构建、训练、评估神经网络变得简单,还能够消除原生 TensorFlow 中许多重复的模板性的代码,从而使代码更加紧凑,更具可读性。

trunc_normal 是通过 tf.truncated_normal_initializer( ) 函数产生的随机值,该值服从平均值为 0.0,标准差为 stddev 的正态分布。

在定义 inception_v1_base 函数时,参数 inputs 为输入图片数据的张量,指定网络定义结束的节点 final_endpoint 为 Mixed_5d,scope 是包含了函数默认参数的环境。这里定义了一个字典表 end_points,用来保存某些关键节点以供后面使用。之后再使用 slim.arg_scope( ) 函数。

(1) slim.arg_scope( ) 函数

slim.arg_scope( ) 函数可以给函数的参数自动赋予某些默认值。

原型:

slim.arg_scope(list_ops_or_scope,kwargs)

参数:

• list_ops_or_scope:指所用函数的作用域,可以在需要使用的地方用 @ add_arg_scope 声明。

• kwargs:keyword = value 定义了 list_ops 中要使用的变量。

具体地,上面所示的代码是对 slim.conv2d、slim.fully_connected 这两个函数的参数自动赋值,将卷积层和全连接层权重初始化为服从平均值为 0.0、标准差为 0.01 的正态分布的值。使用 slim.arg_scope 就无须每次都重复设置参数,在需要修改时设置即可。

接下来,根据 GoogLeNet 六个模块分别用代码实现。首先是第一个模块,此模块中包含一个卷积层和一个最大池化层。

```
def inception_v1_base(inputs,final_endpoint = 'Mixed_5b',
                      scope = 'InceptionV1'):
    end_points = {}  # 存入命名变量,根据变量名存入网络层
    #   省略重复部分代码
    with slim.arg_scope([slim.conv2d,slim.max_pool2d],stride = 1,padding = 'SAME'):
        end_point = 'Conv2d_1a_7x7'
        net = slim.conv2d(inputs,64,[7,7],stride = 2,
                          scope = end_point)
        end_points[end_point] = net
        if final_endpoint == end_point: return net,
        end_points
        end_point = 'MaxPool_1a_3x3'
```

```
        net = slim.max_pool2d(net,[3,3],stride=2,
                            scope=end_point)
        end_points[end_point] = net
        if final_endpoint = = end_point: return net,end_points
```

这里,嵌套了一个 slim.arg_scope,对卷积层生成函数 slim.conv2d 和最大池化层生成函数 slim.max_pool2d 的参数赋予默认值,即设定步长为 1,padding 形式为 same。

(2) slim.conv2d( ) 函数

slim.conv2d( ) 函数用于实现卷积操作。

原型:

```
convolution(inputs,
    num_outputs,
    kernel_size,
    stride=1,
    padding='SAME',
    data_format=None,
    rate=1,
    activation_fn=nn.relu,
    normalizer_fn=None,
    normalizer_params=None,
    weights_initializer=initializers.xavier_initializer(),
    weights_regularizer=None,
    biases_initializer=init_ops.zeros_initializer(),
    biases_regularizer=None,
    reuse=None,
    variables_collections=None,
    outputs_collections=None,
    trainable=True,
    scope=None)
```

主要参数:

- inputs:指需要做卷积的输入图像,形如[batch_size,in_height,in_width,in_channels]的张量。
- num_outputs:整数,表示输出空间的维数(即卷积过滤器的数量)。
- kernel_size:一个整数,或者包含了两个整数的元组/队列,表示卷积窗的高和宽。如果只有一个整数,则宽高相等。
- stride:一个整数,或者包含了两个整数的元组/队列,表示卷积的纵向和横向的步长。如果只有一个整数,则横纵步长相等。
- padding:选择方式有 valid 或者 same 两种(不区分大小写)。valid 表示不够卷积核大小的块就丢弃,same 表示不够卷积核大小的块就补 0。
- data_format:一个字符串,支持 NHWC 和 NCHW,即 channels_last 或者 channels_first,表示输入维度的排序。NHWC 的 shape 为[batch_size,in_height,in_width,in_channels],而 NCHW 的 shape 为[batch_size,in_channels,in_height,in_width]。
- rate:整数,或者包含了两个整数的元组/队列,表示使用扩张卷积时的扩张率。如果是一个整数,则所有方向的扩张率相等。另外,strides 不等于 1 和 rate 不等于 1 这两种情况不能同时存在。

- activation_fn( )：激活函数。默认为 ReLU( ) 函数。
- reuse：表示是否可以重复使用具有相同名字的前一层的权重。
- trainable：表示卷积层的参数是否可被训练，True 为可以被训练，False 为不可以被训练。

（3）slim.max_pool2d( ) 函数

slim.max_pool2d( ) 函数用于实现最大池化操作。

原型：

```
max_pool2d(inputs,
    kernel_size,
    stride = 2,
    padding = 'VALID',
    data_format = DATA_FORMAT_NHWC,
    outputs_collections = None,
    scope = None)
```

主要参数：

- inputs：输入 Tensor。
- kernel_size：一个整数，或者包含了两个整数的元组/队列，表示最大池化窗的高和宽。如果只有一个整数，则宽高相等。
- stride：一个整数，或者包含了两个整数的元组/队列，表示最大池化窗的纵向和横向的步长。如果只有一个整数，则横纵步长相等。这里默认值为 2。
- padding：选择方式有 valid 或者 same 两种，默认为 valid。
- data_format：一个字符串，支持 NHWC 和 NCHW。这里默认为 NCHW。NCHW 的 shape 为 [batch_size，in_channels，in_height，in_width]。

在第一个模块中，卷积层设定的卷积核大小为 7×7，数量为 64，步长为 2；而最大池化层设定窗口大小为 3×3，输出通道数为 64，步长为 2。

接下来是第二个模块，此模块包含两个卷积层和一个最大池化层，前两个模块的网络结构如图 3-7 所示。

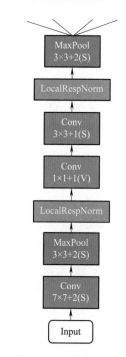

图 3-7　前两个模块网络结构图

```
def inception_v1_base(inputs,final_endpoint = 'Mixed_5b',scope = 'InceptionV1'):
    end_points = {}   # 存入命名变量，根据变量名存入网络层
    # 省略重复部分代码
    with slim.arg_scope([slim.conv2d,slim.max_pool2d],stride = 1,padding = 'SAME'):
        # 省略前面部分代码
        end_point = 'Conv2d_2a_1x1'
        net = slim.conv2d(net,64,[1,1],scope = end_point)
```

```
        end_points[end_point] = net
        if final_endpoint = = end_point: return net,end_points
        end_point = 'Conv2d_2b_3x3'
        net = slim.conv2d(net,192,[3,3],scope = end_point)
        end_points[end_point] = net
        if final_endpoint = = end_point: return net,end_points
        end_point = 'MaxPool_2c_3x3'
        net = slim.max_pool2d(net,[3,3],stride = 2,scope = end_point)
        end_points[end_point] = net
        if final_endpoint = = end_point: return net,end_points
```

第二模块与第一模块采用的形式是相同的,只是增加了一层卷积层。第一层卷积层的卷积核大小为 1×1,数量为 64,步长为 1;第二层卷积层卷积核大小为 3×3,数量为 192,步长为 1。最大池化层窗口大小为 3×3,输出通道数为 192,步长为 2。

接下来是第三个模块,此模块包含两个串联的 Inception 模块和一层最大池化层,网络结构图如图 3-8 所示。

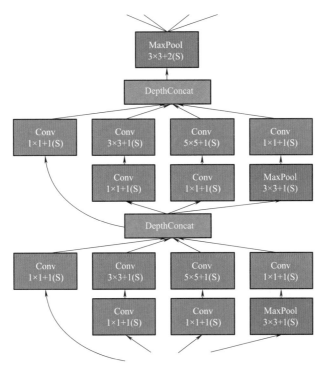

图 3-8　第三个模块结构图

```
def inception_v1_base(inputs,final_endpoint = 'Mixed_5b',scope = 'InceptionV1'):
    end_points = {}    # 存入命名变量,根据变量名存入网络层
    # 省略重复部分代码
    with slim.arg_scope([slim.conv2d,slim.max_pool2d],stride = 1,padding = 'SAME'):
        # 省略前面部分代码
        end_point = 'Mixed_3a'    # 第一个 Inception
```

```
            with tf.variable_scope(end_point):
                with tf.variable_scope('Branch_0'):
                    branch_0 = slim.conv2d(net,64,[1,1],scope = 'Conv2d_0a_1x1')
                with tf.variable_scope('Branch_1'):
                    branch_1 = slim.conv2d(net,96,[1,1],scope = 'Conv2d_0a_1x1')
                    branch_1 = slim.conv2d(branch_1,128,[3,3],scope = 'Conv2d_0b_3x3')
                with tf.variable_scope('Branch_2'):
                    branch_2 = slim.conv2d(net,16,[1,1],scope = 'Conv2d_0a_1x1')
                    branch_2 = slim.conv2d(branch_2,32,[3,3],scope = 'Conv2d_0b_3x3')
                with tf.variable_scope('Branch_3'):
                    branch_3 = slim.max_pool2d(net,[3,3],scope = 'MaxPool_0a_3x3')
                    branch_3 = slim.conv2d(branch_3,32,[1,1],scope = 'Conv2d_0b_1x1')
                net = tf.concat(axis = 3,values = [branch_0,branch_1,branch_2,branch_3])
            end_points[end_point] = net
            if final_endpoint = = end_point: return net,end_points
            end_point = 'Mixed_3b'    # 第二个 Inception
            with tf.variable_scope(end_point):
                with tf.variable_scope('Branch_0'):
                    branch_0 = slim.conv2d(net,128,[1,1],scope = 'Conv2d_0a_1x1')
                with tf.variable_scope('Branch_1'):
                    branch_1 = slim.conv2d(net,128,[1,1],scope = 'Conv2d_0a_1x1')
                    branch_1 = slim.conv2d(branch_1,192,[3,3],scope = 'Conv2d_0b_3x3')
                with tf.variable_scope('Branch_2'):
                    branch_2 = slim.conv2d(net,32,[1,1],scope = 'Conv2d_0a_1x1')
                    branch_2 = slim.conv2d(branch_2,96,[5,5],scope = 'Conv2d_0b_3x3')
                with tf.variable_scope('Branch_3'):
                    branch_3 = slim.max_pool2d(net,[3,3],scope = 'MaxPool_0a_3x3')
                    branch_3 = slim.conv2d(branch_3,64,[1,1],scope = 'Conv2d_0b_1x1')
                net = tf.concat(axis = 3,values = [branch_0,branch_1,branch_2,branch_3])
            end_points[end_point] = net
            if final_endpoint = = end_point: return net,end_points
```

该模块由两个串联的 Inception 块再加上一层最大池化层组成。以第一个 Inception 块为例，每块都有四条线路，为 branch_0 ~ branch_3。第一条线路是有 64 个输出通道，卷积核大小为 1×1 的卷积层；第二条线路是有 96 个输出通道，卷积核大小为 1×1 的卷积层，其后连接着有 128 个输出通道，卷积核大小为 3×3 的卷积层；第三条线路是有 16 个输出通道，卷积核大小为 1×1 的卷积层，其后连接着有 32 个输出通道，卷积核大小为 5×5 的卷积层；第四条线路是 3×3 的平均池化层，之后连接着有 32 个输出通道，卷积核大小为 1×1 的卷积层，这里所有层的步长均为 1，且 padding 模式为 same。在此之后，使用 tf.concat 将四条线路的输出合并在一起，生成该 Inception 模块的最终输出。第二个 Inception 块的结构与第一个相同，四条线路对应的输出通道数分别为 128、192、96、64。最后一层为最大池化层，其窗口大小为 3×3，输出通道数为 480，步长为 2。

（4）tf.concat( ) 函数

tf.concat( ) 函数能够实现连接张量操作。

原型：

```
tf.concat(values,axis,name = 'concat')
```

主要参数:
- values:输入的待连接 Tensor。
- axis:一个整数,代表在哪一维度上进行连接。axis = 0 指在某一个 Tensor 的第一个维度上连接,以二维张量为例,就是叠放到列上。axis = 1 指在某一个 Tensor 的第二个维度上连接。

接下来是第四个模块,五个串联的 Inception 模块和一个最大池化层,网络结构如图 3-9 所示。

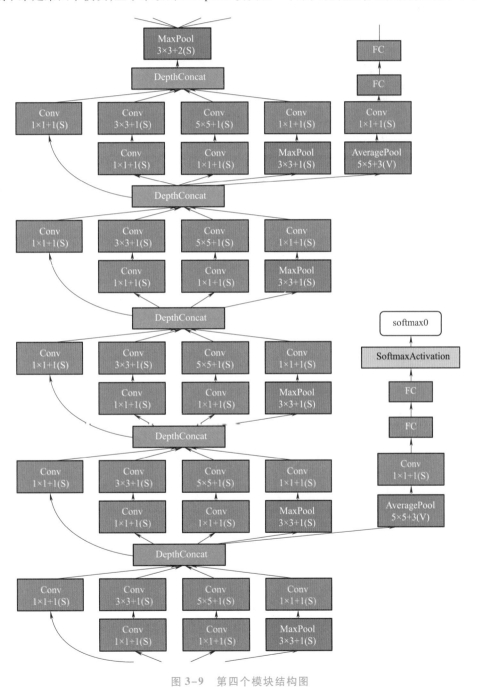

图 3-9 第四个模块结构图

其中，在 4b 和 4e 这两条线路上分别设计了两个辅助分类器，用于增大网络中的梯度，仅在训练时使用，在测试时置为 0。

```python
def inception_v1_base(inputs,final_endpoint = 'Mixed_5b',scope = 'InceptionV1'):
    end_points = {}     # 存入命名变量，根据变量名存入网络层
    # 省略重复部分代码
    with slim.arg_scope([slim.conv2d,slim.max_pool2d],stride = 1,padding = 'SAME'):
        # 省略前面部分代码
        end_point = 'Mixed_4a'    # 第一个 Inception
        with tf.variable_scope(end_point):
            with tf.variable_scope('Branch_0'):
                branch_0 = slim.conv2d(net,192,[1,1],scope = 'Conv2d_0a_1x1')
            with tf.variable_scope('Branch_1'):
                branch_1 = slim.conv2d(net,96,[1,1],scope = 'Conv2d_0a_1x1')
                branch_1 = slim.conv2d(branch_1,208,[3,3],scope = 'Conv2d_0b_3x3')
            with tf.variable_scope('Branch_2'):
                branch_2 = slim.conv2d(net,16,[1,1],scope = 'Conv2d_0a_1x1')
                branch_2 = slim.conv2d(branch_2,48,[3,3],scope = 'Conv2d_0b_3x3')
            with tf.variable_scope('Branch_3'):
                branch_3 = slim.max_pool2d(net,[3,3],scope = 'MaxPool_0a_3x3')
                branch_3 = slim.conv2d(branch_3,64,[1,1],scope = 'Conv2d_0b_1x1')
            net = tf.concat(axis = 3,values = [branch_0,branch_1,branch_2,branch_3])
        end_points[end_point] = net
        if final_endpoint = = end_point: return net,end_points
        end_point = 'Mixed_4b'    # 第二个 Inception
        with tf.variable_scope(end_point):
            with tf.variable_scope('Branch_0'):
                branch_0 = slim.conv2d(net,160,[1,1],scope = 'Conv2d_0a_1x1')
            with tf.variable_scope('Branch_1'):
                branch_1 = slim.conv2d(net,112,[1,1],scope = 'Conv2d_0a_1x1')
                branch_1 = slim.conv2d(branch_1,224,[3,3],scope = 'Conv2d_0b_3x3')
            with tf.variable_scope('Branch_2'):
                branch_2 = slim.conv2d(net,24,[1,1],scope = 'Conv2d_0a_1x1')
                branch_2 = slim.conv2d(branch_2,64,[3,3],scope = 'Conv2d_0b_3x3')
            with tf.variable_scope('Branch_3'):
                branch_3 = slim.max_pool2d(net,[3,3],scope = 'MaxPool_0a_3x3')
                branch_3 = slim.conv2d(branch_3,64,[1,1],scope = 'Conv2d_0b_1x1')
            net = tf.concat(axis = 3,values = [branch_0,branch_1,branch_2,branch_3])
        end_points[end_point] = net
        if final_endpoint = = end_point: return net,end_points
        end_point = 'Mixed_4c'    # 第三个 Inception
        with tf.variable_scope(end_point):
            with tf.variable_scope('Branch_0'):
                branch_0 = slim.conv2d(net,128,[1,1],scope = 'Conv2d_0a_1x1')
            with tf.variable_scope('Branch_1'):
                branch_1 = slim.conv2d(net,128,[1,1],scope = 'Conv2d_0a_1x1')
                branch_1 = slim.conv2d(branch_1,256,[3,3],scope = 'Conv2d_0b_3x3')
```

```python
            with tf.variable_scope('Branch_2'):
                branch_2 = slim.conv2d(net,24,[1,1],scope = 'Conv2d_0a_1x1')
                branch_2 = slim.conv2d(branch_2,64,[3,3],scope = 'Conv2d_0b_3x3')
            with tf.variable_scope('Branch_3'):
                branch_3 = slim.max_pool2d(net,[3,3],scope = 'MaxPool_0a_3x3')
                branch_3 = slim.conv2d(branch_3,64,[1,1],scope = 'Conv2d_0b_1x1')
            net = tf.concat(axis = 3,values = [branch_0,branch_1,branch_2,branch_3])
    end_points[end_point] = net
    if final_endpoint = = end_point: return net,end_points
    end_point = 'Mixed_4d'    # 第四个 Inception
    with tf.variable_scope(end_point):
        with tf.variable_scope('Branch_0'):
            branch_0 = slim.conv2d(net,112,[1,1],scope = 'Conv2d_0a_1x1')
        with tf.variable_scope('Branch_1'):
            branch_1 = slim.conv2d(net,144,[1,1],scope = 'Conv2d_0a_1x1')
            branch_1 = slim.conv2d(branch_1,288,[3,3],scope = 'Conv2d_0b_3x3')
        with tf.variable_scope('Branch_2'):
            branch_2 = slim.conv2d(net,32,[1,1],scope = 'Conv2d_0a_1x1')
            branch_2 = slim.conv2d(branch_2,64,[3,3],scope = 'Conv2d_0b_3x3')
        with tf.variable_scope('Branch_3'):
            branch_3 = slim.max_pool2d(net,[3,3],scope = 'MaxPool_0a_3x3')
            branch_3 = slim.conv2d(branch_3,64,[1,1],scope = 'Conv2d_0b_1x1')
        net = tf.concat(axis = 3,values = [branch_0,branch_1,branch_2,branch_3])
    end_points[end_point] = net
    if final_endpoint = = end_point: return net,end_points
    end_point = 'Mixed_4e'    # 第五个 Inception
    with tf.variable_scope(end_point):
        with tf.variable_scope('Branch_0'):
            branch_0 = slim.conv2d(net,256,[1,1],scope = 'Conv2d_0a_1x1')
        with tf.variable_scope('Branch_1'):
            branch_1 = slim.conv2d(net,160,[1,1],scope = 'Conv2d_0a_1x1')
            branch_1 = slim.conv2d(branch_1,320,[3,3],scope = 'Conv2d_0b_3x3')
        with tf.variable_scope('Branch_2'):
            branch_2 = slim.conv2d(net,32,[1,1],scope = 'Conv2d_0a_1x1')
            branch_2 = slim.conv2d(branch_2,128,[3,3],scope = 'Conv2d_0b_3x3')
        with tf.variable_scope('Branch_3'):
            branch_3 = slim.max_pool2d(net,[3,3],scope = 'MaxPool_0a_3x3')
            branch_3 = slim.conv2d(branch_3,128,[1,1],scope = 'Conv2d_0b_1x1')
        net = tf.concat(axis = 3,values = [branch_0,branch_1,branch_2,branch_3])
    end_points[end_point] = net
    if final_endpoint = = end_point: return net,end_points
    end_point = 'MaxPool_4_2x2'
    net = slim.max_pool2d(net,[2,2],stride = 2,scope = end_point)
    end_points[end_point] = net
    if final_endpoint = = end_point: return net,end_points
```

第四个模块是由五个串联的 Inception 块再加上一层最大池化层构成，与前面的模块结构相似，这里不再重复叙述。

接下来是第五个模块，由两个 Inception 块组成，网络结构如图 3-10 所示。

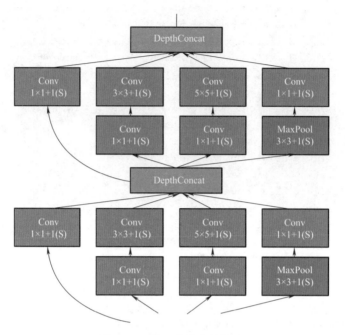

图 3-10　第五个模块结构图

```
def inception_v1_base(inputs,final_endpoint = 'Mixed_5b',scope = 'InceptionV1'):
    end_points = {}    # 存入命名变量，根据变量名存入网络层
    # 省略重复部分代码
    with slim.arg_scope([slim.conv2d,slim.max_pool2d],stride = 1,padding = 'SAME'):
        # 省略前面部分代码
        end_point = 'Mixed_5a'    # 第一个 Inception
        with tf.variable_scope(end_point):
            with tf.variable_scope('Branch_0'):
                branch_0 = slim.conv2d(net,256,[1,1],scope = 'Conv2d_0a_1x1')
            with tf.variable_scope('Branch_1'):
                branch_1 = slim.conv2d(net,160,[1,1],scope = 'Conv2d_0a_1x1')
                branch_1 = slim.conv2d(branch_1,320,[3,3],scope = 'Conv2d_0b_3x3')
            with tf.variable_scope('Branch_2'):
                branch_2 = slim.conv2d(net,32,[1,1],scope = 'Conv2d_0a_1x1')
                branch_2 = slim.conv2d(branch_2,128,[3,3],scope = 'Conv2d_0a_3x3')
            with tf.variable_scope('Branch_3'):
                branch_3 = slim.max_pool2d(net,[3,3],scope = 'MaxPool_0a_3x3')
                branch_3 = slim.conv2d(branch_3,128,[1,1],scope = 'Conv2d_0b_1x1')
            net = tf.concat(axis = 3,values = [branch_0,branch_1,branch_2,branch_3])
        end_points[end_point] = net
        if final_endpoint = = end_point: return net,end_points
        end_point = 'Mixed_5b'    # 第二个 Inception
```

```
      with tf.variable_scope(end_point):
        with tf.variable_scope('Branch_0'):
          branch_0 = slim.conv2d(net,384,[1,1],scope = 'Conv2d_0a_1x1')
        with tf.variable_scope('Branch_1'):
          branch_1 = slim.conv2d(net,192,[1,1],scope = 'Conv2d_0a_1x1')
          branch_1 = slim.conv2d(branch_1,384,[3,3],scope = 'Conv2d_0b_3x3')
        with tf.variable_scope('Branch_2'):
          branch_2 = slim.conv2d(net,48,[1,1],scope = 'Conv2d_0a_1x1')
          branch_2 = slim.conv2d(branch_2,128,[3,3],scope = 'Conv2d_0b_3x3')
        with tf.variable_scope('Branch_3'):
          branch_3 = slim.max_pool2d(net,[3,3],scope = 'MaxPool_0a_3x3')
          branch_3 = slim.conv2d(branch_3,128,[1,1],scope = 'Conv2d_0b_1x1')
        net = tf.concat(axis = 3,values = [branch_0,branch_1,branch_2,branch_3])
      end_points[end_point] = net
      if final_endpoint = = end_point: return net,end_points
```

这部分结构与前面的模块结构相似,不再重复叙述。

接下来是第六个模块,网络的输出层,包括全局平均池化层(avg pool)、Dropout 层、线性层和 softmax 层,如图 3-11 所示。

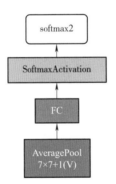

图 3-11 第六个模块结构图

```
  def inception_v1(inputs,num_classes = 1000,is_training = True,
                   dropout_keep_prob = 0.6,
                   prediction_fn = slim.softmax,spatial_squeeze = True,reuse = None,
                   scope = 'InceptionV1',global_pool = False):
    with tf.variable_scope(scope,'InceptionV1',[inputs],reuse = reuse) as scope:
      with slim.arg_scope([slim.batch_norm,slim.dropout],is_training = is_training):
        net,end_points = inception_v1_base(inputs,scope = scope)
        with tf.variable_scope('Logits'):
          if global_pool:    # 全局平均池化
            net = tf.reduce_mean(net,[1,2],keep_dims = True,name = 'global_pool')
            end_points['global_pool'] = net
```

```
            else:
                net = slim.avg_pool2d(net,[7,7],stride=1,scope='AvgPool_0a_7x7')
                end_points['AvgPool_0a_7x7'] = net
            net = slim.dropout(net,dropout_keep_prob,scope='Dropout_0b')
            logits = slim.conv2d(net,num_classes,[1,1],activation_fn=None,
                            normalizer_fn=None,scope='Conv2d_0c_1x1')
            if spatial_squeeze:
                logits = tf.squeeze(logits,[1,2],name='SpatialSqueeze')
            end_points['Logits'] = logits
             end_points['Predictions'] = prediction_fn(logits,scope=
'Predictions')
    return logits,end_points    # logits 即为每个类别的分类概率
```

（5）tf.reduce_mean()函数

tf.reduce_mean()函数用于计算张量沿着指定的数轴(张量的某一维度)上的平均值。

原型：

```
tf.reduce_mean(input_tensor,
    axis=None,
    keep_dims=False,
    name=None,
    reduction_indices=None)
```

主要参数：

● input_tensor：输入的待降维的 Tensor。

● axis：一个整数，代表在哪一维度上进行连接。axis=0 指在某一个 Tensor 的第一个维度上连接，以二维张量为例，就是叠放到列上。axis=1 指在某一个 Tensor 的第二个维度上连接。

● keep_dims：是否降低维度，默认为 False。设置为 True 时，输出的结果将保持输入 Tensor 的形状；设置为 False 时，输出结果会降低维度。

（6）slim.avg_pool2d()函数

slim.avg_pool2d()函数用于实现平均池化操作。

原型：

```
slim.avg_pool2d(inputs,
    kernel_size,
    stride=2,
    padding='VALID',
    data_format=DATA_FORMAT_NHWC,
    outputs_collections=None,
    scope=None)
```

主要参数：

● inputs：输入 Tensor。

● kernel_size：一个整数，或者包含了两个整数的元组/队列，表示卷积窗的高和宽。如果只有一个整数，则宽高相等。

● stride：一个整数，或者包含了两个整数的元组/队列，表示卷积的纵向和横向的步长。

如果只有一个整数,则横纵步长相等。这里默认值为 2。
- padding:选择方式有 valid 或者 same 两种,这里默认为 valid。
- data_format:一个字符串,支持 NHWC 和 NCHW。这里默认为 NHWC。NHWC 的 shape 为 [batch_size,in_height,in_width,in_channels]。

(7) tf.squeeze() 函数

tf.squeeze() 函数用于返回一个将原始 input 中所有维度为 1 的维度都删掉的张量。

原型:

```
tf.squeeze(input,
    axis = None,
    name = None,
    squeeze_dims = None)
```

参数:
- input:输入 Tensor。
- axis:可用来指定要删除的大小为 1 的维度,需注意的是指定的维度必须确保为 1,否则会报错。
- squeeze_dims:可用来指定不想删除的大小为 1 的维度。

第六个模块是网络的最后一部分。

首先来看函数 inception_v1() 的输入参数 num_classes,这里的 1 000 指的是 ILSVRC 比赛数据集的类别数;is_training 表示是否是训练过程,这对 Batch Normalization 和 Dropout 有影响,因为只有在训练时 Batch Normalization 和 Dropout 才会被启用;dropout_keep_prob 表示训练时 Dropout 所需保留节点的比例,默认为 0.6;prediction_fn 指最后用来进行分类的函数,这里默认使用 slim.softmax;spatial_squeeze 表示是否对输出结果进行 squeeze 操作;reuse 表示是否可以重复使用具有相同名字的前一层的权重;scope 指包含了函数默认参数的环境。

之后,使用 tf.variable_scope 定义网络参数的默认值,再用 slim.arg_scope 定义 Batch Normalization 和 Dropout 的 is_training 标志的默认值。接着,使用已经定义完成的 inception_v1_base 构筑整个网络的卷积部分,得到最后一层的输出 net 和存储重要节点的字典表 end_points。

然后,对最后的输出进行全局平均池化,窗口大小为 7×7,输出通道数为 1 024。之后是一个 Dropout 层,丢弃概率为 40%。使用 tf.squeeze 去除输出结果中维度为 1 的部分。再用 softmax 进行分类预测。最后返回输出结果 Logits 和 end_points。至此,整个网络的构建就完成了。

上述代码是 GoogLeNet 网络架构的网络结构图,在实际使用时,需根据不同的应用场景设置不同的参数。

3.1.3 ResNet

1. 背景介绍

深度学习最重要的特点是通过数据驱动让模型自动学习特征,免去了人工手动设计特征的步骤。表达能力更强的特征可以为网络带来更强的分类能力。在神经网络中，各个特征不断地通过非线性优化进行综合计算。网络层次越深，可抽取的特征层次就越丰富。根据泛逼近定理（Universal Approximation Theorem），只要给定足够的容量，单层的前馈网络也足以表示任何函数。当增加网络层数后，网络可以进行更加复杂的特征模式的提取，所以当模型更深时，理论上可以取得更好的结果。

　　凭着这一基本准则，CNN 分类网络自 Alexnet 的 7 层发展到了 VGG 的 16 乃至 19 层，后来更有了 Googlenet 的 22 层。VGG 网络试着探寻深度学习网络的深度究竟可以深到多少，以能持续地提高分类准确率。当网络达到 19 层后，再增加层数就开始导致分类性能的下降。我们发现，深度 CNN 网络达到一定深度后再一味地增加层数并不能带来进一步地分类性能提高，反而会招致网络收敛变得更慢，并且相对较浅的网络而言，过深的网络还会使分类准确度下降。这个现象可以在图 3-12 中直观看出来，56 层的网络比 20 层网络效果还要差。这不会是过拟合问题，因为 56 层网络的训练误差同样高。

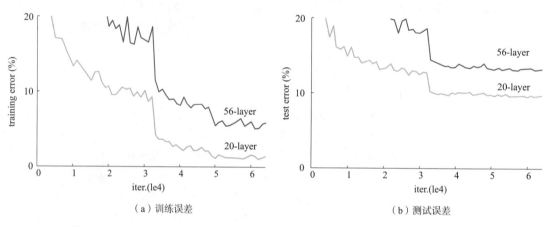

图 3-12　在带有 20 层和 56 层 "普通" 网络的 CIFAR－10 上的误差（来源于[21]）

　　增加深度带来的首个问题就是梯度爆炸的问题，这是由于随着层数的增多，在网络中反向传播的梯度会随着连乘变得不稳定，变得特别大或者特别小。增加深度的另一个问题就是网络的梯度消失，即随着深度的增加，网络的性能会越来越差，直接体现为在训练集上的准确率会下降。深度残差网络（Residual Network，下文简写为 ResNet）解决的就是这两个问题，而且在这两个问题解决之后，网络的深度 b 上升了好几个量级。在 AlexNet 取得 LSVRC 2012 分类竞赛冠军之后。ResNet 作者使用计算机视觉领域常用的残差表示（Residual Representation）的概念，创建了基本的残差学习的单元。它通过使用多个有参层来学习输入输出之间的残差表示，而非像一般 CNN 网络（如 AlexNet/VGG 等）那样使用有参层来直接尝试学习输入、输出之间的映射。目前，ResNet 是应用最广的图像相关深度学习网络，图像分类、目标检测、图片分割都使用该网络结构作为基础，另外，一些迁移学习也使用 ResNet 训练好的模型来提取图像特征。ResNet 可以说是过去几年中计算机视觉和深度学习领域最具开创性的工作。ResNet 使训练数百甚至数千层成为可能，且在这种情况下仍能展现出优越的性能。

2. 设计思想

ResNet 使用了一种称为 Shortcut Connection 的连接方式,顾名思义,Shortcut 就是"抄近道"的意思,如图 3-13 所示。

图 3-13 诠释了 ResNet 的核心设计思想。若将输入设为 X,将某一有参网络层设为 F,那么以 X 为输入的此层的输出将为 F(X)。一般的 CNN 网络如 AlexNet/VGG 等会直接通过训练学习出参数函数 F 的表达,从而直接学习 X -> F(X)。而残差学习则是致力于使用多个有参网络层来学

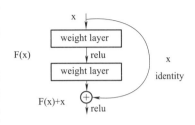

图 3-13 Shortcut Connection
(来源于[21])

习输入、输出之间的参差 F(X) - X 即学习 X -> (F(X) - X) + X。其中图中的弧线(X)就是 Shortcut Connection,也是 Identity Mapping,而 F(X) - X 则为有参网络层要学习的输入输出间残差。在 ResNet 的论文中,ResNet 模块提出了图 3-14 两种方式。

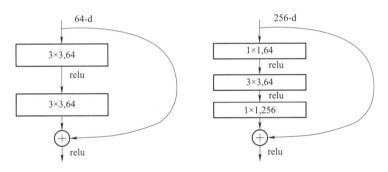

图 3-14 ResNet 设计方式(来源于[21])

这两种结构分别针对 ResNet34(a)和 ResNet50/101/152(b),一般称整个结构为一个 Building Block。其中右图又称为 Bottleneck Design,这种设计方式降低了参数的数目,第一个 1×1 的卷积把 256 维 channel 降到 64 维,然后在最后通过 1×1 卷积恢复,整体上用的参数数目:1×1×256×64+3×3×64×64+1×1×64×256 = 69 632,而不使用 bottleneck 的话就是两个 3×3×256 的卷积,参数数目:3×3×256×256×2 = 1 179 648,差了 16.94 倍。对于常规 ResNet,可以用于 34 层或者更少的网络中,对于 Bottleneck Design 的 ResNet 通常用于更深的如 101 这样的网络中,以减少计算和参数量。

传统的卷积网络或者全连接网络在信息传递的时候或多或少会存在信息丢失、损耗等问题,同时还会导致梯度消失或者梯度爆炸,导致很深的网络无法训练。

①ResNet 提出残差学习的思想。残差结构实际上就是一个差分方放大器,使得映射对输出的变化更加敏感。整个网络只需要学习输入、输出差别的那一部分,简化学习目标和难度。这个结构不仅改善了梯度消失问题,还加快了模型的收敛速度。

②Resnet 提供了 Identity Mapping 和 Residual Mapping 两种方式,解决随着网络加深准确率下降的问题。如果网络已经到达最优,继续加深网络,Residual Mapping 将被 push 为 0,只剩下 Identity Mapping,这样理论上网络一直处于最优状态了,网络的性能也就不会随着深度增加而降低。因此 ResNet 可以使网络能够有更深的深度。

3. 代码研读

（1）残差单元构建

ResNet 提出残差学习的思想。残差学习单元通过 Identity Mapping 的引入在输入、输出之间建立了一条直接的关联通道，从而使得强大的有参层集中精力学习输入、输出之间的残差。如图 3-15 所示，一般用 F(X) 来表示残差映射。当输入、输出通道数相同时，我们自然可以如此直接使用 X 进行相加。而当它们之间的通道数目不同时，我们就需要考虑建立一种有效的 Identity Mapping 函数，从而可以使得处理后的输入 X 与输出 Y 的通道数目相同。针对 channel 个数是否相同，分成两种情况。

①channel 个数一致下残差单元构建。

如图 3-15 所示，我们可以看到"实线"和"虚线"两种连接方式，实线的 connection 部分（第一个粉色矩形和第三个粉色矩形）都是执行 3×3×64 的卷积，它们的 channel 个数一致，所以采用计算方式：

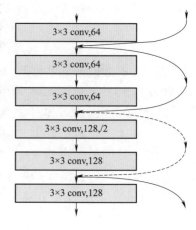

图 3-15 Shortcut Connection 的两种方式（来源于[21]）

$$y = F(x) + x$$

原型：

```
def res_identity(input_tensor,conv_depth,kernel_shape,layer_name):
    with tf.variable_scope(layer_name):
        relu = tf.nn.relu(slim.conv2d(input_tensor,conv_depth,kernel_shape))
        outputs = tf.nn.relu (slim.conv2d (relu,conv_depth,kernel_shape) + input_tensor)
    return outputs
```

参数：

· input_tensor：需要做卷积的输入图像（残差单元输入张量），参数为 tensor 的形式，即为公式中的 x，具有 [batch_size, in_height, in_width, in_channels] 这样的 shape，具体含义是"训练时一个 batch 的图片数量，图片高度，图片宽度，图像通道数"，注意，这是一个 4 维的 tensor，要求类型为 float32 和 float64 其中之一。

· conv_depth：卷积核的数量，参数为整形，代表输出的 feature map 的数量。

· kernel_shape：卷积核的尺寸，用于指定卷积核的维度（卷积核的宽度、卷积核的高度）。

· layer_name：残差单元的名字。

返回：

· outputs：返回的为 feature map。tensor 的形式，即为公式中的 F(x) + x，具有"训练时一个 batch 的 feature map 的数量，图片高度，图片宽度，feature map 通道数"，4 个维度。

原型重点部分解析：

```
with tf.variable_scope(layer_name):
```

layer_name:残差单元的名字。只有满足相应的命名,程序才会继续执行后面的卷积操作。

②channel 个数不一致下残差单元构建。

图 3-15 中虚线的 connection 部分(第一个绿色矩形和第三个绿色矩形)分别是 $3 \times 3 \times 64$ 和 $3 \times 3 \times 128$ 的卷积操作,它们的 channel 个数不同(64 和 128),所以采用计算方式:

$$y = F(x) + Wx$$

其中,W 是卷积操作,用来调整 x 的 channel 维度。

原型:

```
def res_change(input_tensor,conv_depth,kernel_shape,layer_name):
    with tf.variable_scope(layer_name):
        relu = tf.nn.relu(slim.conv2d(input_tensor,conv_depth,kernel_shape,stride =2))
        input_tensor_reshape = slim.conv2d(input_tensor,conv_depth,[1,1],stride =2)
        outputs = tf.nn.relu(slim.conv2d(relu,conv_depth,kernel_shape) + input_tensor_reshape)
        return outputs
```

参数:

- input_tensor:需要做卷积的输入图像(残差单元输入张量),参数为 tensor 的形式,即为公式中的 x,是一个 4 维的 tensor,要求类型为 float32 和 float64 其中之一。
- conv_depth:卷积核的数量,参数为整形,带包输出的 feature map 的数量。
- kernel_shape:卷积核的尺寸,用于指定卷积核的维度(卷积核的宽度,卷积核的高度)。
- layer_name:残差单元的名字。

返回:

outputs:返回的为 feature map。tensor 的形式,即为公式中的 $F(x) + Wx$,具有"训练时一个 batch 的 feature map 的数量,图片高度,图片宽度,feature map 通道数",4 个维度。

原型重点部分解析:

channel 个数不一致的情况下,残差单元的构建方式与①不同的是,多了参数 W,其中 Wx 的构建如下所示:

```
input_tensor_reshape = slim.conv2d(input_tensor,conv_depth,[1,1],stride =2)
```

- [1,1]:卷积核的大小,这种 1×1 的方式不会改变 feature map 的大小,可以调整 channel 的个数。
- stride:卷积核的步长,参数为 2 或者[2,2]的形式。均表示卷积核一次走 2 个像素大小。

(2)ResNet 网络架构

在有了残差单元定义的基础上,我们可以直接搭建整个 ResNet 网络架构。

原型:

```
def inference(inputs):
    x = tf.reshape(inputs,[-1,28,28,1])
```

```
        conv_1 = tf. nn. relu(slim. conv2d(x,32,[3,3]))        #28* 28* 32
        pool_1 = slim. max_pool2d(conv_1,[2,2])                 # 14* 14* 32
        block_1 = res_identity(pool_1,32,[3,3],'layer_2')
        block_2 = res_change(block_1,64,[3,3],'layer_3')
        block_3 = res_identity(block_2,64,[3,3],'layer_4')
        block_4 = res_change(block_3,32,[3,3],'layer_5')
        net_flatten = slim. flatten(block_4,scope = 'flatten')
        fc_1 = slim. fully_connected(slim. dropout(net_flatten,0.8),200,activation_fn = tf. nn. tanh,scope = 'fc_1')
        output = slim. fully_connected(slim. dropout(fc_1,0.8),10,activation_fn = None,scope = 'output_layer')
        return output
```

参数:

inputs:需要做卷积的输入图像(残差单元输入张量),参数为 tensor 的形式,类型为 float32 和 float64 其中之一。

返回

output:一个 1×10 的向量,用来区分 0～9 这 10 个数字。

原型重点部分解析:

```
 pool_1 = slim. max_pool2d(conv_1,[2,2])
```

slim. max_pool2d 表示二维卷积下的最大池化。

- conv_1:需要做卷积的 feature map,tensor 的形式。
- [2,2]:表示池化覆盖的区域,从 2×2 的像素中选取一个最大的,丢掉其余的三个。

```
 fc_1 = slim. fully_connected(slim. dropout(net_flatten,0.8),200,activation_fn = tf. nn. tanh,scope = 'fc_1')
```

slim. fully_connected 表示全连接层,具体含义是将 tensor 张量按照数据从后往前逐一遍历,变为一维向量的形式。

(3)训练 MNIST 手写数据集

在网络架构搭建好的基础上,我们可以通过加载数据以及反向传播对网络进行训练。在这一步中,我们将代码拆分,进行细致地分析。

```
def train():
    x = tf. placeholder(tf. float32,[None,784])
    y = tf. placeholder(tf. float32,[None,10])
```

其中 x 为训练数据:tf. float32 表示图像数据的类型;[None,784]中 None 表示图像的总数量未知,784 表示一张 28×28 图片像素的个数。y 为数据对应的标签类型:10 表示标签一共有 10 个,分别表示 0～9。

训练集加载完毕之后对数据集进行结果预测。

```
 y_outputs = inference(x)
 global_step = tf. Variable(0,trainable = False)
```

其中 x 为训练数据,类型为 tensor 张量。y_outputs = inference(x)函数是上文中定义的

ResNet 网络结构，y_outputs 为对输入结果的预测。

在有了预测的结果之后，我们可以通过预测结果与真实结果之间的误差，为反向传播做准备。

```
entropy = tf.nn.sparse_softmax_cross_entropy_with_logits(logits = y_outputs, labels = tf.argmax(y,1))
loss = tf.reduce_mean(entropy)
```

- tf.nn.sparse_softmax_cross_entropy_with_logits 为计算网络预测与标签之间的交叉熵损失函数。
- logits = y_outputs：网络对输入的预测结果，类型为 1×10 的向量形式。
- labels = tf.argmax(y,1)：训练集的标签，类型为 1×10 的向量形式。

```
train_op = tf.train.AdamOptimizer(learning_rate).minimize(loss, global_step = global_step)
prediction = tf.equal(tf.argmax(y,1), tf.argmax(y_outputs,1))
accuracy = tf.reduce_mean(tf.cast(prediction, tf.float32))
saver = tf.train.Saver()
```

tf.train.AdamOptimizer 函数用来设置优化器参数。
- learning_rate：学习率，反向传播时，梯度下降的速度，为 float 类型。
- loss：预测值与标签的误差。
- accuracy 用来存储计算网络预测结果的精确度，此处取的所有已训练图像的平均值。

tf.train.Saver() 函数用来保存网络模型的权重文件。

设置主循环，遍历所有数据，对数据集所有数据进行训练。

```
#开启 tensorflow 会话
with tf.Session() as sess:
    sess.run(tf.global_variables_initializer())
    for i in range(10000):
        x_b, y_b = mnist.train.next_batch(batch_size)
        train_op_, loss_, step = sess.run([train_op, loss, global_step], feed_dict = {x: x_b, y: y_b})
        # 每训练 50 组数据，显示模型预测的误差以及精度
        if i % 50 == 0:
            print("training step {0}, loss {1}".format(step, loss_))
            x_b, y_b = mnist.test.images[:500], mnist.test.labels[:500]
            result = sess.run(accuracy, feed_dict = {x: x_b, y: y_b})
            print("training step {0}, accuracy {1} ".format(step, result))
        # 训练完成后保存最终的模型.
        saver.save(sess, model_save_path + 'my_model', global_step = global_step)
```

(4) 运行程序

所有函数定义好之后，我们通过配置一些基本的设置，开始完整程序的运行。

```
batch_size = 100
learning_rate = 0.01
learning_rate_decay = 0.95
model_save_path = 'model/'

def main(_):
    train()

if __name__ == '__main__':
    tf.app.run()
```

- batch_size：训练批次的大小，类型为整形，表示一次训练送入网络中的图片数量。
- learning_rate：学习率，类型为float类型，表示反向传播时梯度下降的速度。
- learning_rate_decay：学习率衰减，类型为float类型，表示随着训练迭代次数的增加，学习率的变化情况。
- model_save_path：网络模型权重保存路径。

3.2 目标检测

图片分类任务我们已经熟悉了，就是算法对其中的对象进行分类。而现在我们要了解构建神经网络的另一个问题，即目标检测问题。这意味着，我们不仅要用算法判断图片中是不是一辆汽车，还要在图片中标记出它的位置，即物体定位和分类两个任务的叠加，这就是目标检测问题。其中，"定位"的意思是判断汽车在图片中的具体位置。

说起目标检测系统，就要先明白，图像识别、目标定位和目标检测的区别。图像识别也可以说成是目标分类，顾名思义，目的是为了分出图像中的物体是什么类别，如图3-16(a)所示。目标定位是不仅仅要识别出是一种什么物体，还要预测出物体的位置，并使用bounding box框出，如图3-16(b)所示。目标检测就更为复杂，它可以看作是图像识别 + 多目标定位，即要在一张图片中定位并分类出多个物体，如图3-16(c)所示。

（a）分辨物体　　　　（b）使用bounding box框出　　　　（c）定位并分类

图3-16　图像识别、目标定位和目标检测的区别

早期的目标检测采用的是基于滑动窗口的目标检测算法，如图3-17所示。

输入一张测试图片，首先选定一个特定大小的窗口，如图3-17上红色的窗口，将这个红色小方块输入卷积神经网络,卷积网络开始进行预测,即判断红色方框内有没有汽车。滑动窗口目标检测算法接下来会继续处理第二个图像,即红色方框稍向右滑动之后的区域,并输入给卷积网络,因此输入给卷积网络的只有红色方框内的区域,再次运行卷积网络,然后处理第三个图像,依次重复操作,直到这个窗口滑过图像的每一个角落。

图 3-17 基于滑动窗口的目标检测

然后选择一个更大的红色窗口重复上述操作,截取更大的区域,并输入给卷积神经网络处理,可以根据卷积网络对输入大小调整这个区域,然后输入给卷积网络,输出 0 或 1。不断扩大窗口大小,再以某个固定步幅滑动窗口,重复以上操作,遍历整个图像,输出结果。如果这样做,不论汽车在图片的什么位置,总有一个窗口可以检测到它。

但滑动窗口目标检测算法也有很明显的缺点,就是计算成本,因为在图片中剪切出太多小方块,卷积网络要一个个地处理。如果选用的步幅很大,显然会减少输入卷积网络的窗口个数,但是粗糙间隔尺寸可能会影响性能。反之,如果采用小粒度或小步幅,传递给卷积网络的小窗口会特别多,这意味着超高的计算成本。

所以在神经网络兴起之前,人们通常采用更简单的分类器进行对象检测,比如通过采用手工处理工程特征的简单的线性分类器来执行对象检测。至于误差,因为每个分类器的计算成本都很低,它只是一个线性函数,所以滑动窗口目标检测算法表现良好,是个不错的算法。然而,卷积网络运行单个分类人物的成本却高得多,像这样滑动窗口太慢。除非采用超细粒度或极小步幅,否则无法准确定位图片中的对象。

近几年来,如图 3-18 所示,目标检测算法取得了很大的突破。比较流行的算法可以分为

R-CNN → OverFeat → MultiBox → SPP-Net → MR-CNN → DeepBox → AttentionNet →
2013.11　　ICLR' 14　　CVPR' 14　　ECCV' 14　　ICCV' 15　　ICCV' 15　　ICCV' 15

Fast R-CNN → DeepProposal → Faster R-CNN → OHEM → YOLO v1 → G-CNN → AZNet →
ICCV' 15　　ICCV' 15　　NIPS' 15　　CVPR' 16　　CVPR' 16　　CVPR' 16　　CVPR' 16

Inside-OutsideNet(ION) → HyperNet → CRAFT → MultiPathNet(MPN) → SSD → GBDNet →
CVPR' 16　　CVPR' 16　　CVPR' 16　　BMVC' 16　　ECCV' 16　　ECCV' 16

CPF → MS-CNN → R-FCN → PVANET → DeepID-Net → NoC → DSSD → TDM → YOLO v2 →
ECCV' 16　ECCV' 16　NIPS' 16　NIPSW' 16　PAMI' 16　TPAMI' 16　arXiv' 17　CVPR' 17　CVPR' 17

Feature Pyramid Net(FPN) → RON → DCN → DeNet → CoupleNet → Retina Net → DSOD →
CVPR' 17　　　　CVPR' 17　ICCV' 17　ICCV' 17　ICCV' 17　ICCV' 17　ICCV' 17

Mask R-CNN → SMN → YOLO v3 → SIN → STDN → Define Det → MLKP → Relation-Net →
ICCV' 17　ICCV' 17　arXiv' 18　CVPR' 18　CVPR' 18　CVPR' 18　CVPR' 18　CVPR' 18

Cascade R-CNN → RFBNet → CornerNet → PFPNet → Pelee → HKRM → R-DAD → M2Det …
CVPR' 18　ECCV' 18　ECCV' 18　ECCV' 18　NIPS' 18　NIPS' 18　AAAI' 19　AAAI' 19

图 3-18　2013 年 - 2019 年目标检测重要算法①

---

① 参见 https://github.com/hoya012/deeplearningobject_detection

两类：一类是基于 Region Proposal 的 R-CNN 系算法（R-CNN，Fast R-CNN，Faster R-CNN 等），它们是 two-stage 的，算法先产生目标候选框，也就是目标位置，然后再对候选框做分类与回归；而另一类是 Yolo、SSD 这类 one-stage 算法，其仅仅使用一个卷积神经网络 CNN 直接预测不同目标的类别与位置。第一类方法是准确度高一些，但是速度慢，但是第二类算法是速度快，但是准确性要低一些。

3.2.1　Faster R-CNN

1. 背景介绍

在现阶段的目标检测任务中，其使用的网络从本质上大可以被分为两个部分：分类候选区域 + bound boxes 回归与生成候选区域（Regin Proposals）。

在 Faster R-CNN 出现之前，已经存在了无法实现端到端训练的 R-CNN 和选择性搜素耗时长的 Fast R-CNN。Regin Proposals 是 Fast R-CNN 网络进行目标检测任务的基础。当今，存在着很多办法来实现分类候选区域之任务：Selective Search、Greedily Merges Superpixels、EdgeBoxes。这些分类候选区域的方法虽然在运行时比较高效，但是也存在着它们的缺点，即上述办法在运行的过程中需要花费过长的时间，因为它在让所有的 Region 做特征提取的时候，就会出现大量的重复计算，这从根本上导致了在实现 Fast R-CNN 网络过程中耗时过大，一定程度上影响了 Fast R-CNN 网络的性能。因此在 Faster-Rcnn 引入了 Region Proposal Network（RPN），通过上述的方法来生成之前耗时严重的候选区域分类工作。

通过上述的改进办法，Faster-RCNN 利用 RPN 来作为产生 Region Proposal 的方法，这样一来，被用于 features map 的卷积层就可以被 detection network 与 RPN 共同使用。此外利用 GPU 运行整个网络，就能最大程度上降低运行的时间。

2. 设计思想

Faster-RCNN 的结构就是 RPN + Fast-RCNN。Faster-RCNN 结构图如图 3-19 所示。

从图 3-19 所示的结构上，我们能够看出来，Faster R-CNN 将特征提取、proposal 提取、Bounding Box Regression、Classification 整合到一个网络中，目标检测速度可以得到很大的提升。Faster R-CNN 具体执行如下四个步骤。

（1）特征提取（Convolutional Layer）

在 Faster-RCNN 网络结构中，首先将数据集中需要训练的图像输入进 CNN（conv layers）中提取特征，CNN 包括 VGG16、ResNet、MobileNet 等网络，在本节里应用 ZF net 作为 Faster-RCNN 中

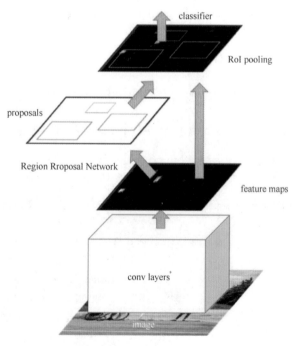

图 3-19　Faster-RCNN 结构图（来源于[22]）

CNN 的网络结构,即由 conv 层、pooling 层与 relu 激活函数组成。因而目标图片通过 CNN 特征提取操作后得到相应的特征图(feature map),即在 conv 层中最后一层卷积后得到的特征图。接着将获得的 feature map 输入进改进部分 RPN,同样的它也被输入进了 RoI 池化层。

(2) 区域候选网络(Region Proposal Network)

特征图通过 RPN 获得到候选框(anchors)中的特征信息,通过这样的方法对候选框中的特征图部分提取想要的特征。使用 softmax 来将其分成两个类别,以此确定候选框中的特征图是属于前景(foregroud)还是属于后景(background)。再通过边框回归(Bounding Box Regression)对其的所在位置做进一步的调整,从而得到更精确的建议(proposal)。

(3) 目标区池化(Roi Pooling)

RoI pooling 层接收到 RPN 层输出的建议和 conv 层输出的特征图。综上两者,获得 proposal feature maps,并将其导入随后的全连接的层,对其做目标定位和识别的操作。

(4) 目标分类(Classification)

作为 Faster rcnn 网络结构末端的 Classification 层,接收到上层输出的 Proposal Feature Maps,对其进行计算,得到其所属类别,与此同时,对其进行边框回归算法,使网络得到最终理想的精确定位。

Faster rcnn 具有以下创新点:

① 可以检测任意大小的图像,对于任意 P×Q 的图像,首先裁剪到固定大小 M×N。然后,利用 VGG16 全卷积模型计算该图像对应的特征图。

② 真正实现端到端的目标检测框架,论文中引入了新的区域提议网络(Region Proposal Network,RPN),RPN 是一种全卷积网络(Fully Convolutional Networks,FCN),可以针对生成检测区域建议的任务进行端到端的训练。

③ 提高了检测精度和速度,RPN 共享最先进目标检测网络的卷积层。通过在测试时共享卷积,计算区域提议的边际成本很小,生成建议框仅需约 10 ms。

3. 代码研读

算法的网络框架如图 3-20 所示,主要分为三部分,包括特征提取网络、RPN 网络和分类

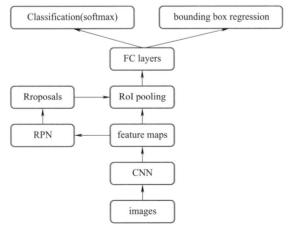

图 3-20　Faster-RCNN 结构框架

回归网络。整个流程为首先将图片放缩到 M×N，然后送入特征提取网络，得到特征图；然后将特征图上每个点都对应原图上的 9 个 anchor，送入 RPN 网络，得到这 9 个 anchor 前、背景的概率以及 4 个坐标的回归；每个 anchor 经过回归后对应到原图，然后再对应到特征图，经过 RoI Pooling 后输出 7×7 大小的 map；最后对这个 7×7 的 map 进行分类和再次回归。

特征网络有 VGG16、ResNet、MobileNet 等，选取较灵活，各个模型的结构在 nets 文件夹中定义。特征网络在图像分类一节有介绍，在此不作详细介绍。下面将主要介绍 RPN 网络和分类回归网络。

(1) 构建网络

构建网络的代码为 network.py 中的_build_network( )函数。

原型：

```
def _build_network(self, is_training = True):
    # 选择初始值设定项
    if cfg.TRAIN.TRUNCATED:
        initializer = tf.truncated_normal_initializer(mean = 0.0, stddev = 0.01)
        initializer_bbox = tf.truncated_normal_initializer(mean = 0.0, stddev = 0.001)
    else:
        initializer = tf.random_normal_initializer(mean = 0.0, stddev = 0.01)
        initializer_bbox = tf.random_normal_initializer(mean = 0.0, stddev = 0.001)
    # 生成特征图
    net_conv = self._image_to_head(is_training)
    with tf.variable_scope(self._scope, self._scope):
        # 生成 anchors
        self._anchor_component()
        # RPN 网络
        rois = self._region_proposal(net_conv, is_training, initializer)
        # RoI 池化
        if cfg.POOLING_MODE == 'crop':
            pool5 = self._crop_pool_layer(net_conv, rois, "pool5")
        else:
            raise NotImplementedError

    fc7 = self._head_to_tail(pool5, is_training)
    with tf.variable_scope(self._scope, self._scope):
        # 分类/回归网络
        cls_prob, bbox_pred = self._region_classification(fc7, is_training,
                                                initializer, initializer_bbox)
    self._score_summaries.update(self._predictions)
    return rois, cls_prob, bbox_pred
```

参数：

is_training = True：参数为布尔类型，判断网络模型用于训练还是预测，如果不传参数进去，则默认用于训练。

返回:
- rois:256 个 archors 的类别以及位置。
- cls_prob:在 256 个 archors 中各个类别的概率。
- bbox_pred:所预测的位置坐标的偏移值。

原型重点部分分析:

```
def _build_network(self,is_training = True):
    if cfg. TRAIN. TRUNCATED:
        initializer = tf. truncated_normal_initializer(mean = 0.0,stddev = 0.01)
        initializer_bbox = tf. truncated_normal_initializer(mean = 0.0,stddev = 0.001)
    else:
        initializer = tf. random_normal_initializer(mean = 0.0,stddev = 0.01)
        initializer_bbox = tf. random_normal_initializer(mean = 0.0,stddev = 0.001)
```

在选择初始化的过程中,倘若生成值是服从具有指定平均值与标准偏差之正态分布,那么其生成的值大于平均值 2 个标准偏差的值则丢弃重新选择。tf. random_normal_initializer( )函数为用正态分布产生张量的 TensorFlow 初始化器,其参数形式为:
- mean:一个 Python 标量或一个标量张量,要生成的随机值的均值。
- stddev:一个 Python 标量或一个标量张量,要生成的随机值的标准偏差。

```
net_conv = self._image_to_head(is_training)
```

在这一步中得到特征提取网络(代码中选用的 VGG16)最终提取的特征图。

```
with tf.variable_scope(self._scope,self._scope):
    self._anchor_component()
```

特征图相对于原始图像的缩放倍数是固定的,因此特征图与原始图像的 archors 是一一对应的。通过_anchor_component 函数,来获取特征图上任何一个可能存在的 archors,得到它的数量以及它在原始图像中对应的 archors 的坐标(超出图像边界的同样也被计算到)。

```
pool5 = self._crop_pool_layer(net_conv,rois,"pool5")
```

通过_crop_pool_layer 函数把 archors(256 个)裁剪出来,然后对其进行缩放操作,获得 14×14 大小的尺寸,随后通过 pooling 缩放其至 7×7 固定尺寸,这样便可取得特征。

```
fc7 = self._head_to_tail(pool5,is_training)
```

在上一步 256 个 archors 的基础上,在_head_to_tail 函数中,添加 fc 层与 dropout 层,从而得到被使用来分类和回归的 4096 维特征。

```
cls_prob,bbox_pred = self._region_classification(fc7,is_training,
                initializer,initializer_bbox)
```

通过_region_classification( )函数,对候选区域进行分类工作,实现目标检测的目的,并执行回归操作,获得预测的坐标位置。

(2)RPN 网络

RPN 网络主要解决的是目标在什么位置,判断它是属于前景或是后景。如图 3-21 所示,RPN 网络在特征提取网络得到的特征图基础上,生成 anchors,然后预测每个 anchor 的类别(二分类)以及位置。RPN 网络主要进行三个工作:①预测 anchor 的类别(属于前景/背景)及其位置；②生成训练 RPN 网络的标签信息（anchor target layer）；③生成训练分类和回归网络的 RoI（proposal layer）以及对应的标签信息（proposal target layer）。

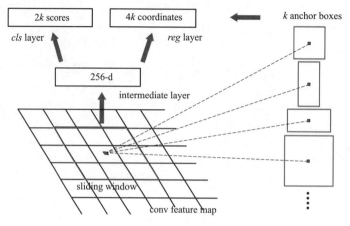

图 3-21　RPN 网络（来源于[22]）

在 RPN 网络中，它可以接收任意尺寸（Size）大小输入的图像，使用 ZF net 作为特征提取层的网络结构，图像经过特征提取层，生成相对应的特征图（Feature Map）。后利用不同长宽比例、不同尺度大小的滑动窗口，对特征图进行操作，生成相应的 object proposals。随后将其各输入至 reg 层与 cls 层，分别得到预测 proposals anchor 对应的 proposal(x,y,w,h) 与经过前后景判断的 proposal（object or non – object）。

①RPN 网络生成 anchors。

RPN 网络通过 _anchor_component( ) 函数，来获取特征图上的任何一个可能存在的 archors，得到它的数量以及它在原始图像中对应的坐标（超出图像边界的同样也被计算到）。

原型：

```
def _anchor_component(self):
    with tf.variable_scope('ANCHOR_' + self._tag) as scope:
        #特征提取网络的特征图的长和宽
        height = tf.to_int32 (tf.ceil(self._im_info[0] / np.float32 (self._feat_stride[0])))
        width = tf.to_int32 (tf.ceil(self._im_info[1] / np.float32 (self._feat_stride[0])))
        if cfg.USE_E2E_TF:
            anchors, anchor_length = generate_anchors_pre_tf(height, width, self._feat_stride, self._anchor_scales, self._anchor_ratios )
        else:
            anchors, anchor_length = tf.py_func(generate_anchors_pre,
[height, width, self._feat_stride, self._anchor_scales, self._anchor_ratios], [tf.float32, tf.int32], name = "generate_anchors")
            anchors.set_shape([None, 4])
            anchor_length.set_shape([])
        self._anchors = anchors
        self._anchor_length = anchor_length
```

返回:

最终得到起点坐标和终点坐标,共 4 个值。

原型重点部分分析:

```
if cfg.USE_E2E_TF:
    anchors,anchor_length = generate_anchors_pre_tf(height,width,self._feat_stride,
self._anchor_scales,self._anchor_ratios )
else:
    anchors,anchor_length = tf.py_func(generate_anchors_pre,
[height,width,self._feat_stride,self._anchor_scales,self._anchor_ratios],[tf.float32,
tf.int32],name = "generate_anchors")
```

通过上面获得的特征图的高与宽,和 anchor_scales、_anchor_ratios,三者获得在原始图像中的坐标(超出图像边界的同样也被计算到)。

_anchor_component()主要调用 layer_utils/generate_anchors.py,生成 anchors。原始图像($W \times H$)经过 VGG16 提取特征之后,特征图会变为原来的 1/16,记作 $w \times h$。特征图的每个点生成 3 种不同尺度,每种尺度 3 种不同比例的 anchor,则特征图共产生 $w \times h \times 9$ 个 anchors。

②RPN Classification & RPN bounding box regression。

RPN Classification,本质上可以被称为是二分类操作。首先利用特征提取层输出的 feature map 上切分成 $N(w \times h \times 9)$ 个区域块。w、h 分别为 feature map 的长宽,其中 9 为不同长宽比例、不同尺度大小下 anchor 的个数。然后在这些区域上将 ground truth 与 anchors 进行重叠操作,得到重叠区域占总覆盖区域的比值(IoU 值),通过判断 IoU 值的大小,确定 anchor 是前景(positive)、后景(negative)。并将相应的标签(label)赋值给 anchors。这样一来,在后续的 RPN 网络训练中就可以对输入的图像进行前后景的识别与分类。九种不同尺寸面积的 anchors 如图 3-22 所示。

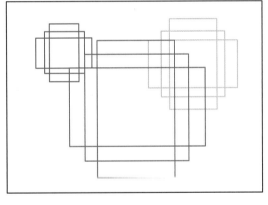

图 3-22 九种不同尺寸面积 anchors

需要注意的是,在实际训练的过程中,用来标注 label 的 anchors($H \times W \times N$)却不是全被被用来使用的。因为并不是所有的 anchors 都能够提供合理的分类,特别是在 feature map 的边缘上,因此不采用处于边缘 feature map 的 anchors。除了边缘,处在前景与后景相交界处地的 anchors,也需要被排除出去。例如、人、车(前景)与马路(后景),牛、羊(前景)与草原、天空(后景)。这些交界处在训练过程中被排除出去,以此来提高准确率。

RPN bounding box regression,利用 RPN Classification 所输出的相对准确的前后景坐标位置,想要进一步的提高准确率。例如,ground truth——飞机(绿色框),positive anchors——RPN Classification 所输出的(红色框),虽然在红色框中确实是为飞机,不过这样的定位并不准确,红色框框并没有准确地将飞机检测出来。因此要使用 bounding box regression 来提高网络训练的准确率。bounding box regression 如图 3-23 所示。

图3-23　bounding box regression

原型：
```
def _region_proposal(self,net_conv,is_training,initializer):
    #对特征提取网络的特征图进行处理，并设定3×3卷积层
    rpn = slim.conv2d(net_conv,cfg.RPN_CHANNELS,[3,3],trainable = is_training,weights_
initializer = initializer,scope = "rpn_conv/3x3")
    self._act_summaries.append(rpn)
    #经过1×1卷积层，输出2×9个scores，其中2为二分类，9为anchor个数
    rpn_cls_score = slim.conv2d(rpn,self._num_anchors * 2,[1,1],trainable = is_
training,weights_initializer = initializer,padding = 'VALID',activation_fn = None,scope
= 'rpn_cls_score')
    #改变通道的数量，使其作为两个分数的输出(前景得分与背景得分)
    rpn_cls_score_reshape = self._reshape_layer(rpn_cls_score,2,'rpn_cls_score_
reshape')
    rpn_cls_prob_reshape = self._softmax_layer(rpn_cls_score_reshape,"rpn_cls_prob_
reshape")
    rpn_cls_pred = tf.argmax(tf.reshape(rpn_cls_score_reshape,[-1,2]),axis = 1,name
= "rpn_cls_pred")
    rpn_cls_prob = self._reshape_layer(rpn_cls_prob_reshape,self._num_anchors * 2,"
rpn_cls_prob")
    rpn_bbox_pred = slim.conv2d(rpn,self._num_anchors * 4,[1,1],trainable = is_
training,weights_initializer = initializer,padding = 'VALID',activation_fn = None,scope
= 'rpn_bbox_pred')
        if is_training:
            rois,roi_scores = self._proposal_layer(rpn_cls_prob,rpn_bbox_pred,"rois")
            rpn_labels = self._anchor_target_layer(rpn_cls_score,"anchor")

            with tf.control_dependencies([rpn_labels]):
                rois,_ = self._proposal_target_layer(rois,roi_scores,"rpn_rois")
        else:
            if cfg.TEST.MODE = = 'nms':
                rois,_ = self._proposal_layer(rpn_cls_prob,rpn_bbox_pred,"rois")
            elif cfg.TEST.MODE = = 'top':
```

```
                rois,_ = self._proposal_top_layer(rpn_cls_prob,rpn_bbox_pred,"rois")
            else:
                raise NotImplementedError
        # 得到各个位置 archors(9 个)属于正或负样本
        self._predictions["rpn_cls_score"] = rpn_cls_score
        # 得到各个 archors 是正样本或是负样本
        self._predictions["rpn_cls_score_reshape"] = rpn_cls_score_reshape
        # 得到各个位置 archors(9 个)为正负样本概率大小
        self._predictions["rpn_cls_prob"] = rpn_cls_prob
        # 得到各个位置 archors(9 个)其所属类别的预测,即 1×H×9×W 列向量
        self._predictions["rpn_cls_pred"] = rpn_cls_pred
        # 得到各个位置 archors(9 个)回归位置的偏移
        self._predictions["rpn_bbox_pred"] = rpn_bbox_pred
        # 得到 archors(256 个)的类别(第 1 维)与位置(后 4 维)
        self._predictions["rois"] = rois

        return rois
```

_region_proposal() 函数,获得由 VGG-16 中 conv5 输出的特征图。首先通过 3×3 滑动窗得到 RPN 特征,然后通过两条并行通道,分别传进 cls 网络与 reg 网络中。

cls 网络,它的作用是判断经由 1×1 卷积操作的 anchors,是正样本或负样本,是一个二分类的模块。

reg 网络,它经由 1×1 卷积回归,得到 archors 的坐标偏移。

上述两网络 cls、reg 共用一个 3×3 卷积层(rpn)。因为位置有 9 个 archor,所以各个位置都存在着 2×9 个 soores 与 4×9 个 coordinates。

参数:

• net_conv:特征提取网络输出的特征图,具有[batch,in_height,in_width,in_channels]这样的 shape,具体含义是"训练时一个 batch 的图片数量,图片高度,图片宽度,图像通道数",是一个 4 维的 tensor,要求类型为 float32 和 float64 其中之一。

• is_training:布尔类型,判断函数用于训练还是预测。

• initializer:正态分布产生张量初始化器。

返回:

rois:256 个 archors,共 5 维,第 1 维在训练中是各个 archors 所属类别,在测试中表示为全 0;后 4 维为位置。

原型关键部分分析:

```
rpn_cls_score_reshape = self._reshape_layer(rpn_cls_score,2,'rpn_cls_score_reshape')
```

通过 reshape,转换输入特征的数据顺序,获得 rpn_cls_score_reshape,即 $1×W×H×(2×9)$ 转为 $1×(W×9)×H×2$。

```
rpn_cls_prob_reshape = self._softmax_layer(rpn_cls_score_reshape,"rpn_cls_prob_reshape")
```

获得上述 rpn_cls_score_reshape,通过 softmax,得到 rpn_cls_prob_reshape 概率,得到每个位置的 9 个 archors 预测的类别,即最后一维为特征长度,获得所有的特征概率 $1×(W×9)×H×2$。

```
rpn_cls_pred = tf.argmax(tf.reshape(rpn_cls_score_reshape,[-1,2]),axis=1,name="rpn
_cls_pred")
```

得到各个位置 archors(9 个)所预测得到的类别,即 $1 \times H \times 9 \times W$。

```
rpn_cls_prob = self._reshape_layer(rpn_cls_prob_reshape,self._num_anchors * 2,"rpn_
cls_prob")
```

再次进行_reshape_layer,将其变为原始维度,即从 $1 \times (H \times 9) \times W \times 2$,转换为 $1 \times W \times H \times (2 \times 9)$ 的 rpn_cls_prob,为原始的概率,判断当下 archors 是正样本还是负样本。

```
rpn_bbox_pred = slim.conv2d(rpn,self._num_anchors * 4,[1,1],trainable=is_training,
weights_initializer=initializer,padding='VALID',activation_fn=None,scope='rpn_
bbox_pred')
```

reg 网络与 cls 网络共用 3×3 卷积层(RPN),随后加入 1×1 卷积回归,获得各个位置 archors(9 个)回归位置的偏移,即 $1 \times W \times H \times (4 \times 9)$,4 为起点坐标,终点坐标,4 个值。

```
if is_training:
    rois,roi_scores = self._proposal_layer(rpn_cls_prob,rpn_bbox_pred,"rois")
```

生成 proposal,并进行筛选(NMS 等)。倘若在训练中,各个位置 archors(9 个)所属类别概率,以及其回归位置的偏移,获得 archors(2000 个)位置(含全 0batch_inds),和 anchors 为 1 的概率。总结来说,首先利用坐标变换生成 proposal;然后按前景概率对 proposal 进行降排,然后对剩下的 proposal 进行 NMS 操作,阈值是 0.7;得到最终的 rois 和相应的 rpn_socre。

```
rpn_labels = self._anchor_target_layer(rpn_cls_score,"anchor")
```

我们所需要特征图中正样本(不关注负样本)位置对应的信息。只保留图像内部的 anchors,对于每个 ground truth box,找到与它 IoU 最大的 anchor 则设为正样本。对于每个 anchor,与任意一个 ground truth box 的 $IoU > 0.7$ 则为正样本,$IoU < 0.3$ 设为负样本,其他 anchor 则被忽略。

```
with tf.control_dependencies([rpn_labels]):
    rois,_ = self._proposal_target_layer(rois,roi_scores,"rpn_rois")
```

为计算图建立一个确定的顺序,以保证其可重复性,同样也获得 archors(9 个)位置信息,与它是正样本的概率,并获取 rois(256 个)与它所对应信息,即各个 archors 对应的类别更新在第一列。

```
else:
    if cfg.TEST.MODE == 'nms':
        rois,_ = self._proposal_layer(rpn_cls_prob,rpn_bbox_pred,"rois")
    elif cfg.TEST.MODE == 'top':
        rois,_ = self._proposal_top_layer(rpn_cls_prob,rpn_bbox_pred,"rois")
    else:
        raise NotImplementedError
```

剩余情况,各个位置 archors(9 个)所属的类别概率,以及其回归位置的偏移,获得 archors(300 个)位置(含全 0batch_inds)和 anchors 为 1 的概率。

③RPN Loss Function。

在 Faster rcnn 网络,常常使用 (x,y,w,h) 来标志窗口的位置坐标(中心点坐标,宽,高)。

初始 positive anchors(红色框),ground truth(绿色框),想提高训练精确度,就需要将输入原图的 positive anchors 通过映射的办法得到一回归窗口(蓝色框),其与 ground truth 更为接近。positive anchors 如图 3-24 所示。

于是,设置 anchor 为:
$$A = (A_x, A_y, A_w, A_h)$$
同样的设置 ground truth 为:
$$G = (G_x, G_y, G_w, G_h,)$$
随后通过平移:
$$G'_x = A_w * d_x(A) + A_x$$
$$G'_y = A_h * d_y(A) + A_y$$

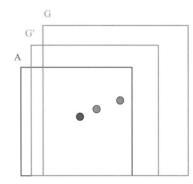

图 3-24　positive anchors

再通过缩放:
$$G'_w = A_w * \exp(d_y(A))$$
$$G'_h = A_h * \exp(d_y(A))$$

在训练网络中,需要训练的就是上述四个转换$(d_x(A), d_y(A), d_w(A), d_h(A))$。倘若输入的 anchor 和 ground truth 两者的差并不大时,便可将线性变换作为其变换,这样一来便可通过线性回归来微调窗口。那么是如何实现线性回归的呢?我们输入的为特征提取层的 feature map,我们将其定义为$f(A)$;将(t_x, t_y, t_w, t_h)定义为传入 anchor 和 ground truth 间的训练变换量。经过这样的操作,得到的就是$(d_x(A), d_y(A), d_w(A), d_h(A))$。具体可设为:
$$d_* = W_*^T * f(A)$$
式中,$f(A)$为特征向量——anchors 的 feature map,需要训练的参数为W_*,最后获得的预测值为$d_*(A)$,想要让网络自己提高精度,就需要设定其损失函数:
$$\text{Loss} = \sum_i^N | t_*^i - W_*^T * f(A^i) |$$

因此,在训练过程中就是不断计算损失函数,并根据所得值对网络进行反向传播。使 anchor 与 ground truth 的差异尽可能降低。在 bouding box regression 运行的情况下,再将$f(A)$输入进去,而(t_x, t_y, t_w, t_h)即为 anchor 缩放和平移的数值,这样就可以提高 anchor 位置的精确度了。

原型:

```
# RPN,class loss(二分类,区分前景与背景)
rpn_cls_score = tf. reshape(self._predictions['rpn_cls_score_reshape'],[-1,2])
rpn_label = tf. reshape(self._anchor_targets['rpn_labels'],[-1])
rpn_select = tf. where(tf. not_equal(rpn_label, -1))
rpn_cls_score = tf. reshape(tf. gather(rpn_cls_score,rpn_select),[-1,2])
rpn_label = tf. reshape(tf. gather(rpn_label,rpn_select),[-1])
rpn_cross_entropy = tf. reduce_mean(
    tf. nn. sparse_softmax_cross_entropy_with_logits(logits = rpn_cls_score,labels = rpn_label))

# RPN,bbox loss(约束目标物体坐标位置)
```

```
rpn_bbox_pred = self._predictions['rpn_bbox_pred']
rpn_bbox_targets = self._anchor_targets['rpn_bbox_targets']
rpn_bbox_inside_weights = self._anchor_targets['rpn_bbox_inside_weights']
rpn_bbox_outside_weights = self._anchor_targets['rpn_bbox_outside_weights']

rpn_loss_box = self._smooth_l1_loss(rpn_bbox_pred,rpn_bbox_targets,rpn_bbox_inside_
weights,rpn_bbox_outside_weights,sigma = sigma_rpn,dim = [1,2,3])
```

* 分类 loss 采用的是:softmax_cross_entropy()函数。
* 回归 loss 采用的是:smooth_L1_loss()函数。

（3）RoI Pooling

Faster R-CNN 对输入图像的尺寸没有要求,经过 Proposal layer 和 Proposal target layer 之后,会得到许多不同尺寸的 RoI。Faster R-CNN 采用 RoI Pooling 层,将不同尺寸 RoI 对应的特征图采样为相同尺寸,然后输入后续的 FC 层。这版代码中没有实现 RoI pooling layer,而是把 RoI 对应的特征图 resize 成相同尺寸后,再进行 max pooling。

①_crop_pool_layer()函数。

_crop_pool_layer()函数是用来把特征图中的 archors(256 个),利用裁剪的办法取出来,并将其缩放至 14×14 的大小。随后通过最大池化层输出 7×7 大小,这样所得的特征,更利于 RCNN 进行网络分类与回归坐标的操作。

原型:

```
pool5 = self._crop_pool_layer(net_conv,rois,"pool5")
……
    def _crop_pool_layer(self,bottom,rois,name):
        with tf.variable_scope(name) as scope:
            batch_ids = tf.squeeze(tf.slice(rois,[0,0],[-1,1],name = "batch_id"),[1])
            # 获取边界框的标准化坐标
            bottom_shape = tf.shape(bottom)
            # 得到特征图其相应原始图像高与宽
            height = (tf.to_float(bottom_shape[1]) - 1.) * np.float32(self._feat_stride[0])
            width = (tf.to_float(bottom_shape[2]) - 1.) * np.float32(self._feat_stride[0])
            # 把原始图像其相应的'rois'进行归一化操作
            x1 = tf.slice(rois,[0,1],[-1,1],name = "x1") / width
            y1 = tf.slice(rois,[0,2],[-1,1],name = "y1") / height
            x2 = tf.slice(rois,[0,3],[-1,1],name = "x2") / width
            y2 = tf.slice(rois,[0,4],[-1,1],name = "y2") / height
            bboxes = tf.stop_gradient(tf.concat([y1,x1,y2,x2],axis = 1))
            pre_pool_size = cfg.POOLING_SIZE * 2
            crops = tf.image.crop_and_resize(bottom,bboxes,tf.to_int32(batch_ids),[pre_pool
_size,pre_pool_size],name = "crops")
        return slim.max_pool2d(crops,[2,2],padding = 'SAME')
```

参数:

* bottom:特征提取网络(代码中选用的 VGG16)最终提取的特征图。
* rois:256 个 archors,共 5 维,包括第 1 维各个 archors 所属类别,以及后 4 维的位置。

- name：string 或者 VariableScope，表示打开的范围。

返回：

最后利用最大池化层（slim. max_pool2d（）函数），使其输出大小为 256×7×7×512 的 feature maps。

原型重点部分分析：

```
crops = tf.image.crop_and_resize(bottom, bboxes, tf.to_int32(batch_ids), [pre_pool_
size,pre_pool_size],name = "crops")
```

把 256 个特征 bboxes 裁剪出，进行缩放，使其变为 14×14 大小（channels、bottom、channels），另外其 batchsize 是 256。

② _head_to_tail（）函数。

_head_to_tail（）函数是用来将_crop_pool_layer（）函数输出的 archors（256 个）特征添加两个 fc 层（ReLU）。

原型：

```
def _head_to_tail(self,pool5,is_training,reuse = None):
    with tf.variable_scope(self._scope,self._scope,reuse = reuse):
        pool5_flat = slim.flatten(pool5,scope = 'flatten')
        fc6 = slim.fully_connected(pool5_flat,4096,scope = 'fc6')
        if is_training:
            fc6 = slim.dropout(fc6,keep_prob = 0.5,is_training = True,
                               scope = 'dropout6')
        fc7 = slim.fully_connected(fc6,4096,scope = 'fc7')
        if is_training:
            fc7 = slim.dropout(fc7,keep_prob = 0.5,is_training = True,
                               scope = 'dropout7')
        return fc7
```

参数：

- pool5：由_crop_pool_layer（）函数得到的大小为 256×7×7×512 的 feature maps。
- is_training：布尔类型，判断函数用于训练还是预测。
- reuse = None：可以是 True、None 或 tf. AUTO_REUSE；如果是 True，则我们进入此范围的重用模式以及所有子范围；如果是 tf. AUTO_REUSE，则我们创建变量（如果它们不存在），否则返回它们；如果是 None，则我们继承父范围的重用标志。当启用紧急执行时，该参数总是被强制为 tf. AUTO_REUSE。

返回：

fc7：通过全连接层得到的向量类型。

原型重点部分分析：

```
if is_training:
    fc6 = slim.dropout(fc6,keep_prob = 0.5,is_training = True,scope = 'dropout6')
fc7 = slim.fully_connected(fc6,4096,scope = 'fc7')
    if is_training:
        fc7 = slim.dropout(fc7,keep_prob = 0.5,is_training = True,scope = 'dropout7')
    return fc7
```

同时添加两个 dropout(训练时有,测试时无),并使其降维至 4 096 维,这样一来便可应用在_region_classification( )函数中回归与分类的任务。

(4) Classification and Regression

_region_classification( )函数利用_head_to_tail 输出的 fc7,做回归和分类的操作。

原型:

```
def _region_classification(self,fc7,is_training,initializer,initializer_bbox):
    cls_score = slim.fully_connected(fc7,self._num_classes,
                                     weights_initializer = initializer,
                                     trainable = is_training,
                                     activation_fn = None,scope = 'cls_score')
    # 得到'cls_prob'(概率)与'cls_pred'(预测值),被应用在'RCNN'分类
    cls_prob = self._softmax_layer(cls_score,"cls_prob")
    cls_pred = tf.argmax(cls_score,axis = 1,name = "cls_pred")
    bbox_pred = slim.fully_connected(fc7,self._num_classes * 4,
                                     weights_initializer = initializer_bbox,
                                     trainable = is_training,
                                     activation_fn = None,scope = 'bbox_pred')

    self._predictions["cls_score"] = cls_score
    self._predictions["cls_pred"] = cls_pred
    self._predictions["cls_prob"] = cls_prob
    self._predictions["bbox_pred"] = bbox_pred

    return cls_prob,bbox_pred
```

参数:
- fc7:通过全连接层得到的向量类型。
- is_training:布尔类型,判断函数用于训练还是预测。
- initializer:正态分布产生张量初始化器。
- initializer_bbox:初始化的边界框。

返回:
- cls_prob:在 256 个 archors 中各个类别的概率。
- bbox_pred:所预测的位置坐标的偏移值。

原型重点部分分析:

```
cls_score = slim.fully_connected(fc7,self._num_classes,
                                 weights_initializer = initializer,
                                 trainable = is_training,
                                 activation_fn = None,scope = 'cls_score')
```

通过_head_to_tail( )函数输出的 fc7,首先经过 fc 层(不存在 ReLU),使其降维至 21 层(类别数),从而获得 cls_score,输出的是总共类别数量多少,并对其分类。

```
bbox_pred = slim.fully_connected(fc7,self._num_classes * 4,
                                 weights_initializer = initializer_bbox,
                                 trainable = is_training,
```

```
activation_fn = None,scope = 'bbox_pred')
```

添加 fc 层(无 RELU),并降维至 21×4,获得 bbox_pred(应用在 rcnn 的回归),这样能更好地预测位置信息的偏移情况。

(5) RCNN Loss Function

损失函数如下式所示,共有两大部分组成:分类损失(classification loss),用来约束分类的准确性;回归损失(regression loss),用来约束定位的精确性。这两大块通过超参数 λ 调节组成的。

$$L(\{p_i\},\{t_i\}) = \frac{1}{N_{cls}}\sum_i L_{cls}(p_i,p_i^*) + \lambda \frac{1}{N_{reg}}\sum_i p_i^* L_{reg}(t_i,t_i^*)$$

其中 i 是一个 mini-batch 中 anchor 的索引,P_i 是第 i 个 anchor 目标的预测概率。如果 anchor 为正,ground truth 标签 p_i^* 就是 1,如果 anchor 为负,p_i^* 就是 0。t_i 是一个向量,表示预测的 bbox 的 4 个参数化坐标,t_i^* 是与正 anchor 对应 ground truth 的 bbox 的坐标向量。λ 是平衡参数,值为 10,N_{cls} 值为 256(类别数),N_{reg} 最大为 2400(anchor 的数量)。

原型:

```
# RCNN,class loss
cls_score = self._predictions["cls_score"]
label = tf.reshape(self._proposal_targets["labels"],[-1])
cross_entropy = tf.reduce_mean(tf.nn.sparse_softmax_cross_entropy_with_logits(logits = cls_score,labels = label))
```

分类损失对应于 $\frac{1}{N_{cls}}\sum_i L_{cls}(p_i,p_i^*)$,对于每一个 anchor 计算对数损失,然后累加求和除以总的 anchor 数量 N_{cls}。分类损失采用的是 softmax_cross_entropy() 函数,该函数具体表现为:

$$L_{cls}(p_i,p_i^*) = -\log[p_i^* p_i + (1-p_i^*)(1-p_i)]$$

原型:

```
# RCNN,bbox loss
bbox_pred = self._predictions['bbox_pred']
bbox_targets = self._proposal_targets['bbox_targets']
bbox_inside_weights = self._proposal_targets['bbox_inside_weights']
bbox_outside_weights = self._proposal_targets['bbox_outside_weights']
loss_box = self._smooth_l1_loss(bbox_pred,bbox_targets,bbox_inside_weights,bbox_outside_weights)
```

回归损失对应于 $\frac{1}{N_{reg}}\sum_i p_i^* L_{reg}(t_i,t_i^*)$,回归损失采用的是 smooth_L1_loss() 函数。采用 smoothed L1,是因为它对离目标太远的点(噪音点)不敏感。

3.2.2 YOLO

1. 背景介绍

相对于传统的分类问题,目标检测显然更符合现实需求,因为往往现实中不可能在某一个场景只有一个物体,因此目标检测的需求变得更为复杂,不仅仅要求算法能够检验出是什么物体,还需要确定这个物体在图片哪里。

在这一过程中,目标检测经历了一个高度的符合人类直觉的过程。最简单的想法,就是遍历图片中所有可能的位置,地毯式搜索不同大小、不同宽高比、不同位置的每个区域,逐一检测其中是否存在某个对象,将图片划分成小图片传进算法中去,当算法认为某物体在这个小区域上之时,检测完成。那我们就认为这个物体在这个小图片上了。而这个思路,正是比较早期的目标检测思路,比如 R-CNN。

后来的 Fast R-CNN、Faster R-CNN 虽有改进,比如不再是将图片一块块地传进 CNN 提取特征,而是整体放进 CNN 提取特征图后,再做进一步处理,但依旧是整体流程分为区域提取和目标分类两部分(two-stage),这样做的一个特点是虽然确保了精度,但速度非常慢,于是以 YOLO(You Only Look Once)为主要代表的这种一步到位(one-stage)即端到端的目标检测算法应运而生了。

人类视觉系统快速且精准,只需瞄一眼即可识别图像中物品及其位置,如图 3-25 所示。YOLO 将目标检测问题转换为直接从图像中提取 bounding boxes 和类别概率的单个回归问题,只需一眼(You Only Look Once,YOLO)即可检测目标类别和位置。相对于其他目标检测与识别方法(比如 Fast R-CNN),将目标识别任务分为目标区域预测和类别预测等多个流程,YOLO 将目标区域预测和目标类别预测整合于单个神经网络模型中,实现在准确率较高的情况下快速目标检测与识别,更加适合现场应用环境。

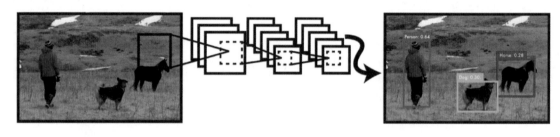

图 3-25　YOLO 检测系统直接在输出层回归 bbox 的位置和所属类别(来源于[23])

2. 设计思想

YOLO 将目标检测的流程统一为单个神经网络。该神经网络采用整个图像信息来预测目标的 bounding boxes 的同时识别目标的类别,实现端到端实时目标检测任务。

如图 3-26 所示,YOLO 首先将图像分为 S×S 的格子(grid cell)。如果一个目标的中心落入格子,该格子就负责检测该目标。每一个格子(grid cell)预测 bounding boxes(B)和该 boxes 的置信值(confidence score)。置信值代表 box 包含一个目标的置信度。然后,我们定义置信值为:$Pr(Object) \times IOU_{pred}^{truth}$。如果没有目标,置信值为零。另外,我们希望预测的置信值和 ground truth 的 Intersection Over Union(IOU)相同。

每一个 bounding box 包含 $(x,y,w,h,confidence)$ 5 个值。(x,y) 代表与格子相关的 box 的中心。(w,h) 为与全图信息相关的 box 的宽和高。confidence 代表预测 boxes 的 IOU 和 gound truth。

每个格子(grid cell)预测条件概率值 $C(Pr(Class_i | Object))$,概率值 C 代表了格子包含一个目标的概率,每一格子只预测一类概率。在测试时,每个 box 通过类别概率和 box 置信度相乘来得到特定类别置信分数:

$$Pr(Class_i | Object) \times Pr(Object) \times IOU_{pred}^{truth} = Pr(Class_i) \times IOU_{pred}^{truth}$$

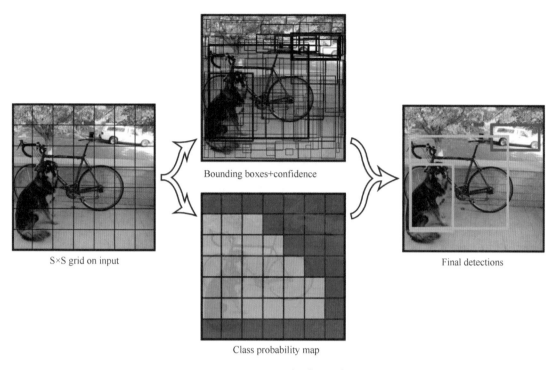

图 3-26 YOLO 系统（来源于[23]）

这个分数代表该类别出现在 box 中的概率和 box 和目标的合适度。在 PASCAL VOC 数据集上评价时，采用 $S=7$、$B=2$、$C=20$（该数据集包含 20 个类别），最终预测结果为 $7\times7\times30$ 的 tensor。

在 YOLO 预测的过程中，YOLO 算法预测方法是先使用 Non-Maximum Suppression(NMS)，NMS 就是需要根据分数矩阵和区域的坐标信息，从中找到置信度比较高的 bounding box。对于有重叠在一起的预测框，只保留得分最高的那个。具体步骤分为以下三步：①NMS 计算出每一个 bounding box 的面积，然后根据得分进行排序，把得分最大的 bounding box 作为队列中首个要比较的对象。②计算其余 bounding box 与当前最大得分的 bounding box 的 IOU，去除 IOU 大于设定的阈值的 bounding box，保留小的 IOU 的预测框。③重复上面的过程，直至候选 bounding box 为空。最终，检测了 bounding box 的过程中有两个阈值：一个就是 IOU，另一个是在过程之后，从候选的 bounding box 中剔除分数小于阈值的 bounding box。NMS 结束后再确定各个 bounding box 的类别。其基本过程如图 3-27 所示。对于 98 个 boxes，首先将小于置信度阈值的值归 0，然后分类别对置信度值采用 NMS，这里 NMS 处理结果不是剔除，而是将其置信度值归为 0。最后才是确定各个 bounding box 的类别，当其置信度值不为 0 时才做出检测结果输出。

根据上述的设计思想可以总结得到 YOLO 的创新点主要包括以下几点。

①YOLO 将物体检测作为回归问题求解。基于一个单独的端到端网络，完成从原始图像的输入到物体位置和类别的输出。

②YOLO 将物体检测作为一个回归问题进行求解，输入图像经过一次推理，便能得到图像中所有物体的位置和其所属类别及相应的置信概率。

③检测物体非常快。因为没有复杂的检测流程，只需要将图像输入到神经网络就可以得

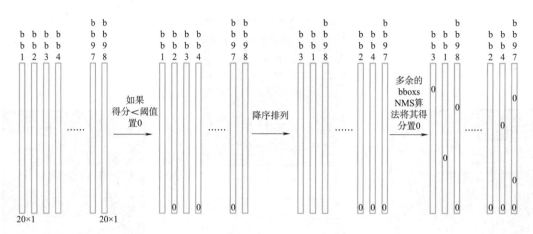

图 3-27 YOLO 的预测处理流程

到检测结果，YOLO 可以非常快地完成物体检测任务。标准版本的 YOLO 在 Titan X 的 GPU 上能达到 45 FPS。更快的 Fast YOLO 检测速度可以达到 155 FPS。而且，YOLO 的 mAP 是之前其他实时物体检测系统的两倍以上。

④ YOLO 可以很好地避免背景错误，不像其他物体检测系统使用了滑窗或 region proposal，分类器只能得到图像的局部信息。YOLO 在训练和测试时都能够看到一整张图像的信息，因此 YOLO 在检测物体时能很好地利用上下文信息，从而不容易在背景上预测出错误的物体信息。和 Fast-R-CNN 相比，YOLO 的背景错误不到 Fast-R-CNN 的一半。

⑤ YOLO 可以学到物体的泛化特征。当 YOLO 在自然图像上做训练，在艺术作品上做测试时，YOLO 表现的性能比 DPM、R-CNN 等之前的物体检测系统要好很多。因为 YOLO 可以学习到高度泛化的特征，从而迁移到其他领域。

3. 代码研读

(1) 网络架构

YOLO 的网络结构借鉴了 GoogLeNet，如图 3-28 所示，使用了 24 个级联卷积层和最后 2

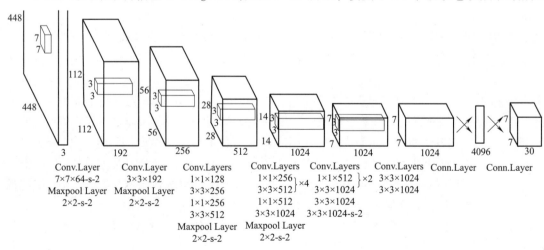

图 3-28 YOLO 网络结构

个全连接层，交替的 1×1 卷积层降低了前面层的特征空间。在 ImageNet 分类任务上使用分辨率的一半（224×224 输入图像）对卷积层进行预训练，然后将分辨率加倍进行目标检测。

YOLO 的每个 bounding box 要预测 $(x,y,w,h,\text{confidence})$ 五个值，每个网格要预测出 2 个 bounding box 需要 10 维的张量，另外，每个网格还需预测 object 的类别，共 20 类，需 20 维的张量。如图 3-29 所示，每个格子就需要产生 30 维的信息。

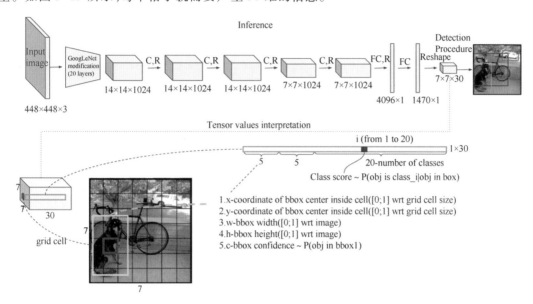

图 3-29 网络输出张量形式

原型：

```
def build_network(self, images, num_outputs, alpha, keep_prob = 0.5, is_training = True,
scope = 'yolo'):
    with tf.variable_scope(scope):
        with slim.arg_scope(
            [slim.conv2d, slim.fully_connected],
            activation_fn = leaky_relu(alpha),
            weights_regularizer = slim.l2_regularizer(0.0005),
            weights_initializer = tf.truncated_normal_initializer(0.0,0.01)):
            net = tf.pad(images, np.array([[0,0],[3,3],[3,3],[0,0]]), name = 'pad_1')
            net = slim.conv2d(net,64,7,2,padding = 'VALID',scope = 'conv_2')
            net = slim.max_pool2d(net,2,padding = 'SAME',scope = 'pool_3')
            net = slim.conv2d(net,192,3,scope = 'conv_4')
            net = slim.max_pool2d(net,2,padding = 'SAME',scope = 'pool_5')
            net = slim.conv2d(net,128,1,scope = 'conv_6')
            net = slim.conv2d(net,256,3,scope = 'conv_7')
            net = slim.conv2d(net,256,1,scope = 'conv_8')
            net = slim.conv2d(net,512,3,scope = 'conv_9')
            net = slim.max_pool2d(net,2,padding = 'SAME',scope = 'pool_10')
            net = slim.conv2d(net,256,1,scope = 'conv_11')
```

```
                net = slim.conv2d(net,512,3,scope = 'conv_12')
                net = slim.conv2d(net,256,1,scope = 'conv_13')
                net = slim.conv2d(net,512,3,scope = 'conv_14')
                net = slim.conv2d(net,256,1,scope = 'conv_15')
                net = slim.conv2d(net,512,3,scope = 'conv_16')
                net = slim.conv2d(net,256,1,scope = 'conv_17')
                net = slim.conv2d(net,512,3,scope = 'conv_18')
                net = slim.conv2d(net,512,1,scope = 'conv_19')
                net = slim.conv2d(net,1024,3,scope = 'conv_20')
                net = slim.max_pool2d(net,2,padding = 'SAME',scope = 'pool_21')
                net = slim.conv2d(net,512,1,scope = 'conv_22')
                net = slim.conv2d(net,1024,3,scope = 'conv_23')
                net = slim.conv2d(net,512,1,scope = 'conv_24')
                net = slim.conv2d(net,1024,3,scope = 'conv_25')
                net = slim.conv2d(net,1024,3,scope = 'conv_26')
                net = tf.pad(net,np.array([[0,0],[1,1],[1,1],[0,0]]),
                    name = 'pad_27')
                net = slim.conv2d(net,1024,3,2,padding = 'VALID',scope = 'conv_28')
                net = slim.conv2d(net,1024,3,scope = 'conv_29')
                net = slim.conv2d(net,1024,3,scope = 'conv_30')
                net = tf.transpose(net,[0,3,1,2],name = 'trans_31')
                net = slim.flatten(net,scope = 'flat_32')
                net = slim.fully_connected(net,512,scope = 'fc_33')
                net = slim.fully_connected(net,4096,scope = 'fc_34')
                net = slim.dropout(net,keep_prob = keep_prob,is_training = is_training,scope
 = 'dropout_35')
                net = slim.fully_connected(
                    net,num_outputs,activation_fn = None,scope = 'fc_36')
        return net
```

参数:

● images:需要做卷积的输入图像,类型为 tensor 的形式,具有[batch,in_height,in_width, in_channels]这样的 shape,具体含义是"训练时一个 batch 的图片数量,图片高度,图片宽度,图像通道数",注意这是一个 4 维的 tensor,要求类型为 float32 和 float64 其中之一。

● num_outputs:卷积核的数量,类型为整形,代表输出的 feature map 的数量。

● alpha:为激活函数 leaky_relu()的负截面的斜率,类型为 float。

● keep_prob = 0.5:为丢失函数 slim.dropout()的丢失网络节点的概率,类型为 float。

● is_training = True:判断网络用于训练还是预测,默认用于训练,类型为布尔值。

● scope = 'yolo':网络的名字。

返回:

net:预测的结果,$7 \times 7 \times 30$ 的 tensor。

原型重点部分解析:

```
with slim.arg_scope(
    [slim.conv2d,slim.fully_connected],
```

```
      activation_fn = leaky_relu(alpha),
      weights_regularizer = slim.l2_regularizer(0.0005),
      weights_initializer = tf.truncated_normal_initializer(0.0,0.01)
):
```

slim.arg_scope()函数常用于为 Tensorflow 里的 layer()函数提供默认值,以使构建模型的代码更加紧凑。此处 slim.arg_scope()函数为[slim.conv2d,slim.fully_connected]目标函数提供默认值。

- [slim.conv2d,slim.fully_connected]:二维卷积与全连接函数。该参数是声明的目标函数。
- leaky_relu():激活函数的类型,该函数的参数 alpha 为激活函数 leaky_relu()的负截面的斜率,类型为 float。二维卷积与全连接函数,默认使用 leaky_relu()作为激活函数。
- slim.l2_regularizer():该参数为正则化函数,正则化函数的参数为标量类型,返回一个函数,返回的函数可用于对权重用 L2 正则化。较小的 L2 值有助于防止训练数据过度拟合。
- tf.truncated_normal_initializer():从截断的正态分布中输出随机值。生成的值服从具有指定平均值和标准偏差的正态分布,该函数的参数,0.0 表示平均值,0.01 表示标准差。如果生成的值大于平均值 2 个标准偏差的值则丢弃重新选择。

```
net = tf.pad(images,np.array([[0,0],[3,3],[3,3],[0,0]]),name = 'pad_1')
net = slim.conv2d(net,64,7,2,padding = 'VALID',scope = 'conv_2')
net = slim.max_pool2d(net,2,padding = 'SAME',scope = 'pool_3')
……
net = slim.dropout(net,keep_prob = keep_prob,is_training = is_training,scope = 'dropout_35')
net = slim.fully_connected(net,num_outputs,activation_fn = None,scope = 'fc_36')
```

此处为 YOLO 网络不同层之间的具体搭建。

①tf.pad():填充函数。

- images:要填充的张量,类型为 tensor。具有[batch,in_height,in_width,in_channels]这样的 shape,是一个 4 维的 tensor。
- np.array([[0,0],[3,3],[3,3],[0,0]]):代表对第一个参数 images 每一维填允多少行/列,它的维度和 images 的维度是一样的,都是 4 维。这里的维度不是传统上数学维度,如[[2,3,4],[4,5,6]]是一个 3×4 的矩阵,但它依然是二维的。

②slim.conv2d():二维卷积函数。

- images:是指需要做卷积的 feature map。
- 64:指定卷积核的个数(就是 filter 的个数)。
- 7:[7,7]的简写,指定卷积核的维度(卷积核的宽度,卷积核的高度)为 7×7。
- 2:[2,2]的简写,为卷积时在图像每一维的步长。
- padding = 'VALID':为 padding 的方式选择,VALID 表示不填充,还有 SAME 的方式,表示增加 padding 层。
- scope = 'conv_2':该层的命名空间。

③slim.max_pool2d():二维最大池化函数。

- net:是指需要做卷积的 feature map。

- 2:[2,2]的简写,为卷积时在图像每一维的步长。
- padding = 'SAME':表示增加 padding 层。
- scope = 'pool_3':该层的命名空间。

④slim. dropout( ):随机丢失函数。
- net:需要做卷积的 feature map。
- keep_prob = keep_prob:丢失网络节点的概率,类型为 float。
- is_training = is_training:判断网络用于训练还是预测,默认用于训练,从最开始的函数接口定义的。
- scope = 'dropout_35':该层的命名空间。

⑤slim. fully_connected( ):全连接函数。
- net:需要做卷积的 feature map。
- num_outputs:整数或长,层中输出单元的数量。
- activation_fn = None:激活函数,此处默认不使用激活函数。
- scope = 'fc_36':该层的命名空间。

(2)IOU 计算

YOLO 全部使用了均方和误差作为 loss 函数,由三部分组成:坐标误差、IOU 误差和分类误差。

$$\text{Loss} = \sum_{i=0}^{s^2} \text{Coord}_{error} + \text{IOU}_{error} + \text{Cls}_{error}$$

原型:

```
def calc_iou(self,boxes1,boxes2,scope = 'iou'):
    with tf.variable_scope(scope):
    #把原始的中心点坐标和长和宽,转换成矩形框左上角和右下角的两个点的坐标
        boxes1_t = tf.stack([boxes1[...,0] - boxes1[...,2] / 2.0,
                            boxes1[...,1] - boxes1[...,3] / 2.0,
                            boxes1[...,0] + boxes1[...,2] / 2.0,
                            boxes1[...,1] + boxes1[...,3] / 2.0],
                            axis = -1)

        boxes2_t = tf.stack([boxes2[...,0] - boxes2[...,2] / 2.0,
                            boxes2[...,1] - boxes2[...,3] / 2.0,
                            boxes2[...,0] + boxes2[...,2] / 2.0,
                            boxes2[...,1] + boxes2[...,3] / 2.0],
                            axis = -1)
    # 分别求两个框相交的矩形的左上角的坐标和右下角的坐标
        lu = tf.maximum(boxes1_t[...,:2],boxes2_t[...,:2])
        rd = tf.minimum(boxes1_t[...,2:],boxes2_t[...,2:])
    # 求相交矩形的长和宽
        intersection = tf.maximum(0.0,rd - lu)
    # 求面积(长 × 宽)
        inter_square = intersection[...,0] * intersection[...,1]
        square1 = boxes1[...,2] * boxes1[...,3]
        square2 = boxes2[...,2] * boxes2[...,3]
```

```
            union_square = tf.maximum(square1 + square2 - inter_square,1e -10)
    return tf.clip_by_value(inter_square / union_square,0.0,1.0)
```

参数：

boxes1，boxes2：为 5 维的张量类型，[BATCHSIZE, CELLSIZE, CELLSIZE, BOXESPERCELL,4]====>(xcenter,y_center,w,h)。

返回：

返回的结果为 4 维的 IOU 张量［BATCHSIZE，CELLSIZE，CELLSIZE，BOXESPER_CELL］。

原型重点部分解析：

```
with tf.variable_scope(scope):
    boxes1_t = tf.stack([boxes1[...,0] - boxes1[...,2] / 2.0,boxes1[...,1] - boxes1[...,
3] / 2.0,boxes1[...,0] + boxes1[...,2] / 2.0,boxes1[...,1] + boxes1[...,3] / 2.0],axis = -1)

    boxes2_t = tf.stack([boxes2[...,0] - boxes2[...,2] / 2.0,boxes2[...,1] - boxes2[...,
3] / 2.0, boxes2[...,0] + boxes2[...,2] / 2.0, boxes2[...,1] + boxes2[...,3] / 2.0],axis
= -1)
```

计算 IOU 的思路就是把原始的中心点坐标和长和宽，转换成矩形框左上角和右下角的两个点的坐标，tf.stack 是将数组 tensor 堆叠起来，boxes_t 是把以前的中心点坐标和长和宽转换成左上角和右下角的两个点的坐标。

```
lu = tf.maximum(boxes1_t[...,:2],boxes2_t[...,:2])
rd = tf.minimum(boxes1_t[...,2:],boxes2_t[...,2:])
```

lu 和 rd 是分别求两个框相交的矩形的左上角的坐标和右下角的坐标，因为对于左上角，选择的是 x 和 y 较大的，而右下角是选择较小的。

```
intersection = tf.maximum(0.0,rd - lu)
```

intersection 是求相交矩形的长和宽，所以有 rd - ru，相当于 $x_1 - x_2$ 和 $y_1 - y_2$。外面加 tf.maximum 是删除那些不合理的框，比如两个框没交集，就会出现左上角坐标比右下角还大。

```
square1 = boxes1[...,2] * boxes1[...,3]
square2 = boxes2[...,2] * boxes2[...,3]
union_square = tf.maximum(square1 + square2 - inter_square,1e -10)
```

square1 和 square2 是求面积，因为之前是中心点坐标和长和宽，所以这里直接用长和宽。union_square 是两个框的交面积，如果两个框的面积相加，那就会重复了相交的部分，所以减去相交的部分。外面有个 tf.maximum 是保证相交面积不为 0，便于后面做分母。

```
    return tf.clip_by_value(inter_square / union_square,0.0,1.0)
```

tf.clip_by_value() 函数是将交并比控制在 0~1 之间。如果交并比大于 1，将其置为 1。如果小于 0，将其置为 0。

(3) 损失函数计算

YOLO 在训练过程中 loss 计算如下式所示。

$$\lambda_{\text{coord}} \sum_{i=0}^{S^2} \sum_{j=0}^{B} I_{ij}^{\text{obj}} (x_i - \hat{x}_i)^2 + (y_i - \hat{y}_i)^2$$

$$+ \lambda_{coord} \sum_{i=0}^{S^2} \sum_{j=0}^{B} I_{ij}^{obj} (\sqrt{w_i} - \sqrt{\hat{w}_i})^2 + (\sqrt{h_i} - \sqrt{\hat{h}_i})^2$$

$$+ \sum_{i=0}^{S^2} \sum_{j=0}^{B} I_{ij}^{obj} (C_i - \hat{C}_i)^2$$

$$+ \lambda_{noobj} \sum_{i=0}^{S^2} \sum_{j=0}^{B} I_{ij}^{noobj} (C_i - \hat{C}_i)^2$$

$$+ \sum_{i=0}^{S^2} I_{ij}^{nnobi} \sum_{c \in classes} (p_i(c) - \hat{p}_i(c))^2$$

公式中前两行为坐标预测，第三行为含目标物体的 bounding box 的置信度预测，第四行为不含目标物体的 bounding box 的置信度预测，最后一行为目标物体类别的预测。

整个公式中，$(\hat{x},\hat{y},\hat{w},\hat{h},\hat{C},\hat{p})$ 为预测值，(x,y,w,h,C,p) 为训练标记值，I_{ij}^{obj} 表示物体落入格子 i 的第 j 个 bounding box 内。如果某个单元格中没有目标，则不对分类误差进行反向传播；B 个 bounding box 中与 ground truth 具有最高 IOU 的一个进行坐标误差的反向传播，其余不进行。损失函数的设计目标就是让坐标 (x,y,w,h)，confidence，classification 这个三个方面达到很好的平衡。

原型：

```
def loss_layer(self,predicts,labels,scope = 'loss_layer'):
    with tf.variable_scope(scope):
        # 把预测的结果中预测类别提出来
        predict_classes = tf.reshape(
            predicts[:,:self.boundary1],
            [self.batch_size,self.cell_size,self.cell_size,self.num_class])
        # 测置信度预测
        predict_scales = tf.reshape(
            predicts[:,self.boundary1:self.boundary2],
            [self.batch_size,self.cell_size,self.cell_size,self.boxes_per_cell])
        # bounding box 预测
        predict_boxes = tf.reshape(
            predicts[:,self.boundary2:],
            [self.batch_size,self.cell_size,self.cell_size,self.boxes_per_cell,4])
```

以上 predict_classes、predict_scales 以及 predict_boxes 就把预测结果不同部分分开，提取出来。

```
response = tf.reshape(
    labels[...,0],[self.batch_size,self.cell_size,self.cell_size,1])
boxes = tf.reshape(
    labels[...,1:5],[self.batch_size,self.cell_size,self.cell_size,1,4])
boxes = tf.tile(
    boxes,[1,1,1,self.boxes_per_cell,1]) / self.image_size
# classes 是类别，类别采用 one - hot 编码的. offset 是为了将每个 cell 的坐标对齐
classes = labels[...,5:]
offset = tf.reshape(
    tf.constant(self.offset,dtype = tf.float32),
```

```
        [1,self.cell_size,self.cell_size,self.boxes_per_cell])
offset = tf.tile(offset,[self.batch_size,1,1,1])
offset_tran = tf.transpose(offset,(0,2,1,3))
# predict_boxes_tran 是用对应 x 和 y 加上了对应 cell_size 的值
predict_boxes_tran = tf.stack(
    [(predict_boxes[...,0] + offset) / self.cell_size,
     (predict_boxes[...,1] + offset_tran) / self.cell_size,
     tf.square(predict_boxes[...,2]),
     tf.square(predict_boxes[...,3])],axis = -1)
# 求交并比
iou_predict_truth = self.calc_iou(predict_boxes_tran,boxes)
# 计算交并比最大的 bounding box
object_mask = tf.reduce_max(iou_predict_truth,3,keep_dims = True)
object_mask = tf.cast(
    (iou_predict_truth > = object_mask),tf.float32) * response
noobject_mask = tf.ones_like(
    object_mask,dtype = tf.float32) - object_mask
# 将坐标转换回来.
boxes_tran = tf.stack(
    [boxes[...,0] * self.cell_size - offset,
     boxes[...,1] * self.cell_size - offset_tran,
     tf.sqrt(boxes[...,2]),
     tf.sqrt(boxes[...,3])],axis = -1)
# class_loss
class_delta = response * (predict_classes - classes)
class_loss = tf.reduce_mean(
    tf.reduce_sum(tf.square(class_delta),axis = [1,2,3]),
    name = 'class_loss') * self.class_scale

# object_loss
object_delta = object_mask * (predict_scales - iou_predict_truth)
object_loss = tf.reduce_mean(
    tf.reduce_sum(tf.square(object_delta),axis = [1,2,3]),
    name = 'object_loss') * self.object_scale

# noobject_loss
noobject_delta = noobject_mask * predict_scales
noobject_loss = tf.reduce_mean(
    tf.reduce_sum(tf.square(noobject_delta),axis = [1,2,3]),
    name = 'noobject_loss') * self.noobject_scale

# coord_loss
coord_mask = tf.expand_dims(object_mask,4)
boxes_delta = coord_mask * (predict_boxes - boxes_tran)
coord_loss = tf.reduce_mean(
    tf.reduce_sum(tf.square(boxes_delta),axis = [1,2,3,4]),
    name = 'coord_loss') * self.coord_scale
```

```
tf.losses.add_loss(class_loss)
tf.losses.add_loss(object_loss)
tf.losses.add_loss(noobject_loss)
tf.losses.add_loss(coord_loss)
```

参数:

- predicts:网络预测的张量,形式为 7×7×30 的 tensor 形式。
- labels:真实的标签,形式为 7×7×30 的 tensor 形式。
- scope = 'loss_layer':命名空间。

返回:

返回 loss 的大小,类型为 tensor。

原型重点部分解析:

```
object_mask = tf.reduce_max(iou_predict_truth,3,keep_dims = True)
object_mask = tf.cast(
    (iou_predict_truth > = object_mask),tf.float32) * response
noobject_mask = tf.ones_like(
    object_mask,dtype = tf.float32) - object_mask
```

object_mask = tf.reduce_max(iou_predict_truth,3,keep_dims = True)是求每个框交并比最大的那个,因为每个框只负责预测一个目标。所以 objectmask 就是有目标的,noobjectmask 就是没目标的,使用 tf.onr_like,使得全部为 1,再减去有目标的,也就是有目标的对应坐标为 1,这样一减,就变为没有的了。

```
boxes_tran = tf.stack(
    [boxes[...,0] * self.cell_size - offset,
    boxes[...,1] * self.cell_size - offset_tran,
    tf.sqrt(boxes[...,2]),
    tf.sqrt(boxes[...,3])],axis = -1)
```

boxes_tran 就是把之前的中心点坐标和长和宽转换成的左上角和右下角的两个点的坐标换回来,长和宽开方便于计算 loss。

```
# class_loss
class_delta = response * (predict_classes - classes)
class_loss = tf.reduce_mean(
    tf.reduce_sum(tf.square(class_delta),axis = [1,2,3]),
    name = 'class_loss') * self.class_scale
```

$$\sum_{i=0}^{s^2} I_{ij}^{noobi} \sum_{c \in classes} (p_i(c) - \hat{p}_i(c))^2$$

```
# object_loss
object_delta = object_mask * (predict_scales - iou_predict_truth)
object_loss = tf.reduce_mean(
    tf.reduce_sum(tf.square(object_delta),axis = [1,2,3]),
    name = 'object_loss') * self.object_scale
```

$$\sum_{i=0}^{S^2}\sum_{j=0}^{B}I_{ij}^{obi}(C_i-\hat{C}_i)^2$$

有 object 的 bounding box 的 confidence loss 和类别的 loss 的 loss weight 正常取 1。

```
# noobject_loss
noobject_delta = noobject_mask * predict_scales
noobject_loss = tf.reduce_mean(
    tf.reduce_sum(tf.square(noobject_delta),axis = [1,2,3]),
    name = 'noobject_loss') * self.noobject_scale
```

$$\lambda_{noobj}\sum_{i=0}^{S^2}\sum_{j=0}^{B}I_{ij}^{noobi}(C_i-\hat{C}_i)^2$$

如果一个网格中没有 object,那么就会将这些网格中的 box 的 confidence 设为 0,相比于较少的有 object 的网格,这种做法是 overpowering 的,这会导致网络不稳定甚至发散 noobj。对没有 object 的 bounding box 的 confidence loss,赋予小的 loss weight,记为 λ_{noobj},在 pascal VOC 训练中取 0.5。

```
# coord_loss
coord_mask = tf.expand_dims(object_mask,4)
boxes_delta = coord_mask * (predict_boxes - boxes_tran)
coord_loss = tf.reduce_mean(
    tf.reduce_sum(tf.square(boxes_delta),axis = [1,2,3,4]),
    name = 'coord_loss') * self.coord_scale
```

$$\lambda_{coord}\sum_{i=0}^{S^2}\sum_{j=0}^{B}I_{ij}^{obi}(x_i-\hat{x}_i)^2+(y_i-\hat{y}_i)^2$$
$$+\lambda_{coord}\sum_{i=0}^{S^2}\sum_{j=0}^{B}I_{ij}^{obi}(\sqrt{w_i}-\sqrt{\hat{w}_i})^2+(\sqrt{h_i}-\hat{h})^2$$

该损失函数更重视 8 维的坐标预测,给这些损失前面赋予更大的 loss weight,记为 λ_{coord},在 pascal VOC 训练中取 5。对不同大小的 bounding box 预测中,相比于大 bounding box 预测偏一点,小 bounding box 预测偏一点就会出现很大的误差。而平方误差损失(sum-squared error loss)中对同样的偏移 loss 是一样。将 box 的 width 和 height 取平方根代替原本的 height 和 width。因为小的 bounding box 的横轴值较小,发生偏移时,反应到 y 轴上的 loss 比大的 bounding box 要大。

3.2.3 M2Det

1. 背景介绍

目标实例之间的比例变化是目标检测任务的主要挑战之一,通常有两种策略来解决这一挑战产生的问题。

第一种策略:图像金字塔,即输入图像的一系列调整大小的副本(SNIP/SNIPER)。尽管性能得到了提高,但这种策略在时间和内存方面代价高昂,从而禁止其在实时任务中应用。考虑到这一主要缺点,SNIP 等方法只能选择在测试阶段使用特图像金字塔作为回退,而其他方法包括 Fast R-CNN 和 Faster R-CNN 默认情况下选择不使用此策略。

第二种策略:特征金字塔。与第一种策略相比,它的内存和计算成本更低。此外,特征金字塔构建模块可以很容易地集成到最先进的基于深度神经网络的检测器中,从而产生端到端的解决方案。特征金字塔(Feature pyramids)被广泛利用在最先进的 one-stage 目标检测器(例如 DSSD、RetinaNet、RefineDet)和 twe-stage 目标检测器(例如 Mask R-CNN、DetNet)中,以缓解由对象实例的比例变化引起的问题。虽然这些具有特征金字塔的目标检测器取得了令人振奋的结果,但它们有一些局限性,因为它们只是简单地根据 backbone 的多尺度金字塔结构构造特征金字塔,而 backbone 最初是为目标分类任务诞生的。

在图 3-30(a)中 SSD 直接独立地使用 backbone 的两层(如 vgg16)和利用步长为 2 的卷积获得的额外的四层来构造特征金字塔;在图 3-30(b)中,FPN 通过自上而下的方式融合深层和浅层来构造特征金字塔;在图 3-30(c)中 STDN 仅利用 DenseNet 的最后一个 dense block,并通过池化和尺度变换的操作来构造特征金字塔。

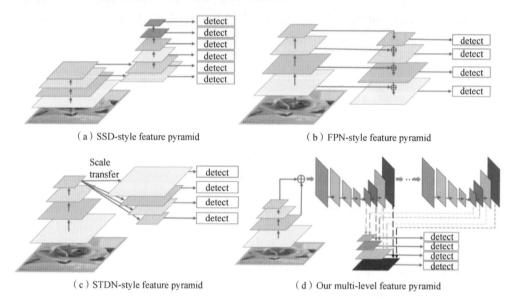

图 3-30 四种特征金字塔图解(来源于[24])

一般来讲,以上三种方法有两个局限。首先,金字塔中的特征图对于目标检测任务来说不够有代表性,因为它们是由为目标分类任务设计的 backbone 里的层(特征)构成的;其次,金字塔中的每张特征图(用于检测特定范围内的对象)主要或甚至完全由主干的单层构成,也就是说,它主要或仅包含单层信息(FPN 包含多层)。通常,较深的特征信息用于预测分类,而较浅的特征信息用于定位目标。此外,低层次特征更适合描述外观简单的物体,而高层次特征更适合描述外观复杂的物体。实际上,具有相似大小的目标实例的外观可能非常不同。因此,金字塔中的每个特征图(用于检测特定大小范围内的对象)主要或仅由单个级别的特征组成,将导致次优的检测性能。

为了避开以上提到的问题,提出了多层特征金字塔网络(Multi-Level FeaturePyramid Network,MLFPN)来构建更有效的特征金字塔,用于检测不同尺度的对象。为了评估所提出的 MLFPN 的有效性,将此结构集成到 SSD 的体系结构中,以此设计并训练了一个功能强大的 end to end 的 one-stage 目标检测器,称之为 M2Det。

2. 设计思想

如图 3-31 所示,M2Det 首先将 backbone 提取的多级特征(即多层)融合为基础特征,然后将其输入 Multi-Level Feature Pyramid Network(MLFPN)中。

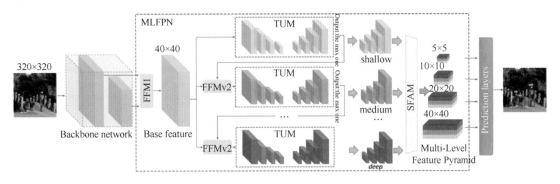

图 3-31 M2Det 概述[来源于[24]]

MLFPN 主要包含三个模块:特征融合模块 FFMs、细化 U 形模块 TUMs、基于尺度的特征聚合模块 SFAM。其中,TUMs 和 FFMs 提取出更具代表性的多级多尺度特征。SFAM 最后利用基于尺度的特征拼接和自适应注意力机制来聚合收集具有等效尺度的特征图,构建目标检测的最终特征金字塔。最终特征金字塔中的每个特征映射都由来自多个级别的 decoder 层组成。因此,将这个特征金字塔结构称之为 MLFP。

因此,M2Det 具有以下创新点:

①融合由 backbone 提取的多级特征(即多层)作为基本特征。

②将基本特征送入交替联合的细化 U 形模块和特征融合模块,并利用每个 U 形模块的解码器层作为检测对象的特征。

③收集具有等效比例(大小)的解码器层,以构建用于物体检测的特征金字塔,其中每个特征图包含来自多个等级的层(特征)。

3. 代码研读

(1)头文件导入以及初始化参数设置

M2Det 最主要的贡献是创建了一个新型的网络结构,以便更好地利用图像多层次的特征。我们主要分析一下 M2Det 的网络构建。首先初始化一些参数设置。

原型:

```
import numpy as np
import tensorflow as tf
from utils.layer import *
class M2Det:
    def __init__(self,inputs,is_training,num_classes,use_sfam = False):
        self.num_classes = num_classes + 1 #1 为背景类
        self.use_sfam = use_sfam
        self.levels = 8
        self.scales = 6
        self.num_priors = 9
        self.build(inputs,is_training)
```

参数：

• inputs：需要做卷积的输入图像，类型为 tensor 的形式，具有[batch,in_height,in_width,in_channels]的4维的 tensor，要求类型为 float32 和 float64 其中之一。

• is_training：类型为布尔值，True 表示网络用于训练，False 表示网络用于测试。

• num_classes：类型为整形，表示要检测的物体的类别，该参数不包括背景类。

• use_sfam = False：类型为布尔值，False 表示默认不使用 SFAM 模块。

原型重点部分解析：

```
self.levels = 8
self.scales = 6
```

levels 表示 TUM 设置的个数为 8；scales 表示每个 TUM 的输出包含了 6 个不同尺度的特征。

（2）获取基础特征图

原型：

```
def build(self,inputs,is_training):
    with tf.variable_scope('VGG16'):
        net = inputs
        net = vgg_layer(net,is_training,64,2)
        net = vgg_layer(net,is_training,128,2)
        net = vgg_layer(net,is_training,256,3)
        net = vgg_layer(net,is_training,512,3,pooling = False)
        feature1 = net
        net = vgg_layer(net,is_training,1024,3)
        feature2 = net
```

参数：

• inputs：需要做卷积的输入图像，类型为 tensor 的形式。

• is_training：类型为布尔值，决定网络执行训练或者预测，该参数由最开始的参数设置中传进来。

原型重点部分分析：

```
net = vgg_layer(net,is_training,64,2)
```

M2Det 首先通过 VGG-16 提取的多级特征（即多层）融合为基础特征，对应于图 3-31 中的 Backbone network。vgg_layer( ) 函数具体的定义为：

```
def vgg_layer(x,is_training,filters,num_blocks,pooling = True):
    for _ in range(num_blocks):
        x = conv2d_layer(x,filters,3,1)
        x = tf.nn.relu(batch_norm(x,is_training))
    if pooling:
        x = tf.layers.max_pooling2d(x,2,2,padding = 'VALID')
    return x
```

• x：需要做卷积的 feature map，类型为 tensor 的形式。

• is_training：类型为布尔值，决定网络执行训练或者预测。

- filters：卷积核的数量，类型为整形。
- num_blocks：执行卷积的次数，类型为整形。
- pooling：类型为布尔值，决定该层卷积是否使用最大池化操作。
- 返回值为 tensor 类型的 feature map。

(3) FFM 模块

将 FFMs 应用于 M2Det 中不同层次特征的融合，是构建最终多层次特征金字塔的关键。它们使用 1×1 卷积层来压缩输入特征的通道，并使用连接操作来聚合这些特征映射。特别地，由于 FFMv1 以骨干网中两个尺度不同的 feature map 作为输入，在进行拼接操作之前，采用一次 upsample 操作将深度 feature 重新缩放到相同的尺度。同时，FFMv2 将上一个 TUM 的基特征和最大的输出特征图作为输入，这两个特征是相同尺度的，并为下一个 TUM 生成融合的特征。FFMv1 和 FFMv2 的结构细节分别如图 3-32 所示。

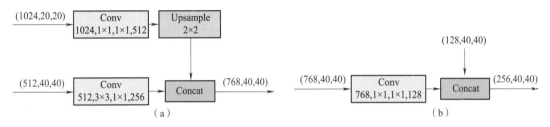

图 3-32　FFMv1 和 FFMv2 的结构细节（来源于[24]）

原型：

```
with tf.variable_scope('M2Det'):
    with tf.variable_scope('FFMv1'):
        feature1 = conv2d_layer(feature1,filters=256,kernel_size=3,strides=1)
        feature1 = tf.nn.relu(batch_norm(feature1,is_training))
        feature2 = conv2d_layer(feature2,filters=512,kernel_size=1,strides=1)
        feature2 = tf.nn.relu(batch_norm(feature2,is_training))
        feature2 = tf.image.resize_images(feature2,tf.shape(feature1)[1:3],
                                          method=tf.image.ResizeMethod.BILINEAR)
        base_feature = tf.concat([feature1,feature2],axis=3)
```

FFMv1 使用两种不同 scale 的 feature map 作为输入，所以在拼接操作之前加入了上采样操作来调整大小，对应于图 3-32(a)。

原型重点部分解析：

`feature1 = conv2d_layer(feature1,filters=256,kernel_size=3,strides=1)`

- feature1：需要做卷积的 feature map，类型为 tensor 的形式。
- filters=256：卷积核的数量。
- kernel_size=3：卷积核的尺寸（长×宽）。
- strides=1：卷积核步长。

`feature2 = tf.image.resize_images(feature2,tf.shape(feature1)[1:3],`
`                  method=tf.image.ResizeMethod.BILINEAR)`

tf.image.resize_images()为改变图片尺寸的大小的函数。执行此操作,目的是为了后面执行拼接操作。

- feature2:待调整的 feature map,tensor 类型。
- tf.shape(feature1)[1:3]:调整尺寸后的 feature map,tensor 类型。
- method:调整图像大小的算法。

tf.image.ResizeMethod.BILINEAR()函数表示使用双线性插值对图像调整,其原型为:

```
tf.image.resize_bilinear(
    images,
    size,
    align_corners = False,
    name = None
)
```

使用双线性插值调整 images 为 size。输入图像可以是不同的类型,但输出图像总是浮点型的。

- images:一个具有形状[batch,height,width,channels]的 4 维的 tensor。
- size:2 个元素(new_height,new_width)的 1 维 int32 张量,用来表示图像的新大小。
- align_corners:布尔类型,默认为 False;如果为 True,则输入和输出张量的 4 个角像素的中心对齐,并且保留角落像素处的值。
- name:操作的名称(可选)。
- 返回 float32 类型的 Tensor。

原型:

```
outs = []
for i in range(self.levels):
    if i = = 0:
        net = conv2d_layer(base_feature,filters = 256,kernel_size = 1,strides = 1)
        net = tf.nn.relu(batch_norm(net,is_training))
    else:
        with tf.variable_scope('FFMv2_{}'.format(i + 1)):
            net = conv2d_layer(base_feature,filters = 128,kernel_size = 1,strides = 1)
            net = tf.nn.relu(batch_norm(net,is_training))
            net = tf.concat([net,out[ - 1]],axis = 3)
```

FFMv2 的两个输入的 scale 相同,所以比较简单,对应于图 3-32(b)。

(4)TUM 模块

TUM 使用了比 FPN 和 RetinaNet 更薄的 U 型网络。如图 3-33 所示,编码器为一系列跨度为 2 的 3×3 的卷积层。解码器将这些层的输出作为其特征映射的参考集,原始 FPN 选择 ResNet 骨干中每个阶段的最后一层的输出。另外,在解码器分支上进行上采样和元素求和运算后,再加上 1×1 个卷积层,增强了学习能力,保持了特征的平滑性。每一转译码器的输出均形成当前层的多尺度特征。总体而言,堆积 TUMs 的输出形成了多层次、多尺度的特征,而前面的 TUM 主要提供浅层特征,中间的 TUM 主要提供中层特征,后面的 TUM 主要提供深层特征。

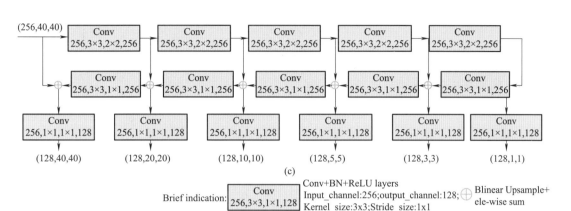

图 3-33 TUM 实施细节（来源于[24]）

TUM 的计算方式如下：

$$[X_1^l, X_2^l, \cdots, X_i^l] = T_l(X_{\text{base}}), \quad l = 1$$

$$[X_1^l, X_2^l, \cdots, X_i^l] = T_l(X_{\text{base}}, X_i^{l-1}), \quad l = 2\cdots L$$

其中，X_{base} 代表基础特征，x_i^l 代表在第 l 个 TUM 的第 i 个尺度，L 代表 TUM 模块的数量。T_l 表示第 l 个 TUM 操作，F 代表 FFMv1 处理。

原型：

```
def tum(x,is_training,scales):
    branch = [x]
    for i in range(scales - 1):
        without_padding = True if np.min(x.shape[1:3]) < =3 else False
        x = conv2d_layer(x,filters =256,kernel_size =3,strides =2,without_padding = without_padding)
        x = tf.nn.relu(batch_norm(x,is_training))
        branch.insert(0,x)
    out = [x]
    for i in range(1,scales):
        x = conv2d_layer(x,filters =256,kernel_size =3,strides =1)
        x = tf.nn.relu(batch_norm(x,is_training))
        x = tf.image.resize_images(x,tf.shape(branch[i])[1:3],method = tf.image.ResizeMethod.BILINEAR)
        x = x + branch[i]
        out.append(x)
    for i in range(scales):
        out[i] = conv2d_layer(out[i],filters =128,kernel_size =1,strides =1)
        out[i] = tf.nn.relu(batch_norm(out[i],is_training))
    return out
```

参数：

- x：需要做卷积的 feature map，类型为 tensor 的形式。
- is_training：类型为布尔值，决定网络执行训练或者预测。

- scales：类型为整形，表示 TUM 模块具有的尺度大小。

返回：

out：类型为 tensor 的 feature map。

(5) TUM 模块特征融合

原型：

```
with tf.variable_scope('TUM{}'.format(i+1)):
    out = tum(net,is_training,self.scales)
    outs.append(out)
    features = []
    for i in range(self.scales):
        feature = tf.concat([outs[j][i] for j in range(self.levels)],axis = 3)
```

原型重点部分解析：

```
for i in range(self.scales):
    feature = tf.concat([outs[j][i] for j in range(self.levels)],axis = 3)
```

通过循环的方式，在 TUM 模块的每个尺度（scales）上，通过 tf.concat( ) 函数，在每个层次（levels）上执行融合操作。tf.concat( ) 函数中的参数 axis = 3，表示 TUM 模块中的 feature map 在第 3 个维度上进行拼接，也就是按照通道进行拼接。

(6) SFAM 模块

SFAM 聚合 TUMs 产生的多级多尺度特征，以构造一个多级特征金字塔。第一步，SFAM 沿着通道维度将拥有相同尺度的特征图进行拼接，这样得到的每个尺度的特征都包含了多个层次的信息。第二步，借鉴 SENet 的思想，加入通道注意力，以更好地捕捉有用的特征。SFAM 的细节如图 3-34 所示。

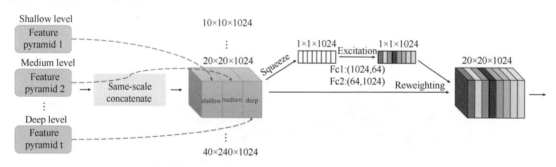

图 3-34 SFAM 的细节示意图（来源于[24]）

原型：

```
if self.use_sfam:
    with tf.variable_scope('SFAM'):
        attention = tf.reduce_mean(feature,axis = [1,2],keepdims = True)
        attention = tf.layers.dense(inputs = attention,units = 64,
                    activation = tf.nn.relu,name = 'fc1_{}'.format(i+1))
        attention = tf.layers.dense(inputs = attention,units = 1024,
```

```
                    activation = tf.nn.sigmoid,name = 'fc2_{}'.format(i+1))
    feature = feature * attention

features.insert(0,feature)
```

M2Det 的主干网络采用 VGG-16 和 ResNet-101。MLFPN 的默认配置包含有 8 个 TUM,每个 TUM 包含 5 个卷积核 5 个上采样操作,所以每个 TUM 的输出包含了 6 个不同尺度的特征。在检测阶段,为 6 组金字塔特征每组后面添加两个卷积层,以分别实现位置回归和分类。后处理阶段,使用 soft-NMS 来过滤无用的候选框。

3.3 目标分割

在计算机视觉领域中,目标分割问题也是一个重要的研究热点。在针对图像的目标分割研究中,目标分割即是将所获得的图像,利用目标分割方法将其分割成不同的区域,这些区域在类别上含有不同的语义信息。目标分割技术,能够展现图片中隐含的语义信息,这些信息对于计算机而言是理解外部世界的重要来源。随着深度学习技术的不断发展,越来越多的高精度目标分割算法涌现出来,这些算法被广泛应用在飞机导航、道路检测、机器导航、自动定位等领域。本小节介绍三个在目标分割领域比较经典的算法:U-Net 网络,Mask R-CNN 网络和 RefineNet 网络,从提出的背景,设计的思想以及代码实现三个角度对这三个算法进行剖析。

3.3.1 U-Net 网络

1. 背景介绍

U-Net 网络是 Ronneberger 等人[25]在 2015 年 MICCAI 会议上提出用来对医学图像进行分割的网络架构,该网络架构在 2015 年的 EM Segmentation Challenge 和 ISBI Cell Tracking Challenge 中均取得第一名的成绩。

在医学图像处理中,深度学习网络不仅要输出图像的类别标签,同时也应该输出单个像素的位置信息。Ciresan 等人[26]采用滑动窗口的方式训练用于医学图像处理的深度学习网络,但是这个网络架构有两个比较严重的缺陷:首先,由于每个滑动窗口必须单独运行,因此这个网络的处理速度比较慢,并且两个滑动窗口覆盖的区域存在重叠部分,这使得网络中存在许多冗余的信息;其次,大尺寸的滑动窗口需要更多的最大池化层(max-pooling layers)进行处理,这会降低定位的准确率,而小尺寸的滑动窗口则会使网络捕捉到很小的特征信息,不利于提升网络的分割精度。基于上述问题,Ronneberger 在经典的 FCN 网络架构[27]上进行扩展,提出 U-Net 网络架构。与 FCN 网络相比,U-Net 网络在数量较少的训练集上获得更加精确的分割精度。

2. 设计思想

U-Net 网络结构如图 3-35 所示,图中蓝色方块代表卷积层输出的特征图,特征图的通道数标注在方块的顶端,方块的左下角是特征图的尺寸大小,不同颜色的箭头表示不同的操作,如图中右下角所示。网络的左边是收缩网络,右边是扩展网络。在扩展网络中,每进行一次上采样,特征图的通道数会减半然后与收缩网络中对应的特征图进行拼接,收缩网络中的特征图在拼接之前需要进行裁剪操作，以保证和扩展网络中的特征图尺寸相同。

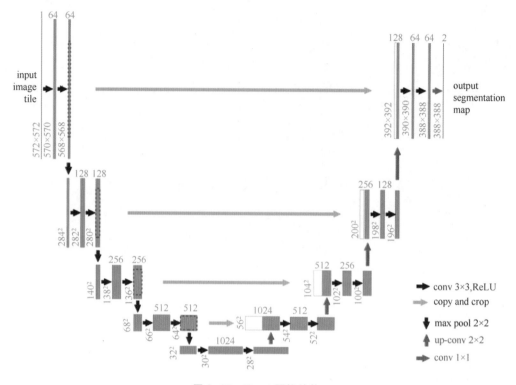

图 3-35　U-net 网络结构

U-Net 网络的一个重大改进是在上采样部分保留了大量的特征通道，这些通道使网络可以将上下文信息传播到更高分辨率的层，因此 U-Net 网络左右两部分看起来对称，形成一个 U 形结构。为了使输入图片的分辨率适应于 GPU 的内存，U-Net 网络采取将输入图片分割成小尺寸图片输入到网络中的方法。在分割时采用重叠拼接策略，这种策略能对任意大小的图像进行无缝分割，并且保留完整的上下文信息，如图 3-36 所示。

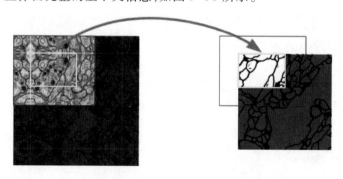

图 3-36　重叠拼接策略

若要对黄色框内的图像区域进行分割，则需要将蓝色框内的图像区域作为输入，若黄色框处于图像边缘，则缺失的图像区域使用镜像图像进行补充，即左边蓝色框和黄色框之间的部分。

在医学细胞分割任务中,另外一个挑战是分离同一类别且相互接触的细胞。如图3-37所示,在左边图中,有的细胞相互分开,有的相互连接在一起,在细胞分割时,细胞上的边界也应该被分割出来。

 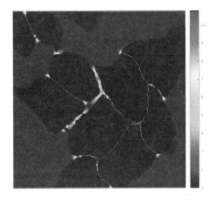

图3-37 平衡类别的权重

为解决这个问题,采用加权损失函数,位于相互接触的细胞之间的像素在损失函数中赋予较大的权重。损失函数由最后一个特征图上的像素级 Softmax( )函数结合交叉熵损失函数计算得到,如公式:

$$E = \sum_{x \in \Omega} w(x) \log(p_{l(x)}(x))$$

其中,softmax( )函数定义为公式:

$$p_k(x) = \frac{\exp(a_k(x))}{(\sum_{k'}^{K} \exp(a_{k'}(x)))}$$

公式中的 $w(x)$ 权重图,计算公式如下:

$$w(x) = w_c(x) + w_0 \times \exp\left(-\frac{(d_1(x) + d_2(x))^2}{2\sigma^2}\right)$$

其中,$w_c: \Omega \to R$,Ω,R 是正实数空间,w_c 是用于平衡类别频率的权重图,d_1 是像素点到最近的细胞边界的距离,d_2 是像素空间该像素点到第二近的细胞边界的距离,w_0 设为10,σ 设为5个像素。上述公式计算了像素点 x 处的权重。图3-37中右图是计算出来的权重图,颜色越红表示赋予的权重值越大。在网络初始化时,采用带有标准偏差 $\sqrt{\frac{2}{N}}$ 的高斯分布,例如在卷积核大小为 3×3 且输出通道数为64的卷积中,$N = 9 \times 64 = 576$。下面将对U-Net网络的搭建和训练代码进行解读,完整代码可从 https://github.com/DUFanXin/U-net 自行下载。

3. 代码研读

(1)定义网络权重

```
def init_w(self,shape,name):
    with tf.name_scope('init_w'):
        stddev = tf.sqrt(x = 2 / (shape[0] * shape[1] * shape[2]))
```

```
                w = tf.Variable(initial_value = tf.truncated_normal(shape = shape,
stddev = stddev,dtype = tf.float32),name = name)
                tf.add_to_collection(name = 'loss',value = tf.contrib.layers.l2_
regularizer(self.lamb)(w))
                return w
```

tf.add_to_collection(name,value):将元素添加到列表中。

第一个参数:name,列表名,如果不存在,创建一个新的列表。

第二个参数:value,元素。

(2)定义网络偏置

```
def init_b(shape,name):
    with tf.name_scope('init_b'):
        return tf.Variable(initial_value = tf.random_normal(shape = shape,dtype =
tf.float32),name = name)
```

(3)U-net 网络

在 U-net 网络中,若输入其网络中图像的大小是 572×572×3,通过 3×3×64 卷积核——经过 64 个卷积核,可获得 64 个特征图,进行卷积层操作后变成 570×570×64 大小。

```
# layer 1
# conv_1
self.w[1] = self.init_w(shape = [3,3,INPUT_IMG_CHANNEL,64],name = 'w_1')
self.b[1] = self.init_b(shape = [64],name = 'b_1')
result_conv_1 = tf.nn.conv2d(input = self.input_image,filter = self.w[1],strides = [1,1,
1,1],padding = 'SAME',name = 'conv_1')
result_relu_1 = tf.nn.relu(tf.nn.bias_add(result_conv_1,self.b[1],name = 'add_bias'),name = '
relu_1')
```

然后通过 3×3×64 卷积核,进行卷积层操作后变成 568×568×64 大小,并通过 ReLU 非线性变换。

```
# conv_2
self.w[2] = self.init_w(shape = [3,3,64,64],name = 'w_2')
self.b[2] = self.init_b(shape = [64],name = 'b_2')
result_conv_2 = tf.nn.conv2d(input = result_relu_1,filter = self.w[2],strides = [1,1,1,
1],padding = 'SAME',name = 'conv_2')
result_relu_2 = tf.nn.relu(tf.nn.bias_add(result_conv_2,self.b[2],name = 'add_bias'),name = '
relu_2')
self.result_from_contract_layer[1] = result_relu_2    # 该层结果临时保存,供上采样使用
```

然后通过 2×2 最大池化层操作变成 248×248×64。

```
# maxpool
result_maxpool = tf.nn.max_pool(value = result_relu_2,ksize = [1,2,2,1],strides = [1,2,
2,1],padding = 'VALID',name = 'maxpool')
# dropout
result_dropout = tf.nn.dropout(x = result_maxpool,keep_prob = self.keep_prob)
```

依据上面的第一大层操作进行 4 次,就是进行 4 次 3×3 卷积加 2×2 池化操作。并在每执行一次池化层操作后,第一个 3×3 卷积层的操作,3×3 卷积核的数量是成倍增加,如 64、

128、256、512。

再进入第 4 次最大池化层操作后，图像被变为 $32 \times 32 \times 512$ 大小，接着对其进行如下操作：

```
# layer 5 (bottom)
self.w[9] = self.init_w(shape = [3,3,512,1024],name = 'w_9')
self.b[9] = self.init_b(shape = [1024],name = 'b_9')
# conv_1
result_conv_1 = tf.nn.conv2d(input = result_dropout,filter = self.w[9],strides = [1,1,1,1],padding = 'SAME',name = 'conv_1')
result_relu_1 = tf.nn.relu(tf.nn.bias_add(result_conv_1,self.b[9],name = 'add_bias'),name = 'relu_1')
```

再执行一层 $3 \times 3 \times 1\,024$ 卷积层操作，最后输出 $28 \times 28 \times 1\,024$ 特征图。

```
# conv_2
self.w[10] = self.init_w(shape = [3,3,1024,1024],name = 'w_10')
self.b[10] = self.init_b(shape = [1024],name = 'b_10')
result_conv_2 = tf.nn.conv2d(input = result_relu_1,filter = self.w[10],strides = [1,1,1,1],padding = 'SAME',name = 'conv_2')
result_relu_2 = tf.nn.relu(tf.nn.bias_add(result_conv_2,self.b[10],name = 'add_bias'),name = 'relu_2')
```

在反卷积层——上采样的过程中：输入特征图是 $28 \times 28 \times 1\,024$，一开始做 2×2 反卷操作，将特征图变成大小为 $56 \times 56 \times 512$。

```
# up sample
self.w[11] = self.init_w(shape = [2,2,512,1024],name = 'w_11')
self.b[11] = self.init_b(shape = [512],name = 'b_11')
result_up = tf.nn.conv2d_transpose(value = result_relu_2,filter = self.w[11],output_shape = [batch_size,64,64,512],strides = [1,2,2,1],padding = 'VALID',name = 'Up_Sample')
result_relu_3 = tf.nn.relu(tf.nn.bias_add(result_up,self.b[11],name = 'add_bias'),name = 'relu_3')
```

接着把其所对应输入进最大池化层的图像进行复制与剪裁操作，随后将上述的输出与反卷积得到图像两者拼接后得到一个 $56 \times 56 \times 1\,024$ 特征图。

```
# layer 6
# 复制,裁剪和合并
result_merge = self.copy_and_crop_and_merge(result_from_contract_layer = self.result_from_contract_layer[4],result_from_upsampling = result_dropout)
```

接着对其进行 $3 \times 3 \times 512$ 卷积操作。

```
# conv_1
self.w[12] = self.init_w(shape = [3,3,1024,512],name = 'w_12')
self.b[12] = self.init_b(shape = [512],name = 'b_12')
result_conv_1 = tf.nn.conv2d(input = result_merge,filter = self.w[12],strides = [1,1,1,1],padding = 'SAME',name = 'conv_1')
result_relu_1 = tf.nn.relu(tf.nn.bias_add(result_conv_1,self.b[12],name = 'add_bias'),name = 'relu_1')
```

再对其做 $3\times3\times512$ 卷积操作。

```
# conv_2
self.w[13] = self.init_w(shape = [3,3,512,512],name = 'w_10')
self.b[13] = self.init_b(shape = [512],name = 'b_10')
result_conv_2 = tf.nn.conv2d(input = result_relu_1,filter = self.w[13],strides = [1,1,1,1],padding = 'SAME',name = 'conv_2')
result_relu_2 = tf.nn.relu(tf.nn.bias_add(result_conv_2,self.b[13],name = 'add_bias'),name = 'relu_2')
```

接着根据上述反卷积过程再次进行 4 次操作，也就是进行 4 次 2×2 反卷积加 3×3 卷积操作，并在每执行一次拼接操作之后第一个 3×3 的卷积操作，通过此操作后 3×3 卷积核的数量将大大的减少。

在经过右侧最上层也就是第 4 次反卷积操作后，将输入的特征图转成大小为 $392\times392\times64$，随后再执行复制与裁剪，接着再将其拼接操作，获得特征图为 $392\times392\times128$：

```
# layer 9
# 复制，裁剪和合并
result_merge = self.copy_and_crop_and_merge(result_from_contract_layer = self.result_from_contract_layer[1],result_from_upsampling = result_dropout)
```

随后对其执行一次 $3\times3\times64$ 卷积操作：

```
# conv_1
self.w[21] = self.init_w(shape = [3,3,128,64],name = 'w_12')
self.b[21] = self.init_b(shape = [64],name = 'b_12')
result_conv_1 = tf.nn.conv2d(
    input = result_merge,filter = self.w[21],
    strides = [1,1,1,1],padding = 'SAME',name = 'conv_1')
result_relu_1 = tf.nn.relu(tf.nn.bias_add(result_conv_1,self.b[21],name = 'add_bias'),name = 'relu_1')
```

接着再对其执行一次 $3\times3\times64$ 卷积操作，这样就可获得 $388\times388\times64$ 图像：

```
# conv_2
self.w[22] = self.init_w(shape = [3,3,64,64],name = 'w_10')
self.b[22] = self.init_b(shape = [64],name = 'b_10')
result_conv_2 = tf.nn.conv2d(input = result_relu_1,filter = self.w[22],strides = [1,1,1,1],padding = 'SAME',name = 'conv_2')
result_relu_2 = tf.nn.relu(tf.nn.bias_add(result_conv_2,self.b[22],name = 'add_bias'),name = 'relu_2')
```

最后再进行一次 $1\times1\times2$ 的卷积：

```
# conv_3
self.w[23] = self.init_w(shape = [1,1,2,CLASS_NUM],name = 'w_11')
self.b[23] = self.init_b(shape = [CLASS_NUM],name = 'b_11')
result_conv_3 = tf.nn.conv2d(input = result_relu_2,filter = self.w[23],strides = [1,1,1,1],padding = 'VALID',name = 'conv_3')
```

（4）定义损失值

```
with tf.name_scope('softmax_loss'):
```

```
self.loss = tf.nn.sparse_softmax_cross_entropy_with_logits(labels = self.input_
label,logits = self.prediction,name = 'loss')
    self.loss_mean = tf.reduce_mean(self.loss)
    tf.add_to_collection(name = 'loss',value = self.loss_mean)
    self.loss_all = tf.add_n(inputs = tf.get_collection(key = 'loss'))
```

tf.nn.sparse_softmax_cross_entropy_with_logits(labels = None, logits = None):计算 logits 和 labels 之间的稀疏 softmax 交叉熵。网络通过该函数来获得训练与真实值之间差异。

第一个参数 labels:Tensor,是稀疏表示的,shape 为[batch_size],是[0,num_classes)中的一个数值,代表正确分类结果,即该函数是直接用标签计算交叉熵。

第二个参数:logits:为神经网络输出层的输出,shape 为[batch_size,num_classes]。

(5)定义正确率

```
with tf.name_scope('accuracy'):
    self.correct_prediction = tf.equal (tf.argmax (input = self.prediction, axis = 3,
output_type = tf.int32),self.input_label)
    self.correct_prediction = tf.cast(self.correct_prediction,tf.float32)
    self.accuracy = tf.reduce_mean(self.correct_prediction)
```

tf.reduce_mean(input_tensor,axis = None,keep_dims = False):该函数用于计算张量 tensor 沿着指定的数轴(tensor 的某一维度)上的平均值。网络通过该函数来获得训练后的正确率。

第一个参数 input_tensor:输入的待降维的 tensor。

第二个参数 axis:指定的轴,如果不指定,则计算所有元素的均值。

(6)定义梯度下降

```
with tf.name_scope('Gradient_Descent'):
    self.train_step = tf.train.AdamOptimizer(learning_rate = 1e - 4).minimize(self.loss
_all)
```

tf.train.AdamOptimizer(learning_rate = 0.001)minimize():该函数是一个寻找全局最优点的优化算法,引入了二次方梯度校正。网络利用该函数进行梯度下降的操作。

第一个参数 learning_rate:张量或浮点值,学习速率。

第二个参数 minimize():想要进行梯度下降的参数。

3.3.2 Mask R-CNN 网络

1. 背景介绍

2016 年,Kaiming 等人[28]提出的 Mask R-CNN 网络在经典的目标检测网络 Faster R-CNN 的基础上添加一个并行预测目标掩模(Mask)的分支,赢得了 2016 年 COCO 挑战赛的冠军。Mask R-CNN[29]是一个简单灵活的通用目标实例分割框架,它不仅可以对图像中的目标进行检测,同时也可以给出每个目标的实例分割结果,并且 Mask R-CNN 网络很容易扩展到人体姿态估计、候选框目标检测等任务中。

(1)Mask R-CNN 与之前 R-CNN 系列的比较

它以 Faster RCNN 原型,增加了用于分割任务的分支,对于 Faster R-CNN 的每个 Proposal Box,都使用 FCN 进行语义分割。新增的分割任务与之前的定位、分类任务是同时进行的。

我们也可以将 R-CNN 视为一个大家族，Mask R-CNN 是其中的一个，是这个家族中目前进化程度最高的一个成员。其实，Mask R-CNN 是在前几个框架的基础上的改进版本。

（2）回顾之前 R-CNN 系列

• 基于区域的 R-CNN 对目标检测的方法是产生一系列候选框，并对每个 Roi 独立评估。

• Fast R-CNN 只对图像进行一次卷积，避免候选框的重复计算，并且采用 RoIPooling 提高了预测精度。

• Faster R-CNN 用 RPN 代替 selective search 提取候选框，进一步提升了性能。Faster R-CNN 包括两个阶段；第一阶段，称为区域建议网络（RPN），提出了候选对象边界框；第二阶段，本质上是 Fast R-CNN，使用 RoIPooling 从每个候选框中提取特性，并执行分类和边界框回归。

Mask R-CNN 用于目标实例分割的网络框架如图 3-38 所示，其中蓝色框内是 Faster R-CNN 的网络架构，Mask R-CNN 网络在 Faster R-CNN 网络的基础上添加一个实例分割（Instance Segmentation）网络分支用于目标的实例分割，该网络分支的实现是基于一个小型的全卷积网络结构[43]。在 Faster R-CNN 网络中，输入一张彩色的 RGB 图片，输出候选框的类别标签以及坐标值；实例分割网络分支则对候选框中每个感兴趣区域（Region of Interest, RoI）进行分割，并输出掩模（Mask）。

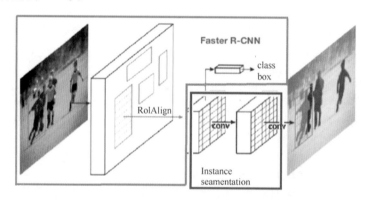

图 3-38　用于目标实例分割的 Mask R-CNN 网络架构

对于每个 RoI，Faster RCNN 都有两个输出、一个类标签和一个边界框偏移量，我们添加了第三个分支，即语义分割分支。但是语义分割输出不同于类和框输出，需要提取对象更精细的空间布局，由此引入了 pixel-to-pixel（像素对像素）的对齐 RoiAlign，这是 Fast/Faster R-CNN 所没有的部分。Mask R-CNN 也采用两阶段算法。第一阶段（即 RPN）相同，在第二阶段，除了预测类和 box 偏移量外，Mask RCNN 还为每个 ROI 输出一个二进制 mask。

2. 设计思想

Mask R-CNN 大体上可以分为四步：

①数字图像首先由卷积网络层处理生成特征图，我们一般称卷积网络层为主干网络，在残差网络被提出后，全连接层被残差网络逐渐替代，因为残差网络内传播的是残差，区别于全连接网络中的传播实量，故可以将网络深度扩展到相当大的规模——50 层、100 层甚至 1000 层。

②得到特征图后，候选区域生成网络会在特征图中生成候选区域，并且对每个候选区域进行框回归操作和得到类别可能性。

③ 对每一个候选区域生成网络得到的候选区域,进行 RoI Align 操作,得到所有 RoI 规整之后的特征图。

④ 这些图随后被用于两个通路:一个是 Cls 和 Reg 通路,用于生成回归框和预测类别;另一路是掩膜通路,用于生成掩膜。

Mask R-CNN 网络的设计上主要关注了以下两个问题。

(1) 感兴趣区域对齐(RoI Align)的问题

当图像经过特征提取网络后,会产生特征图,假设特征图张量维度为[1,256,256,64],其中 1 代表 batch_size,256×256 代表特征图的高和宽,64 就代表共有 64 个通道。当特征图经过 RPN 网络之后,生成了很多的 RoI。此时的 RoI 是在特征图上,并不是原照片上的,因此特征图的尺寸均不一样,故需要把 RoI 变成同样大小的特征图,用于分类和分割任务。采用的方法就是 RoIPool,接下来以图 3-39 说明 RoIPool 的操作过程。

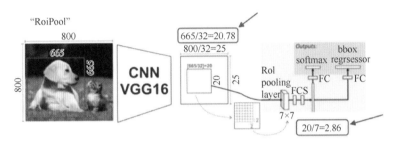

图 3-39 RoIPool 操作

如图 3-39 所示,原图像是 800×800,经过特征提取网络后变成 25×25 的特征图,尺寸缩小了 32 倍。理论上,这只 665×665 的狗应该被缩放到(665÷32)×(665÷32)=20.78×20.78 大小,此时舍去小数点进行第一次量化,变成 20×20。此时 20×20 的特征图狗已经比特征图上真实的狗小了一点。现在进行 pooling 操作,将 20×20 的特征图池化为 7×7 的小尺寸特征图。所采取的方法就是在 20×20 尺寸的特征图上画 49 个方格,然后在格点取值构成 7×7 的特征图,但是问题又出现了:(20/7)×(20/7)=2.86×2.86,不能够正好切分特征图。此时进行第二次量化,采用 2×2 为步长进行取值。

图 3-39 中绿色小格子外白色部分为舍弃区域。可以看到,这两次量化产生的特征图都产生了误差问题。最后这个 7×7 映射回原图上会有很大的偏差。称这个问题为 Misalignments(未对准问题)。这个问题对于分类过程不会产生太大的影响,但是在小目标的识别上,由于特征区域的缩小,会产生一定的误差。

为解决这个问题,采用感兴趣区域对齐(RoI Align)的方法,具体而言就是取消整数化操作,保留小数,并且使用双线性插值的方法获得坐标为浮点数的像素点上的图像数值。具体过程如图 3-40 所示。

虚线框表示特征图,实现框表示 RoI,若采样的点

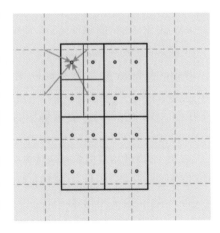

图 3-40 RoI Align 操作

数为4（论文中数据），将每个小方格分成4个红色的小方格，然后将每个红色小方格的中心点设为采样点，在通常情况下这些点的坐标是浮点数值，因此需要进行双线性插值，从而获得该点的像素值，最后采用最大池化操作，获得对齐的RoI。

Mask R-CNN 的损失函数的定义如下：

$$L = L_{cls} + L_{box} + L_{mask}$$

其中，分类损失 L_{cls} 和候选框回归损失 L_{box} 与 Faster R-CNN 中定义相同。对于每个 RoI，Mask 分支都有一个维的输出，分辨率为 $m \times m$，一共 k 类。在每个像素上使用 sigmoid( ) 函数，并将 L_{mask} 定义为平均二元交叉熵损失。对于一个属于第 k 个类别的 RoI，L_{mask} 仅仅考虑第 k 个 Mask（其他的掩模输入不会贡献到损失函数中），这样的定义会允许对每个类别都会生成掩模，并且不会存在类间竞争。

（2）创新点

Mask R-CNN 沿用了 Faster R-CNN 的思想，特征提取采用 ResNet-FPN 的架构，另外，多加了一个 Mask 预测分支。其实就是 Mask R-CNN 等于 Faster R-CNN 加一个预测 Mask 分支。但是将 Faster R-CNN 中的 RoI Pooling 改为了 RoI Align。

3. 代码研读

为了对 Mask R-CNN 的结构和运行机制有一个更加深入的理解，我们用代码进行详细的介绍。在进行介绍之前，我们先按照一般流程对所需步骤进行梳理，主要包括以下几个模块：

- ResNet 50 网络介绍。
- FPN 网络的建立。
- Anchor 锚框生成。
- 生成 RPN 网络数据集。
- RPN 网络的分类与回归。
- 根据 RPN 调整生成 RoI。
- 生成 R-CNN 网络数据集。
- RoI 对齐操作。
- Mask R-CNN 网络的类别分类、回归。
- Mask R-CNN 网络的 mask 掩码分类。

（1）ResNet50 网络介绍

ResNet50 网络主要用来提取图片的特征，主要包括卷积、BN、RELU 三步提取特征的操作。

① C1：$256 \times 256 \times 64$ 表示特征图的大小为 256×256，特征图的个数是 64 个。
② C2：$256 \times 256 \times 256$ 表示特征图的大小为 256×256，共有 256 个特征图。
③ C3：$128 \times 128 \times 512$ 表示特征图的大小为 128×128，共有 512 个特征图。
④ C4：$64 \times 64 \times 1024$ 表示特征图的大小为 64×64，共有 1024 个特征图。
⑤ C5：$32 \times 32 \times 2048$ 表示特征图的大小为 32×32，共有 2048 个特征图。

C1 和 C2 的特征图大小是一样的，所以，FPN 的建立也是基于从 C2 到 C5 这四个特征层上。

(2) FPN 网络的建立

FPN 提取公共特征部分代码,输入为 RGB 图像,输出为特征图。通过 ResNet50 网络,得到图片不同阶段的特征图,利用 C2,C3,C4,C5 建立特征图金字塔结构。

```
if callable(config.BACKBONE):
    _,C2,C3,C4,C5 = config.BACKBONE(input_image,stage5 = True,
                                    train_bn = config.TRAIN_BN)
else:
    _,C2,C3,C4,C5 = resnet_graph(input_image,config.BACKBONE,
                                 stage5 = True,train_bn = config.TRAIN_BN)
# Top - down Layers
# TODO: add assert to varify feature map sizes match what's in config
#将 C5 经过 256 个 1*1 的卷积核操作得到:32*32*256,记为 P5
P5 = KL.Conv2D(config.TOP_DOWN_PYRAMID_SIZE,(1,1),name = 'fpn_c5p5')(C5)
#将 P5 进行步长为 2 的上采样得到 64*64*256
#再与 C4 经过的 256 个 1*1 卷积核操作得到的结果相加,得到 64*64*256,记为 P4
P4 = KL.Add(name = "fpn_p4add")([
    KL.UpSampling2D(size = (2,2),name = "fpn_p5upsampled")(P5),
    KL.Conv2D(config.TOP_DOWN_PYRAMID_SIZE,(1,1),name = 'fpn_c4p4')(C4)])
#将 P4 进行步长为 2 的上采样得到 128*128*256
#再与 C3 经过的 256 个 1*1 卷积核操作得到的结果相加,得到 128*128*256,记为 P3
P3 = KL.Add(name = "fpn_p3add")([
    KL.UpSampling2D(size = (2,2),name = "fpn_p4upsampled")(P4),
    KL.Conv2D(config.TOP_DOWN_PYRAMID_SIZE,(1,1),name = 'fpn_c3p3')(C3)])
#将 P3 进行步长为 2 的上采样得到 256*256*256
#再与 C2 经过的 256 个 11 卷积核操作得到的结果相加,得到 256*256*256,记为 P2
P2 = KL.Add(name = "fpn_p2add")([
    KL.UpSampling2D(size = (2,2),name = "fpn_p3upsampled")(P3),
    KL.Conv2D(config.TOP_DOWN_PYRAMID_SIZE,(1,1),name = 'fpn_c2p2')(C2)])
# Attach 3x3 conv to all Players to get the final feature maps.
P2 = KL.Conv2D(config.TOP_DOWN_PYRAMID_SIZE,(3,3),padding = "SAME",name = "fpn_p2")(P2)
P3 = KL.Conv2D(config.TOP_DOWN_PYRAMID_SIZE,(3,3),padding = "SAME",name = "fpn_p3")(P3)
P4 = KL.Conv2D(config.TOP_DOWN_PYRAMID_SIZE,(3,3),padding = "SAME",name = "fpn_p4")(P4)
P5 = KL.Conv2D(config.TOP_DOWN_PYRAMID_SIZE,(3,3),padding = "SAME",name = "fpn_p5")(P5)
# P6 is used for the 5th anchor scale in RPN.
# subsampling from P5 with stride of 2.
#将 P5 进行步长为 2 的最大池化操作得到:16*16*256,记为 P6
P6 = KL.MaxPooling2D(pool_size = (1,1),strides = 2,name = "fpn_p6")(P5)
```

(3) Anchor 锚框生成、生成 RPN 网络数据集、RPN 网络的分类与回归

用于提取候选框的 RPN 网络,引入 RPN 层,使得算法速度变快,RPN 提取出的 proposals 通常要和 anchor box 进行拟合回归,最终得到的结果是基于观测量加上一个预测量。输入是特征图,输出是候选框的类别,对应类别的分数以及框的坐标值。

首先遍历上一步得到的特征图,以每个特征图上的每个像素点都生成 Anchor 锚框。再通过生成的 Anchors 建立 RPN 网络训练时的正类和负类,经过这步找到正样本和负样本并且保存 Anchor 与真实框 ground truth 之间的偏移量。最后通过 RPN 网络的分类与回归,前向传

播计算分类得分(概率)和坐标点偏移量,计算 RPN 网络损失值反向传播更新权重。RPN 网络分类采用的是基于 Softmax 函数的交叉熵损失函数,回归使用的是 SmoothL1Loss 函数。

  rpn-graph 的返回值:

  rpn_class_logits:在 softmax 之前的锚分类器日志。

  rpn_probs:锚概率分类器。

  rpn_bbox:Deltas to be applied to anchors。

```
def rpn_graph(feature_map,anchors_per_location,anchor_stride):
    """
    建立区域建议网络的计算图
    feature_map:骨干特征 [batch,height,width,depth]
    anchors_per_location:特征图中每个像素的锚点数量
    anchor_stride:控制锚的密度.通常为一或者二
    """
    shared = KL.Conv2D(512,(3,3),padding = 'same',activation = 'relu',
                       strides = anchor_stride,
                       name = 'rpn_conv_shared')(feature_map)
    # 锚分数, [batch,height,width,anchors per location * 2]
    x = KL.Conv2D(2 * anchors_per_location,(1,1),padding = 'valid',
                  activation = 'linear',name = 'rpn_class_raw')(shared)
    # Reshape 成[batch,anchors,2]
    rpn_class_logits = KL.Lambda(
        lambda t: tf.reshape(t,[tf.shape(t)[0],-1,2]))(x)
    # 在上一个维度 Softmax BG/FG.
    rpn_probs = KL.Activation(
        "softmax",name = "rpn_class_xxx")(rpn_class_logits)
    # Bounding box 重新定义 [batch,H,W,anchors per location * depth]
    # 深度是 [x,y,log(w),log(h)]
    x = KL.Conv2D(anchors_per_location * 4,(1,1),padding = "valid",
                  activation = 'linear',name = 'rpn_bbox_pred')(shared)
    # Reshape 成[batch,anchors,4]
    rpn_bbox = KL.Lambda(lambda t: tf.reshape(t,[tf.shape(t)[0],-1,4]))(x)

    return [rpn_class_lgits,rpn_probs,rpn_bbox]
```

  (4)根据 RPN 调整生成 RoI、生成 R-CNN 网络数据集、RoI 对齐操作

  PyramidRoIAlign 层代码,多级特征金字塔不同层级的特征图做 RoIAlign,输入是特征图,输出不同尺度下的小型特征图。

  根据 RPN 调整生成 RoI 对应着总网络图中的 ProposalLayer 层,取出一定量的 Anchors 作为 RoI,经过 RPN 网络前向传播计算得出的前景(或称为正样本)的得分从高到低排序,取出得分高的,经 RPN 网络前向传播计算出的偏移量,累加到 Anchor box 上得到较为准确的 box 坐标,在返回前再进行一次非最大值抑制(NMS)操作。

  生成 R-CNN 网络数据集对应着总网络图中的 DetectionTargetLayer 层,对经过 ProposalLayer 层得到的经过微调后的 RoI 进行进一步处理,返回正负样本、偏移量和掩码信息。再将上一步找到的 RoI 映射回特征图上,进行 RoI 对齐操作,PyramidRoIAlign 首先根据公式计算每一个 RoI 来自于金字塔特征的 P2~P5 的哪一层的特征,然后从对应的特征图中取

出坐标对应的区域,利用双线性插值的方式进行 pooling 操作,对齐方式采用的就是上面所讲的算法设计部分的方法。

PyramidROIAlign 的参数:

pool_shape:输出池的长和宽,通常为[7,7]。

输入:

- boxes:在规范化的坐标系的 [batch,num_boxes,(y1,x1,y2,x2)] ,如果不够一般用 0 填充
- image_meta:图像细节
- Feature maps:从金字塔的不同层次的特征地图的列表。

```
class PyramidROIAlign(KE.Layer):
    """
    在特征金字塔的多个层次上实现 RoI 池
    """
    def __init__(self,pool_shape,** kwargs):
        super(PyramidROIAlign,self).__init__(** kwargs)
        self.pool_shape = tuple(pool_shape)
    def call(self,inputs):
        # 在规范化的坐标系裁剪出大小为 [batch,num_boxes,(y1,x1,y2,x2)] 的盒子
        boxes = inputs[0]
        image_meta = inputs[1]
        feature_maps = inputs[2:]
        # 基于不同层次的金字塔分配 RoI 区域
        y1,x1,y2,x2 = tf.split(boxes,4,axis = 2)
        h = y2 - y1
        w = x2 - x1
        # 用第一张图 shape,每一个 batch 必须是同一尺寸
        image_shape = parse_image_meta_graph(image_meta)['image_shape'][0]
        image_area = tf.cast(image_shape[0] * image_shape[1],tf.float32)
        roi_level = log2_graph(tf.sqrt(h * w) / (224.0 / tf.sqrt(image_area)))
        roi_level = tf.minimum(5,tf.maximum(
            2,4 + tf.cast(tf.round(roi_level),tf.int32)))
        roi_level = tf.squeeze(roi_level,2)
        pooled = []
        box_to_level = []
        for i,level in enumerate(range(2,6)):
            ix = tf.where(tf.equal(roi_level,level))
            level_boxes = tf.gather_nd(boxes,ix)
            # 裁剪与缩放 box 的索引
            box_indices = tf.cast(ix[:,0],tf.int32)
            # 记录所有的 box 对应的金字塔层次
            box_to_level.append(ix)
            # 停止梯度的正向传播到处理 RoI
            level_boxes = tf.stop_gradient(level_boxes)
            box_indices = tf.stop_gradient(box_indices)
            pooled.append(tf.image.crop_and_resize(
```

```
                    feature_maps[i], level_boxes, box_indices, self.pool_shape,
                    method = "bilinear"))
        # 将池化后的特征打包成一个 tensor
        pooled = tf.concat(pooled, axis = 0)
        # 将 box_to_level 存入一个 array 并增加一个维度
        # 列代表池化后 boxes 的顺序
        box_to_level = tf.concat(box_to_level, axis = 0)
        box_range = tf.expand_dims(tf.range(tf.shape(box_to_level)[0]), 1)
        box_to_level = tf.concat([tf.cast(box_to_level, tf.int32), box_range],
                    axis = 1)
        # 以匹配最初 boxes 的顺序重新排列池化后的 feature map
        # 按 batch 排序 box_to_level 以及按索引排
        # TF 将两列一起排序的方法,因此我们合并它们后再排序
        sorting_tensor = box_to_level[:,0] * 100000 + box_to_level[:,1]
        ix = tf.nn.top_k(sorting_tensor, k = tf.shape(
            box_to_level)[0]).indices[::-1]
        ix = tf.gather(box_to_level[:,2], ix)
        pooled = tf.gather(pooled, ix)
        # 重新增加一个维度给 batch
        shape = tf.concat([tf.shape(boxes)[:2], tf.shape(pooled)[1:]], axis = 0)
        pooled = tf.reshape(pooled, shape)
        return pooled
    def compute_output_shape(self, input_shape):
        return input_shape[0][:2] + self.pool_shape + (input_shape[2][-1])
```

(5) Mask R-CNN 网络的类别分类、回归

Mask R-CNN 目标检测分支代码,输入是 RoI、特征图、输出候选框类别、框位置。R-CNN 网络的类别分类和回归与 RPN 网络中的分类和回归是一样的,损失函数也都是基于 Softmax 交叉熵和 SmoothL1Loss,只是 RPN 网络中只分前景(正类)、背景(负类),而 R-CNN 网络中的分类是要具体到某个类别(多类别分类)。

```
def fpn_classifier_graph(rois, feature_maps, image_meta,
                pool_size, num_classes, train_bn = True,
                fc_layers_size = 1024):
    """
    建立特征金字塔网络分类器和回归量的计算图
    rois: 规范化坐标化的 proposal 框
    feature_maps: 金字塔不同层次的特征图列表
    image_meta: 图像细节信息
    pool_size: 由 ROI 池生成的方形特征图的宽度
    num_classes: 类的数量,这决定了结果的深度
    fc_layers_size: 2 FC layers 的规模
    """
    # ROI Pooling
    # Shape: [batch, num_rois, POOL_SIZE, POOL_SIZE, channels]
    x = PyramidROIAlign([pool_size, pool_size],
```

```python
                        name = "roi_align_classifier")([rois,image_meta] + feature_
maps)
    # 两个1024全连接层
    x = KL.TimeDistributed(KL.Conv2D(fc_layers_size,(pool_size,pool_size),padding = "
valid"),
                        name = "mrcnn_class_conv1")(x)
    x = KL.TimeDistributed(BatchNorm(),name = 'mrcnn_class_bn1')(x,training = train_bn)
    x = KL.Activation('relu')(x)
    x = KL.TimeDistributed(KL.Conv2D(fc_layers_size,(1,1)),
                        name = "mrcnn_class_conv2")(x)
    x = KL.TimeDistributed(BatchNorm(),name = 'mrcnn_class_bn2')(x,training = train_bn)
    x = KL.Activation('relu')(x)
    shared = KL.Lambda(lambda x: K.squeeze(K.squeeze(x,3),2),
                        name = "pool_squeeze")(x)
    # 分类器部分
    mrcnn_class_logits = KL.TimeDistributed(KL.Dense(num_classes),
                                        name = 'mrcnn_class_logits')(shared)
    mrcnn_probs = KL.TimeDistributed(KL.Activation("softmax"),
                                    name = "mrcnn_class")(mrcnn_class_logits)
    # [batch,num_rois,NUM_CLASSES * (dy,dx,log(dh),log(dw))]
    x = KL.TimeDistributed(KL.Dense(num_classes * 4,activation = 'linear'),
                        name = 'mrcnn_bbox_fc')(shared)
    # Reshape 成[batch,num_rois,NUM_CLASSES,(dy,dx,log(dh),log(dw))]
    s = K.int_shape(x)
    mrcnn_bbox = KL.Reshape((s[1],num_classes,4),name = "mrcnn_bbox")(x)
    return mrcnn_class_logits,mrcnn_probs,mrcnn_bbox
```

(6) Mask R-CNN 掩码分类

Mask R-CNN 分割分支代码，输入 RoI、特征图，输出 Mask 掩模。首先利用 PyramidROIAlign 提取 rois 区域的特征，再利用 TimeDistributed 封装器针对 num_rois 依次进行 3*3->3*3->3*3->3*3 卷积操作，再经过 2*2 的转置卷积操作，得到像素分割结果。

```python
def build_fpn_mask_graph(rois,feature_maps,image_meta,
                        pool_size,num_classes,train_bn = True):
    """
    Builds the computation graph of the mask head of Feature Pyramid Network.
    建立特征金字塔网络掩模头的计算图.
    rois: [batch,num_rois,(y1,x1,y2,x2)] Proposal boxes in normalized
        coordinates.
    """
    # Shape: [batch,num_rois,MASK_POOL_SIZE,MASK_POOL_SIZE,channels]
    x = PyramidROIAlign([pool_size,pool_size],
                        name = "roi_align_mask")([rois,image_meta] + feature_maps)
    # 卷积层
    x = KL.TimeDistributed(KL.Conv2D(256,(3,3),padding = "same"),
                        name = "mrcnn_mask_conv1")(x)
    x = KL.TimeDistributed(BatchNorm(),
```

```
                        name = 'mrcnn_mask_bn1')(x,training = train_bn)
    x = KL.Activation('relu')(x)
    x = KL.TimeDistributed(KL.Conv2D(256,(3,3),padding = "same"),
                        name = "mrcnn_mask_conv2")(x)
    x = KL.TimeDistributed(BatchNorm(),
                        name = 'mrcnn_mask_bn2')(x,training = train_bn)
    x = KL.Activation('relu')(x)
    x = KL.TimeDistributed(KL.Conv2D(256,(3,3),padding = "same"),
                        name = "mrcnn_mask_conv3")(x)
    x = KL.TimeDistributed(BatchNorm(),
                        name = 'mrcnn_mask_bn3')(x,training = train_bn)
    x = KL.Activation('relu')(x)
    x = KL.TimeDistributed(KL.Conv2D(256,(3,3),padding = "same"),
                        name = "mrcnn_mask_conv4")(x)
    x = KL.TimeDistributed(BatchNorm(),
                        name = 'mrcnn_mask_bn4')(x,training = train_bn)
    x = KL.Activation('relu')(x)
    x = KL.TimeDistributed(KL.Conv2DTranspose(256,(2,2),strides = 2,activation = "relu"),
                        name = "mrcnn_mask_deconv")(x)
    x = KL.TimeDistributed(KL.Conv2D(num_classes,(1,1),strides = 1,activation = "sigmoid"),
                        name = "mrcnn_mask")(x)
    return x
```

3.3.3 RefineNet 网络

1. 背景介绍

图像语义分割是图像理解中的一个重要组成部分,其任务是为图像中的每个像素分配一个唯一的标签或者类别,这属于一种密集分类问题。最近比较热门的深度学习网络如 VGG 网络[31]、ResNet 网络等,在图像分类问题上取得了很好的性能,但是语义分割上有明显的缺陷,这些网络使用了多次池化和有效卷积(Valid Conv)操作,减小了图像尺寸的同时也丢失了图像结构信息。

解决这个问题的一种方法是将反卷积作为上采样操作,输出高分辨率的特征图,然而反卷积操作无法恢复在下采样过程中丢失的低水平视觉信息,因此这种方法并不能输出精确的高分辨率预测图。另外一种方法是在网络中使用空洞卷积[32]代替传统的卷积。空洞卷积能在不进行下采样的情况下使网络有更大的感受野。但是这种方法有两个限制,第一,它需要在大量高分辨率的特征图上进行卷积,这些特征图通常具有高维特征,因此计算成本较昂贵,此外,大量分高维和高分辨率特征图在训练时需要大量的 GPU 资源,训练成本较高;第二,空洞卷积会引入特征的粗略子采样,有可能导致重要的细节信息丢失。

最后一种方法是利用中间层的特征来产生高分辨率的特征图,这类方法的依据是中间层的特征能描述目标的中级表示,同时也保留了空间结构信息。但其实 Lin 等人[33]认为所有层的特征都有利于产生高分辨率的特征图,高级语义特征有助于图像区域的类别识别,而低级的视觉特征有助于为高分辨率预测图生成清晰的边界。因此,如何利用中间层的特征是一个值得关注的问题。基于此,Lin 等人[33]提出一种新颖的网络架构,称为 RefineNet,这个网络架构可有效利用多个层的特征来生成高分辨率的预测图。

2. 设计思想

RefineNet 旨在利用多个层的特征来生成远程残差连接的高分辨率预测图。在 RefineNet 中,粗略的高级语义特征和更细粒度的低级特征融合在一起,生成高分辨率的语义特征图。具有多路径的 RefineNet 网络架构如图 3-41 所示。

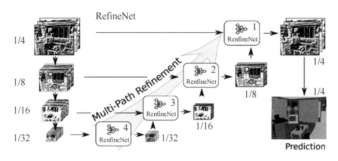

图 3-41 多路径 RefineNet 网络

其中,最左边的四个特征图是由 ResNet 网络生成的,并且这四个特征图与具有四个 RefineNet 单元的级联架构连接在一起,每个单元都直接连接到 ResNet 的输出以及级联中的前一个 RefineNet 块。这种处理方式使网络中每一层的特征图都能被利用,使得最后生成的高分辨率特征图包含丰富的低级视觉信息和高级语义信息。每个 RefineNet 单元的网络结构如图 3-42 所示。

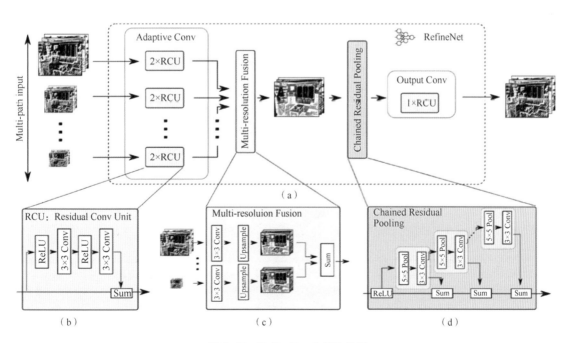

图 3-42 RefineNet 内部结构图

每个 RefineNet 由四个模块组成,分别是残差卷积模块(Residual Convolution Unit,RCU)、多分辨率融合模块(Multi-resolution Fusion)、链式残差池化(Chained Residual Pooling)和输出模块(Output Conv)。在残差卷积模块中包含一个自适应卷积集,它们的作用是针对分割任务对预训练的 ResNet 权重进行微调。为达到此目的,每个输入数据一次需要经过两个残差块的处理,每个残差块中包含一个 ReLU 激活函数和 3×3 的卷积核。然后,所有残差卷积模块的输出通过多分辨融合模块融合为高分辨特征图。具体操作为,该模块首先将卷积应用于输入自适应,从而生成具有相同特征尺寸的特征图,然后将所有较小的特征图上采样到输入的最大分辨率,最后所有特征图通过求和融合。若此模块中只有一条输入路径,则数据直接通过此模块不做任何更改。然后,融合后的特征图通过链式残差池化模块处理,链式残差模块能从大图像区域捕获背景上下文。最后,链式残差池化的输出经过输出模块的处理生成最后的特征图,输出模块实际上是一层残差卷积层,但是在最后 softmax 预测步骤之前还添加了两层附加的残差卷积层,其目的是在多路径融合特征图上采用非线性运算,以生成用于进一步处理或最终预测的特征。

3. 代码研读

首先,定义 RefineNet 中的三个模块,分别是残差卷积模块、多分辨率融合模块、链式残差池化。读者可自行从 https://github.com/guosheng/refinenet 下载完整代码进行实践。

```
def ResidualConvUnit(inputs,features=256,kernel_size=3):
    net=tf.nn.relu(inputs)
    net=slim.conv2d(net,features,kernel_size)
    net=tf.nn.relu(net)
    net=slim.conv2d(net,features,kernel_size)
    net=tf.add(net,inputs)
    return net
```

上述代码定义了残差卷积模块,网络的输入是 ResNet 产生的特征图,由两个 ReLU 激活函数和两个 3×3 的卷积构成,最后将输入与第二个卷积的输出进行求和并输出。

```
def MultiResolutionFusion(high_inputs=None,
                         low_inputs=None,
                         features=256):

    if high_inputs is None:#refineNet block 4
        rcu_low_1=low_inputs[0]
        rcu_low_2=low_inputs[1]

        rcu_low_1=slim.conv2d(rcu_low_1,features,3)
        rcu_low_2=slim.conv2d(rcu_low_2,features,3)

        return tf.add(rcu_low_1,rcu_low_2)

    else:
        rcu_low_1=low_inputs[0]
        rcu_low_2=low_inputs[1]

        rcu_low_1=slim.conv2d(rcu_low_1,features,3)
```

```
        rcu_low_2 = slim.conv2d(rcu_low_2,features,3)

        rcu_low = tf.add(rcu_low_1,rcu_low_2)

        rcu_high_1 = high_inputs[0]
        rcu_high_2 = high_inputs[1]

        rcu_high_1 = unpool(slim.conv2d(rcu_high_1,features,3),2)
        rcu_high_2 = unpool(slim.conv2d(rcu_high_2,features,3),2)

        rcu_high = tf.add(rcu_high_1,rcu_high_2)

        return tf.add(rcu_low,rcu_high)
```

上述代码定义了多分辨率融合模块,输入是高级和低级特征图,输出是融合后的特征图。若只有一个输入,如图 3-41 中的 RefineNet 4,则输入特征进行卷积后采用求和方式进行融合并输出。当有两个输出时,低级特征先降维到 256 维,然后采用求和的方式融合,而高维特征先上采样到 256 维,然后采用求和的方式进行融合,最后低级特征和高级特征相加融合并输出。

```
    def ChainedResidualPooling(inputs,features =256):
        net_relu = tf.nn.relu(inputs)
        net = slim.max_pool2d(net_relu,[5,5],stride =1,padding ='SAME')
        net = slim.conv2d(net,features,3)
        net_sum_1 = tf.add(net,net_relu)

        net = slim.max_pool2d(net_relu,[5,5],stride =1,padding ='SAME')
        net = slim.conv2d(net,features,3)
        net_sum_2 = tf.add(net,net_sum_1)

        return net_sum_2'''
```

上述代码定义了链式残差池化模块,由一个 ReLU 激活函数和两个最大池化层以及卷积层构成。

介绍了 RefineNet 的组成部分后,可以有这些函数组成 RefineNet,代码如下所示:

```
def RefineBlock(high_inputs =None,low_inputs =None):

    if high_inputs is None: # block 4
        rcu_low_1 = ResidualConvUnit(low_inputs,features =256)
        rcu_low_2 = ResidualConvUnit(low_inputs,features =256)
        rcu_low = [rcu_low_1,rcu_low_2]

        fuse = MultiResolutionFusion(high_inputs =None,low_inputs =rcu_low,features =256)
        fuse_pooling = ChainedResidualPooling(fuse,features =256)
        output = ResidualConvUnit(fuse_pooling,features =256)
        return output
    else:
        rcu_low_1 = ResidualConvUnit(low_inputs,features =256)
```

```
            rcu_low_2 = ResidualConvUnit(low_inputs,features=256)
            rcu_low = [rcu_low_1,rcu_low_2]

            rcu_high_1 = ResidualConvUnit(high_inputs,features=256)
            rcu_high_2 = ResidualConvUnit(high_inputs,features=256)
            rcu_high = [rcu_high_1,rcu_high_2]

            fuse = MultiResolutionFusion(rcu_high,rcu_low,features=256)
            fuse_pooling = ChainedResidualPooling(fuse,features=256)
            output = ResidualConvUnit(fuse_pooling,features=256)
            return output
```

上述代码定义了 RefineNet 网络,在该网络中一般有两个输入,当只有一个输入时,执行 if 判断条件后的代码。

最后展示多路径 RefineNet 的代码:

```
    def model(images,weight_decay=1e-5,is_training=True):
        images = mean_image_subtraction(images)

        with slim.arg_scope(resnet_v1.resnet_arg_scope(weight_decay=weight_decay)):
            logits,end_points = resnet_v1.resnet_v1_101(images,is_training=is_training,
    scope='resnet_v1_101')

        with tf.variable_scope('feature_fusion',values=[end_points.values]):
            batch_norm_params = {'decay':0.997,'epsilon':1e-5,'scale':True,'is_
    training':is_training}
            with slim.arg_scope([slim.conv2d],
                                activation_fn=tf.nn.relu,
                                normalizer_fn=slim.batch_norm,
                                normalizer_params=batch_norm_params,
                                weights_regularizer=slim.l2_regularizer(weight_decay)):

                f = [end_points['pool5'],end_points['pool4'],
                    end_points['pool3'],end_points['pool2']]
                for i in range(4):
                    print('Shape of f_{} {}'.format(i,f[i].shape))

                g = [None,None,None,None]
                h = [None,None,None,None]

                for i in range(4):
                    h[i] = slim.conv2d(f[i],256,1)
                for i in range(4):
                    print('Shape of h_{} {}'.format(i,h[i].shape))

                g[0] = RefineBlock(high_inputs=None,low_inputs=h[0])
                g[1] = RefineBlock(g[0],h[1])
```

```
g[2] = RefineBlock(g[1],h[2])
g[3] = RefineBlock(g[2],h[3])

F_score = slim.conv2d(g[3],21,1,activation_fn = tf.nn.relu,normalizer_fn = None)

return F_score
```

其中，输入图像 image 要先经过 mean_image_subtraction( )函数进行归一化处理，然后送入 resnet_v1 网络生成四个不同尺度的特征图：end_points[pool5]、end_points[pool4]、end_points[pool3]、end_points[pool2]，然后将这个特征图做适应性卷积，生成通道数均为 256 的特征图，并存入 h 中，接着用四个 RefineBlock( )函数进行多路径融合，生成高分辨率特征图 g[3]，最后用一层卷积层实现分类，得到预测图 F_score。

3.4 生成对抗网络

生成对抗网络（Generative Adversarial Network，GAN）是蒙特利尔大学（University of Montreal）的 Ian Goodfellow 和其他研究人员在 2014 年 6 月提出的一种新型神经网络结构[34]。它是基于深度学习的一种强大的生成模型，在计算机视觉、自然语言处理、人机交互等领域有着广泛深入的应用，并不断向着其他领域延伸。

在理解 GAN 之前需要对生成模型（Generative Model）有一个初步的认知。生成模型是一种无监督学习的方法，旨在从给定的真实训练数据中学习该数据的分布特性，并建立模型，通过模型对数据进行表达以及产生新的样本。生成模型在机器学习的历史中占据举足轻重的地位，它的应用十分广泛，可以用来对不同的数据进行建模，比如图像、文本、声音等。语言模型（Language Model）是生成模型被广泛应用的一个典型例子，通过对文本数据的合理建模，语言模型不仅可以帮助生成语言通顺的句子，还在机器翻译、聊天对话等领域起广泛的辅助应用。

在 GAN 出现之前，已经存在着许多的生成模型，比较有影响力的生成模型主要有 Autoregressive model(自回归模型)[35]、[36]、VAE[37]、GLOW[38]。生成模型分为隐式生成模型和显示生成模型，对应的生成模型算法可以参照图 3-43。

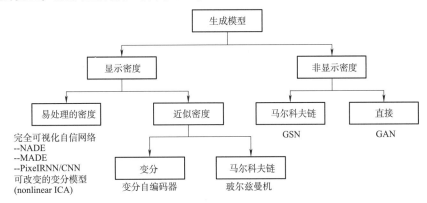

图 3-43　生成模型分类图

GAN 本质上是一种生成模型,但是 GAN 基于博弈对抗性训练的理念,通过两个相互竞争的神经网络(生成网络和判别网络)构建一个动态的"博弈过程"来更好地学习数据分布。因此 GAN 是一种与以往模型完全不同的生成模型,将在下面对 GAN 的基本原理、原始 GAN 以及 GAN 的变种(DCGAN、WGAN 和 BigGAN)进行剖析和代码解读。

3.4.1 基础 GAN(Vanilla GAN)

1. 背景介绍

GAN 的主要灵感来自于博弈论中零和博弈的思想,应用到深度学习网络上来说,就是通过生成网络 G(Generator,也称生成器)和判别网络 D(Discriminator,也称判别器)的不断博弈,进而使 G 学习到数据的分布。应用到图像生成上,GAN 模型在网络训练完成之后,G 可以从一段随机数中生成逼真的图像。下面以 GAN 在图像生成上为例展开叙述,其中 G 和 D 的功能如下:

①G 是一个生成式网络,接收随机噪声 z(随机数),通过将噪声 z 映射到新的高维数据空间,得到生成图像 G(z)。

②D 是一个判别网络,根据输入的真实数据 x 以及生成图像 G(z),判别传入网络的图像是不是"真实的"。输出值为一个概率值,表示 D 对于输入数据是真实数据还是生成数据的置信度,以此来判断生成器 G 的性能好坏。如果输出值为 1,则表明当前输入图像为真实的图片,若输出值为 0,代表改图像为假。

2. 设计思想

基于生成器 G 和判别器 D 的博弈思想,在训练 GAN 网络的过程中,生成器 G 不断接收传入的随机噪声,尽量生成"假"图像去欺骗判别器 D。判别器 D 的目标就是尽量判别出 D(x) 和 D(G(z)) 之间的区别,增加两者之间的区别,最大程度地判别出生成器的生成图像 G(z) 是"真"图像还是"假"图像。这样,G 和 D 构成一个动态的"博弈过程",最终的平衡点为纳什均衡点。GAN 模型的基本框架如图 3-44 所示。

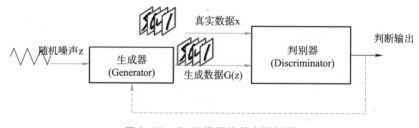

图 3-44 GAN 模型的基本框架图

对整个过程进行建模,得到整个 GAN 网络的目标函数,如下式:

$$\min_G \max_D V(D,G) = E_{x \sim p_{\text{data}}(x)}[\log D(x)] + E_{z \sim p_{z}(z)}[\log(1 - D(G(z)))]$$

其中第一项 $\log D(x)$ 表示判别器对真实数据的判断,第二项 $\log(1 - D(G(z)))$ 表示对合成数据的判断。通过这样一个最大最小(max-min)博弈,循环交替地分别优化 G 和 D 来训练所需要的生成器与判别器,直到均衡点,即 $p_{\text{data}x} = p_{z(z)}$ 时达到最优解,此时生成模型 G 恢复了训练数据的分布,判别模型 D 的准确率等于 50%。训练过程中固定一方,更新另一个网络的参数,交替迭代,使得对方的误差最大化。

基于上述的设计思路,GAN 具有以下的优缺点:

(1) 优点

GAN 是一种生成式模型,相比较其他生成模型(玻尔兹曼机和 GSNs)只用到了反向传播,而不需要复杂的马尔科夫链,同时可以产生更加清晰、真实的样本。

GAN 采用的是一种无监督的学习方式训练,可以被广泛用在无监督学习和半监督学习领域。

相比于变分自编码器 VAE,GAN 没有引入任何决定性偏置(Ddeterministic Bias)。变分方法引入决定性偏置,因为对对数似然的下界进行优化,而不是似然度本身,这导致了 VAE 生成的实例比 GAN 更模糊。

相比 VAE,GAN 没有变分下界,如果鉴别器训练良好,那么生成器可以完美地学习到训练样本的分布。

GAN 可以应用到如图片风格迁移、超分辨率、图像补全、去噪等场景上。

(2) 缺点

训练 GAN 需要达到纳什均衡,但梯度下降只有在凸函数的情况下才能保证实现纳什均衡,所以训练 GAN 相比 VAE 或者 PixelRNN 是不稳定的。

GAN 不适合处理离散形式的数据,比如文本。

GAN 存在训练不稳定、梯度消失、模式崩溃等问题。

3. 代码研读

为了对 GAN 的结构和运行机制有一个更加深入的理解,我们采用 MNIST 手写数据集作为训练样本,以 TensorFlow 构建一个简单的 GAN 实现手写数字图像的生成。

模块的导入、数据的加载和查看如下:

```
#所需模块的导入
import tensorflow as tf
import numpy as np
import pickle
import matplotlib.pyplot as plt
from tensorflow.examples.tutorials.mnist import input_data
#MNIST 数据的加载和查看
mnist = input_data.read_data_sets('C:/Users/lujunxin/Desktop/mnist_gan/MNIST_data/')
img = mnist.train.images[50] #显示 MNIST 数据集中第 50 张图像
plt.imshow(img.reshape((28,28)),cmap = 'Greys_r')
```

from tensorflow.examples.tutorials.mnist import input_data 为导入 TensorFlow 提供的获取 MNIST 数据集的 input_data 模块。TensorFlow 框架提供了函数 read_data_sets(),该函数可以实现自动或手动下载数据集的功能。我们采用手动下载方式,向 read_data_sets() 函数传递数据集所在的本地路径。为了对 MNIST 数据集有一个直观的感受,我们通过 plt 对数据集中的第 50 张图像进行显示,并将图像维度从特征图的 784 维转为 28×28 像素的正常图像,cmap 定义 plt 显示 0 通道的灰度图。

注意：MNIST 数据集中，mnist.train.images 或 mnist.train.tests 是一个形状为 [60 000, 784] 的张量 (Tensor)，第一维度数字用来索引图片，第二维度数字用来索引每张图片中像素点。在此张量里每一个元素，都表示某张图片里的某个特定像素的灰度值，灰度值介于 0～1 之间，如图 3-45 所示。

相对应的 MNIST 数据集的标签为介于 0～9 之间的数字，用来描述给定图片表示的对应阿拉伯数字，如图 3-46 所示。标签数据是 "one-hot vector"。一个 one-hot 向量除了某一位数字是 1 以外，其余各维度数字皆为 0。比如，标签 0 将表示成 ([1,0,0,0,0,0,0,0,0,0])。因此，mnist.train.labels 是一个 [60000, 10] 的数字矩阵。

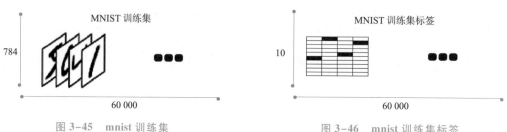

图 3-45 mnist 训练集   图 3-46 mnist 训练集标签

在构建模型之前，我们先按照 GAN 模型的原理与深度神经网络搭建的一般流程，对所需的步骤进行梳理，主要包括以下几个模块：

- 生成器 (Generator) 的构建。
- 判别器 (Discriminator) 的构建。
- 定义网络参数。
- 构建网络。
- 定义损失函数 (Loss Function) 和优化方法 (Optimization algorithm)。
- 训练模型。
- 模型测试和结果显示。

基于以上步骤，对利用 TensorFlow 搭建整体网络的代码进行分块研读。

(1) 网络输入的定义

数据输入 get_input() 函数，get_inputs() 函数主要定义了真实图片和随机噪声两个 tensor。

```
def get_inputs(real_size,noise_size):
    """
    真实图像tensor与噪声图像tensor
    """
    real_img = tf.placeholder(tf.float32,[None,real_size],name = 'real_img')
    noise_img = tf.placeholder(tf.float32,[None,noise_size],name = 'noise_img')
    return real_img,noise_img
```

real_size 为整个网络真实图片的大小，值为 784。noise_size 为生成器的输入随机噪声大小，值为 100。通过 tf.placeholder 定义了真实图片 real_img 和随机噪声 noise_image，但此时并没有把具体的数据传入模型，只是预先分配必要的内存。

(2) 生成器(Generator)的构建

```
def get_generator(noise_img,n_units,out_dim,reuse = False,alpha = 0.01):
    """
    生成器
    noise_img: 生成器的输入
    n_units: 隐藏层单元个数
    out_dim: 生成器输出 Tensor 的 size,这里应该为 32 * 32 = 784
    alpha: Leaky ReLU 系数
    """
    with tf.variable_scope("generator",reuse = reuse):
        # hidden layer
        hidden1 = tf.layers.dense(noise_img,n_units)
        # leaky ReLU
        hidden1 = tf.maximum(alpha * hidden1,hidden1)
        # dropout
        hidden1 = tf.layers.dropout(hidden1,rate = 0.2)
        # logits & outputs
        logits = tf.layers.dense(hidden1,out_dim)
        outputs = tf.tanh(logits)
        return logits,outputs
```

生成器函数 get_generator() 的输入参数为随机噪声 noise_img、生成器的隐藏层单元个数、生成器生成图像大小、共享变量设置和 Leaky ReLU 系数。

tf.variable_scope("generator",reuse = reuse) 为指定变量的 scope,这里将生成器定义为 generator。因为 GAN 模型包含生成器和判别器两个网络,在训练时是分开训练的,所以通过 scope 进行变量的指定,方便后续训练时指定所需引用的变量。

生成器首先接收随机噪声 noise_img,并传入第一个隐藏层。第一个隐藏层为全连接层(tf.layers.dense), n_units 将输出维度设置为(None,128)。进一步采用 Leaky ReLU 作为激活函数的隐层,由于 TensorFlow 中没有 Leaky ReLU 函数库,通过自定义函数 tf.maximum 实现 Leaky ReLU,其中 alpha 是一个很小的数,并加入 dropout 隐层防止过拟合。最后一个隐藏全连接层 tf.layers.dense(hidden1,out_dim) 卷积得到与真实图像一样的大小的图像,大小为(None,784)。并在输出层加入 tanh() 激活函数,tanh() 在这里相比 sigmoid() 的结果会更好一点(在这里要注意,由于生成器的生成图片像素限制在了 (-1,1) 的取值之间,而 MNIST 数据集的像素区间为 [0,1],所以在训练时要对 MNIST 的输入做处理,具体见训练部分的代码)。到此,我们构建好了生成器,它通过接收一个噪声图片输出一个与真实图片一样 size 的图像。

(3) 判别器(Discriminator)的构建

```
def get_discriminator(img,n_units,reuse = False,alpha = 0.01):
    """
    判别器
    n_units: 隐藏层结点数量
    alpha: Leaky ReLU 系数
    """
```

```python
    with tf.variable_scope("discriminator",reuse = reuse):
        # 隐藏层
        hidden1 = tf.layers.dense(img,n_units)
        hidden1 = tf.maximum(alpha * hidden1,hidden1)
        # logits & outputs
        logits = tf.layers.dense(hidden1,1)
        outputs = tf.sigmoid(logits)
        return logits,outputs
```

判别器与生成器的网络结构基本一致,最主要的区别在于判别器的输出层为一个结点并且采用的是 sigmoid() 激活函数。因为判别器接收传入的图片,并判断它的真假,最终输出为该图片是否是真实图片的概率值。需要注意真实图片与生成图片是共享判别器的参数,因此在这里,reuse 起到了关键作用,通过 reuse 接口来方便后续的不同调用。

(4)定义网络参数

```python
#定义参数
# 真实图像的 size
img_size = mnist.train.images[0].shape[0]
# 传入给生成器的噪声大小
noise_size = 100
# 生成器隐层参数
g_units = 128
# 判别器隐层参数
d_units = 128
# leaky ReLU 的参数
alpha = 0.01
# learning_rate
learning_rate = 0.001
# label smoothing
smooth = 0.1
```

smooth 是进行 Label Smoothing Regularization 的参数,在后面代码中将会进行介绍。

(5)构建网络

接下来进行网络的构建,并获得生成器与判别器返回的变量。

```python
tf.reset_default_graph()
real_img,noise_img = get_inputs(img_size,noise_size)
g_logits,g_outputs = get_generator(noise_img,g_units,img_size)
# 判别器
d_logits_real,d_outputs_real = get_discriminator(real_img,d_units)
d_logits_fake,d_outputs_fake = get_discriminator(g_outputs,d_units,reuse = True)
```

上面代码分别获得了生成器与判别器的 logits 和 outputs。这里再一次强调真实图片与生成图片是共享参数的,因此在判别器输入生成图片时,需要 reuse 参数。

tf.reset_default_graph 函数用于清除默认图形堆栈并重置全局默认图形。

(6)定义损失函数(Loss Function)和优化方法(Optimization algorithm)

有了 Logits 之后,就可以定义整个网络最重要的部分:损失函数和优化方法。我们先回顾一下生成器和判别器的主要目的:

①生成器:接收传入的随机噪声,并生成"假"图像,致力于"欺骗"判别器,希望判别器将其生成的"假"图像判定为"真",并打上标签1。

②判别器:对于传入的真实图像,对其进行判定并打上标签1;对于传入的生成器生成的"假"图像,致力于为其进行判定并打上标签0。

在 GAN 神经网络中,需要计算 3 个 Loss,分别是:生成器的 Loss,鉴别器鉴别真图片的 Loss,鉴别器鉴别假图片的 Loss。

```
# discriminator 的 loss(判别器的损失函数)
# 识别真实图片
d_loss_real = tf.reduce_mean(tf.nn.sigmoid_cross_entropy_with_logits(logits = d_logits_real, labels = tf.ones_like(d_logits_real)) * (1 - smooth))
# 识别生成的图片
d_loss_fake = tf.reduce_mean(tf.nn.sigmoid_cross_entropy_with_logits(logits = d_logits_fake, labels = tf.zeros_like(d_logits_fake)))
# 总体 loss
d_loss = tf.add(d_loss_real, d_loss_fake)

# generator 的 loss(生成器的损失函数)
g_loss = tf.reduce_mean(tf.nn.sigmoid_cross_entropy_with_logits(logits = d_logits_fake, labels = tf.ones_like(d_logits_fake)) * (1 - smooth))
train_vars = tf.trainable_variables()
# generator 中的 tensor(生成器中的变量)
g_vars = [var for var in train_vars if var.name.startswith("generator")]
# discriminator 中的 tensor(判别器中的变量)
d_vars = [var for var in train_vars if var.name.startswith("discriminator")]

# 优化方法
d_train_opt = tf.train.AdamOptimizer(learning_rate).minimize(d_loss, var_list = d_vars)
g_train_opt = tf.train.AdamOptimizer(learning_rate).minimize(g_loss, var_list = g_vars)
```

上述损失函数代码中最重要的函数为 tf.nn.sigmoid_cross_entropy_with_logits(),该函数对于给定的 logits 计算 sigmoid 的交叉熵,用于衡量分类任务中的概率误差。其原型为:

```
tf.nn.softmax_cross_entropy_with_logits(
    _sentinel = None,
    labels = None,
    logits = None,
    name = None
)
```

参数:
- _sentinel:本质上是不用的参数,不用填。
- labels:和 logits 具有相同的 type(float)和 shape 的张量。
- logits:一个数据类型(type)是 float32 或 float64。
- name:操作的名字,可填可不填。

返回值:

长度为 batch_size 的一维 Tensor。

注意:

①如果 labels 的每一行是 one-hot 表示,即只有一个地方为 1,其他维度皆为 0,可以使用 tf.sparse_softmax_cross_entropy_with_logits( )。

②TensorFlow 交叉熵计算函数输入中的 logits 都不是 softmax 或 sigmoid 的输出,而是 softmax 或 sigmoid 函数的输入,因为其在函数内部进行 sigmoid 或 softmax 操作。

③参数 labels、logits 必须有相同的形状 [batch_size, num_classes] 和相同的类型(float16,float32,float64)中的一种。

d_loss_real 对应着真实图片的 loss,它的目标是让判别器的输出尽可能接近于 1,所以 labels 对应为 tf.one_like。在这里,使用了单边的 Label Smoothing Regularization,它是一种防止过拟合的方式。在传统的分类中,我们的目标非 0 即 1,从直觉上来理解的话,这样的目标不够 soft,会导致训练出的模型对于自己的预测结果过于自信。因此加入一个平滑值来让判别器的泛化效果更好。

d_loss_fake 对应着生成图片的 loss,它尽可能地让判别器输出为 0,所以 labels 对应为 tf.zeros_like。

d_loss_real 与 d_loss_fake 加起来就是整个判别器的损失,直接采用 TensorFlow 中的 tf.add( ) 对两个 Tensor 进行加操作。

而在生成器端,它希望让判别器对自己生成的图片尽可能输出为 1,相当于在与判别器进行对抗。同样,在生成器中也使用了单边的 Label Smoothing Regularization。

由于在 GAN 中包含了生成器和判别器两个网络,因此需要分开进行优化,这也是之前分别对生成器和判别器定义 variable_scope 的原因。两个网络采用的都是 AdamOptimizer。AdamOptimizer 是 TensorFlow 中实现 Adam 算法的优化器。Adam 即 Adaptive Moment Estimation(自适应矩估计),是一个寻找全局最优点的优化算法,引入了二次梯度校正。Adam 算法相对于其他种类算法有一定的优越性,是比较常用的算法之一。

(7)训练模型

```
# batch_size
batch_size = 64
# 训练迭代轮数
epochs = 300
# 抽取样本数
n_sample = 25
# 存储测试样例
samples = []
# 存储 loss
losses = []
# 保存生成器变量
saver = tf.train.Saver(var_list = g_vars)
# 开始训练
with tf.Session() as sess:
```

```
        sess.run(tf.global_variables_initializer())
        for e in range(epochs):
            for batch_i in range(mnist.train.num_examples//batch_size):
                batch = mnist.train.next_batch(batch_size)
                batch_images = batch[0].reshape((batch_size,784))
                # 对图像像素进行缩放(scale),这是因为tanh输出的结果介于(-1,1),real和fake图
片共享discriminator的参数
                batch_images = batch_images* 2 - 1
                # generator的输入噪声
                batch_noise = np.random.uniform(-1,1,size = (batch_size,noise_size))
                # 运行优化器
                _ = sess.run(d_train_opt,feed_dict = {real_img: batch_images,noise_img:
batch_noise})
                _ = sess.run(g_train_opt,feed_dict = {noise_img: batch_noise})
            # 每一轮结束计算loss
            train_loss_d = sess.run(d_loss,
                                    feed_dict = {real_img: batch_images,
                                                noise_img: batch_noise})
            # 判别器中真实图片的损失
            train_loss_d_real = sess.run(d_loss_real,
                                        feed_dict = {real_img: batch_images,
                                                    noise_img: batch_noise})
            # 判别器中生成图片的损失
            train_loss_d_fake = sess.run(d_loss_fake,
                                        feed_dict = {real_img: batch_images,
                                                    noise_img: batch_noise})
            # 生成器的损失
            train_loss_g = sess.run(g_loss,
                                    feed_dict = {noise_img: batch_noise})


            print("Epoch {}/{}...".format(e+1,epochs),
                "Discriminator Loss: {:.4f}(Real: {:.4f} + Fake:
                    {:.4f})...".format(train_loss_d,train_loss_d_real,train_loss_d_
fake),"Generator Loss: {:.4f}".format(train_loss_g))
            # 记录各类loss值
            losses.append((train_loss_d,train_loss_d_real,train_loss_d_fake,train_loss_g))

            # 抽取样本后期进行观察
            sample_noise = np.random.uniform(-1,1,size = (n_sample,noise_size))
            gen_samples = sess.run(get_generator(noise_img,g_units,img_size,reuse = True),
feed_dict = {noise_img: sample_noise})
            samples.append(gen_samples)

            # 存储checkpoints
            saver.save(sess,'./checkpoints/generator.ckpt')
    # 将sample的生成数据记录下来
    with open('train_samples.pkl','wb') as f:
        pickle.dump(samples,f)
```

我们经常在训练完一个模型之后希望保存训练的结果,这些结果指的是模型的参数,以便

下次迭代的训练或者用作测试。TensorFlow 针对这一需求提供了 Saver 类。Saver 类提供了向 Checkpoints 文件保存和从 Checkpoints 文件中恢复变量的相关方法。Checkpoints 文件是一个二进制文件，它把变量名映射到对应的 tensor 值。

训练网络时的 batch_size 大小设定为 64，训练迭代轮数 epochs 为 300。网络训练的步骤为：获取每一轮训练的真实图片 batch_images 和随机噪声 batch_noise→运行优化器（optimizers）→求解四个训练损失值：判别器整体损失（train_loss_d）、判别器对真实图片损失（train_loss_d_real）、判别器对生成器生成的"假"图片损失（train_loss_d_fake）和生成器损失（train*loss*g）→输出训练信息和记录 loss 值→存储 checkpoints（模型）。

（8）模型测试和结果显示
①网络训练过程中生成器生成图像显示。

```
with open('train_samples.pkl','rb') as f:
    samples = pickle.load(f)

def view_samples(epoch,samples):
    """
    epoch 代表第几次迭代的图像
    samples 为我们的采样结果
    """
    fig,axes = plt.subplots(figsize = (7,7),nrows = 5,ncols = 5,sharey = True,sharex = True)
    for ax,img in zip(axes.flatten(),samples[epoch][1]): # 这里 samples[epoch][1]代表生成的图像结果，而[0]代表对应的 logits
        ax.xaxis.set_visible(False)
        ax.yaxis.set_visible(False)
        im = ax.imshow(img.reshape((28,28)),cmap = 'Greys_r')
    return fig,axes

_ = view_samples(-1,samples) # 显示最后一轮的 outputs
```

通过 pickle.load（）函数下载训练过程存储的生成数据，view_samples（）函数显示指定迭代次数时的图像数据。上述代码中，显示生成器最后一轮迭代生成图像，plt 定义绘制 5 行 5 列大小为 7×7 的生成结果图，效果如图 3-47 所示。

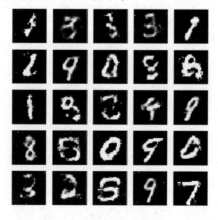

图 3-47　生成结果图

② 显示整个生成过程图片。

```
#指定要查看的轮次
epoch_idx = [0,5,10,20,40,60,80,100,150,250] # 一共300轮,不要越界
show_imgs = []
for i in epoch_idx:
    show_imgs.append(samples[i][1])

# 指定图片形状
rows,cols = 10,25
fig,axes = plt.subplots(figsize = (30,12),nrows = rows,ncols = cols,sharex = True,sharey = True)
idx = range(0,epochs,int(epochs/rows))
for sample,ax_row in zip(show_imgs,axes):
    for img,ax in zip(sample[::int(len(sample)/cols)],ax_row):
        ax.imshow(img.reshape((28,28)),cmap = 'Greys_r')
        ax.xaxis.set_visible(False)
        ax.yaxis.set_visible(False)
```

通过 epoch_idx 定义需要显示的训练轮次列表,直接从 samples 中提取并存储在 show_imgs,最终显示结果如图 3-48 所示。

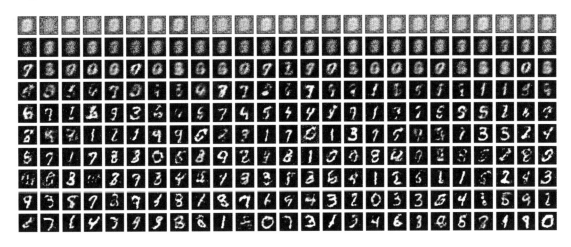

图 3-48　训练过程生成图

③ 检测网络模型性能、生成新的图片。

```
saver = tf.train.Saver(var_list = g_vars)
with tf.Session() as sess:
    saver.restore(sess,tf.train.latest_checkpoint('checkpoints'))
    sample_noise = np.random.uniform(-1,1,size = (25,noise_size))
    gen_samples = sess.run(get_generator(noise_img,g_units,img_size,reuse = True),
                    feed_dict = {noise_img: sample_noise})
#start
_ = view_samples(0,[gen_samples])
```

模型的恢复用的是 restore( )函数,它需要参数 sess 和 save_path,sess 是会话,save_path 指的是保存的模型路径,使用 tf. train. latest_checkpoint( )来自动获取最后一次保存的模型。为了测试模型的性能,通过向网络传入一个新的随机噪声,np. random. uniform(-1,1,size = (25,noise_size))从一个均匀分布[-1,1)中随机采样,注意定义域是左闭右开,即包含 -1,不包含 1,采样大小为(25,100)。该随机噪声生成的新手写数字图像如图 3-49 所示。

3.4.2 DCGAN

1. 背景介绍

DCGAN,全称为 Deep Convolutional Generative Adversarial Networks,即深度卷积对抗网络。它是由 Alec Radford 在论文 *Unsupervised Representation Learning with Deep Convolutional Generative Adversarial Networks*[42] 中提出的,顾名思义,就是在生成器和判别器特征提取层用卷积神经网络代替了原始 GAN 中的多层感知机。

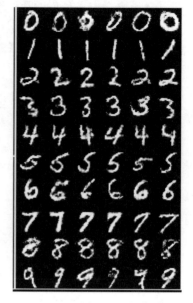

图 3-49 生成图像结果

2. 设计思想

众所周知,原始基础 GAN 很难训练,也容易发生模式坍塌(产生的结果单一,Sharp,不稳定),而 DCGAN 通过对原始 GAN 的改进,其 Generator 能够更好地保留输入的语义相关性,而 Discriminator 能够用于提取通用有效的图像特征,可以用于分类任务。DCGAN 的判别器和生成器都使用了卷积神经网络(CNN)来替代 GAN 中的多层感知机,同时为了使整个网络可微,拿掉了 CNN 中的池化层,另外,将全连接层以全局池化层替代,以减轻计算量。同时生成器 G 将一个 100 维的噪音向量扩展成 64×64×3 的矩阵输出,整个过程采用的是微步卷积的方式。论文作者在文中将其称为 Fractionally-Strided Convolutions,并特意强调不是 Deconvolutions。微步卷积是反卷积中的一种,反卷积包含转置卷积和微步卷积,两者的区别在于 Padding 的方式不同,如图 3-50 所示。

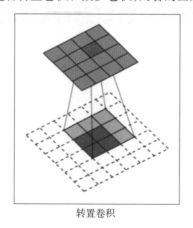
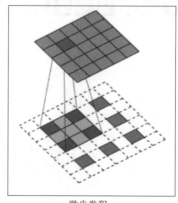

转置卷积　　　　　　　　微步卷积

图 3-50 转置卷积和微步卷积

因此总结得到 DCGAN 相对于原始基础 GAN 的区别：

①采用全卷积神经网络。不使用空间池化，取而代之使用带步长的卷积层(Strided Convolution)。这么做能让网络自己学习更合适的空间下采样方法。对于 Generator 来说，要做上采样，采用的是微步卷积(Fractionally-Strided Convolution)；对于 Discriminator 来说，一般采用整数步长的卷积。

②避免在卷积层之后使用全连接层。全连接层虽然增加了模型的稳定性，但也减缓了收敛速度。一般来说，Generator 的输入(噪声)采用均匀分布；Discriminator 的最后一个卷积层一般先摊平(Flatten)，然后接一个单节点的 Softmax。

③除了 Generator 的输出层和 Discriminator 的输入层以外，其他层都是采用 Batch Normalization。Batch Normalization 能确保每个节点的输入都是均值为 0，方差为 1。即使是初始化很差，也能保证网络中有足够强的梯度。

④对于 Generator，输出层的激活函数采用 Tanh()，其他层的激活函数采用 ReLU()。对于 Discriminator，激活函数采用 Leaky ReLU()。

3. 代码研读

DCGAN 与原始基础 GAN 在原理上并没有太大的区别，具体的公式和原始 GAN 也几乎一样，DCGAN 仅是把生成器和判别器里面的多层感知机换成了深度卷积网络，并对激活函数进行特定的选取设置。因此，同样对 TensorFlow 实现对 MNIST 手写数字生成代码进行研读，但是只研读生成器和判别器这两部分代码，其余代码与原始基础 GAN 一致，就不再详细展开。

(1) 生成器(Generator)的构建

```
def lrelu(x,th = 0.2):
    return tf.maximum(th * x,x)

def generator(x,isTrain = True,reuse = False):
    with tf.variable_scope('generator',reuse = reuse):
        # 第一隐藏层
        conv1 = tf.layers.conv2d_transpose(x,1024,[5,5],strides = (2,2),padding = 'valid')
        lrelu1 = lrelu(tf.layers.batch_normalization(conv1,training = isTrain),0.2)
        layer1 = tf.nn.dropout(lrelu1,keep_prob = 0.8)

        # 第二隐藏层
        conv2 = tf.layers.conv2d_transpose(layer1,512,[5,5],strides = (2,2),padding = 'same')
        lrelu2 = lrelu(tf.layers.batch_normalization(conv2,training = isTrain),0.2)
        layer2 = tf.nn.dropout(lrelu2,keep_prob = 0.8)

        # 第三隐藏层
        conv3 = tf.layers.conv2d_transpose(layer2,256,[5,5],strides = (2,2),padding = 'same')
        lrelu3 = lrelu(tf.layers.batch_normalization(conv3,training = isTrain),0.2)
        layer3 = tf.nn.dropout(lrelu3,keep_prob = 0.8)
```

```
    # 第四隐藏层
    conv4 = tf.layers.conv2d_transpose(layer3,128,[5,5],strides = (2,2),padding =
'same')
    lrelu4 = lrelu(tf.layers.batch_normalization(conv4,training = isTrain),0.2)
        layer4 = tf.nn.dropout(lrelu4,keep_prob = 0.8)

    # 输出层
    conv5 = tf.layers.conv2d_transpose(layer4,3,[5,5],strides = (2,2),padding =
'same')
        o = tf.nn.tanh(conv5)
        return o
```

DCGAN 的生成器首先接收大小为(None,100)的随机噪声,称为 z,并将其输入到第一个解卷积层 CONV1。每个反卷积层执行反卷积,然后执行批量归一化和 Leaky ReLu( )。依次经过四个反卷积层,第五个反卷积层只执行反卷积操作,并不实行归一化和 Leaky ReLu( ),而是经过 tanh( )激活函数。对应的网络结构图如下 3-51 所示。

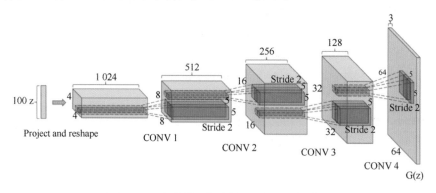

图 3-51　生成器网络结构图(来源于[42])

①tf.layers.conv2d_transpose( )函数(反卷积操作)。

参数:value,filter,output_shape,strides,padding,data_format 和 name。最主要的三个参数是 value、output_shape 和 strides。

②tf.layers.batch_normalization 批量归一化操作。

需要注意的参数有:

• axis 的值取决于按照 input 的哪一个维度进行 BN(Batch Normalization,批量归一化操作),例如输入为 channel_last format,即[batch_size,height,width,channel],则 axis 应该设定为 4,如果为 channel_first format,则 axis 应该设定为 1。

• momentum 的值用在训练时,用滑动平均的方式计算滑动平均值 moving_mean 和滑动方差 moving_variance。后面做更详细的说明。

• center 为 True 时,添加位移因子 beta 到该 BN 层,否则不添加。添加 beta 是对 BN 层的变换加入位移操作。注意,beta 一般设定为可训练参数,即 trainable = True。

• scale 为 True 时,添加缩放因子 gamma 到该 BN 层,否则不添加。添加 gamma 是对 BN

层的变化加入缩放操作。注意,gamma 一般设定为可训练参数,即 trainable = True。

• training 表示模型当前的模式,如果为 True,则模型在训练模式,否则为推理模式。要非常注意这个模式的设定,这个参数默认值为 False。如果在训练时采用了默认值 False,则滑动均值 moving_mean 和滑动方差 moving_variance 都不会根据当前 batch 的数据更新,这就意味着在推理模式下,均值和方差都是其初始值,因为这两个值并没有在训练迭代过程中滑动更新。

(2) 判别器(Discriminator)的构建

```
def discriminator(x,isTrain = True,reuse = False):
    with tf.variable_scope('discriminator',reuse = reuse):
        # 第 1 隐藏层
        conv1 = tf.layers.conv2d(x,128,[5,5],strides = (2,2),padding = 'same')
        lrelu1 = lrelu(conv1,0.2)
            layer1 = tf.nn.dropout(lrelu1,keep_prob = 0.8)

        # 第 2 隐藏层
        conv2 = tf.layers.conv2d(layer1,256,[5,5],strides = (2,2),padding = 'same')
        lrelu2 = lrelu(tf.layers.batch_normalization(conv2,training = isTrain),0.2)
            layer2 = tf.nn.dropout(lrelu2,keep_prob = 0.8)

        # 第 3 隐藏层
        conv3 = tf.layers.conv2d(layer2,512,[5,5],strides = (2,2),padding = 'same')
        lrelu3 = lrelu(tf.layers.batch_normalization(conv3,training = isTrain),0.2)
            layer3 = tf.nn.dropout(lrelu3,keep_prob = 0.8)

        # 第 4 隐藏层
        conv4 = tf.layers.conv2d(lrelu3,1024,[5,5],strides = (2,2),padding = 'same')
        lrelu4 = lrelu(tf.layers.batch_normalization(conv4,training = isTrain),0.2)
            layer4 = tf.nn.dropout(lrelu4,keep_prob = 0.8)

        # 输出层
        conv5 = tf.layers.conv2d(layer4 ,1,[5,5],strides = (2,2),padding = 'valid')
        o = tf.nn.sigmoid(conv5)

        return o,conv5
```

DCGAN 判别器的结构与生成器是完全相反的,判别器输出层的激活函数为 sigmoid( )。

3.4.3 WGAN

1. 背景介绍

自从 2014 年 Ian Goodfellow 提出 GAN 之后,GAN 一直存在着训练困难、生成器和判别器的 loss 无法指示训练进程、生成样本缺乏多样性等问题。从那时起,很多人都在尝试解决,但是效果不尽人意,比如上述的改进 DCGAN 依靠的是对判别器和生成器的架构进行实验枚举,最终找到一组比较好的网络架构设置,但是实际上是治标不治本,没有彻底解决问题。直到 Martin Arjovsky 在 2017 提出 WGAN,从损失函数着手寻求解决 GAN 存在的问题。

2. 设计思想

与 DCGAN 不同，WGAN 主要从损失函数的角度对 GAN 做了改进，损失函数改进之后的 WGAN 即使在全连接层上也能得到很好的表现结果，WGAN 对 GAN 的改进主要有：

① 判别器最后一层去掉 sigmoid。

② 生成器和判别器的 loss 不取 log。

③ 对更新后的权重强制截断到一定范围内，比如[-0.01,0.01]，以满足 Lipschitz 连续性条件。

④ 论文中也推荐使用 SGD、RMSprop 等优化器，不使用基于使用动量的优化算法，比如 adam。

WGAN 与原始 GAN 的具体改进和数学推导不在本书中进行展开，具体可以参考[39]。总的来说，GAN 中交叉熵(JS 散度)不适合衡量生成数据分布和真实数据分布的距离，如果通过优化 JS 散度训练 GAN，会导致找不到正确的优化目标，所以，WGAN 提出使用 Wassertein 距离作为优化方式训练 GAN，但是数学上和真正代码实现上还是有区别的，使用 Wassertein 距离需要满足很强的连续性条件——Lipschitz 连续性，为了满足这个条件，论文作者使用了将权重限制到一个范围的方式强制满足 Lipschitz 连续性，但是这也造成了隐患。

注意：Lipschitz 限制是在样本空间中，要求判别器函数 D(x) 梯度值不大于一个有限的常数 K，通过权重值限制的方式保证了权重参数的有界性，间接限制了其梯度信息。

基于上述的设计思路，GAN 具有以下的优缺点。

（1）优点

① WGAN 理论上给出了 GAN 训练不稳定的原因，即交叉熵(JS 散度)不适合衡量具有不相交部分的分布之间的距离，转而使用 Wassertein 距离去衡量生成数据分布和真实数据分布之间的距离，理论上解决了训练不稳定的问题。

② 解决了模式崩溃的(Collapse Mode)问题，生成结果多样性更丰富。

③ 对 GAN 的训练提供了一个指标，此指标数值越小，表示 GAN 训练的越差，反之越好。

（2）缺点

① 判别器的 loss 希望尽可能拉大真假样本的分数差，但是实际上最终权重集中在两端，这样参数的多样性减少，会使判别器得到的神经网络学习一个简单的映射函数，是巨大的浪费。

② 很容易导致梯度消失或者梯度爆炸，若把 Clipping Threshold 设得较小，每经过一个网络，梯度就会变小，多级之后会成为指数衰减；反之，较大，则会使得指数爆炸，这个平衡区域可能很小。

3. 代码研读

TensorFlow 实现基于 WGAN 的 LFW 和 CelebA 人脸图像生成。

LFW 和 CelebA 两个人脸数据集：

① LFW(Labeled Faces in the Wild)：http://vis-www.cs.umass.edu/lfw/，包括 1 680 人共计超过 1.3 万张图片。

② CelebA (CelebFaces Attributes Dataset)：http://mmlab.ie.cuhk.edu.hk/projects/CelebA.html，包括 10 177 人共计超过 20 万张图片，并且每张图片还包括人脸的 5 个关键点位

置和 40 个属性的 0、1 标注,例如是否有眼镜、帽子、胡子等。

(1) 加载模块和目标库

```
# -*- coding: utf-8 -*-
import tensorflow as tf
import numpy as np
import os
import matplotlib.pyplot as plt
% matplotlib inline
from imageio import imread,imsave,mimsave
import cv2
import glob
from tqdm import tqdm
```

glob 是 Python 自带的一个操作文件的相关模块,由于模块功能比较少,所以很容易掌握。用它可以查找符合特定规则的文件路径名。使用该模块查找文件,只需要用到:"*""?""[ ]"这三个匹配符;

- "*" 匹配 0 个或多个字符。
- "?" 匹配单个字符。
- "[ ]" 匹配指定范围内的字符,如:[0-9]匹配数字。

glob.glob():返回所有匹配的文件路径列表。它只有一个参数 pathname(文件路径),定义了文件路径匹配规则,可以是绝对路径,也可以是相对路径。通过下面代码进行数据的读取:

```
dataset = 'lfw_new_imgs' # LFW
# dataset = 'celeba' # CelebA
images = glob.glob(os.path.join(dataset,'*.*'))
print(len(images))
```

通过 dataset 进行数据集的选取,采用的是绝对路径。

(2) 网络参数、常量和辅助函数的定义

```
batch_size = 100
z_dim = 100
WIDTH = 64
HEIGHT = 64
LAMBDA = 10
DIS_ITERS = 3 # 5

OUTPUT_DIR = 'samples_' + dataset
if not os.path.exists(OUTPUT_DIR):
    os.mkdir(OUTPUT_DIR)

X = tf.placeholder(dtype=tf.float32,shape=[batch_size,HEIGHT,WIDTH,3],name='X')
noise = tf.placeholder(dtype=tf.float32,shape=[batch_size,z_dim],name='noise')
is_training = tf.placeholder(dtype=tf.bool,name='is_training')

def lrelu(x,leak=0.2):
    return tf.maximum(x,leak * x)
```

X 和 noise 为真实图像和生成器输入随机噪声,每一轮迭代对应的大小分别为(100,64,64,3)和(100,100),lrelu()为激活函数 Leaky ReLU()的自定义函数,leak 值为 0.2。

(3)生成器(Generator)的构建

```
def generator(z,is_training = is_training):
    momentum = 0.9
    with tf.variable_scope('generator',reuse = None):
        d = 4
        h0 = tf.layers.dense(z,units = d * d * 512)
        h0 = tf.reshape(h0,shape = [-1,d,d,512])
        h0 = tf.nn.relu(tf.contrib.layers.batch_norm(h0,is_training = is_training,decay = momentum))

        h1 = tf.layers.conv2d_transpose(h0,kernel_size = 5,filters = 256,strides = 2,padding = 'same')
        h1 = tf.nn.relu(tf.contrib.layers.batch_norm(h1,is_training = is_training,decay = momentum))

        h2 = tf.layers.conv2d_transpose(h1,kernel_size = 5,filters = 128,strides = 2,padding = 'same')
        h2 = tf.nn.relu(tf.contrib.layers.batch_norm(h2,is_training = is_training,decay = momentum))

        h3 = tf.layers.conv2d_transpose(h2,kernel_size = 5,filters = 64,strides = 2,padding = 'same')
        h3 = tf.nn.relu(tf.contrib.layers.batch_norm(h3,is_training = is_training,decay = momentum))

        h4 = tf.layers.conv2d_transpose(h3,kernel_size = 5,filters = 3,strides = 2,padding = 'same',activation = tf.nn.tanh,name = 'g')
        return h4
```

WGAN 的生成器与 DCGAN 的生成器是一致的,但是在该代码中生成器将输入噪声 Reshape 成大小为(4,4,512)的 Tensor,大小为 DCGAN 的一半,这样进一步减少了计算量。生成器的最后一个卷积层的激活函数还是 tanh()函数。需要注意的一点是,无论是 DCGAN 还是 WGAN,最后一层的卷积核个数都必须为 3,以确保生成器最终得到的是一个三通道的图像,即 filters = 3。

(4)判别器(Discriminator)的构建

```
def discriminator(image,reuse = None,is_training = is_training):
    momentum = 0.9
    with tf.variable_scope('discriminator',reuse = reuse):
        h0 = lrelu(tf.layers.conv2d(image,kernel_size = 5,filters = 64,strides = 2,padding = 'same'))

        h1 = lrelu(tf.layers.conv2d(h0,kernel_size = 5,filters = 128,strides = 2,padding = 'same'))
```

```
        h2 = lrelu(tf.layers.conv2d(h1,kernel_size =5,filters =256,strides =2,padding
='same'))

        h3 = lrelu(tf.layers.conv2d(h2,kernel_size =5,filters =512,strides =2,padding
='same'))

        h4 = tf.contrib.layers.flatten(h3)
        h4 = tf.layers.dense(h4,units =1)
        return h4
```

判别器(Generator)的输出值为该图像是"真"图还是"假"的概率值,所以最后一层通过一个结点为1的全连接层进行控制。

①tf.contrib.layers.flatten(h3):使得h3保留第一个维度(Batch_size),并把第一个维度包含的每一子张量展开成一个行向量,返回一个二维的张量,返回张量的shape为[第一维度,子张量乘积)。一般用于卷积神经网络全连接层前的预处理,因为全连接层需要将输入数据变为一个向量,向量大小为[batch_size,……]。

如下面代码,pool是全连接层的输入,则需要将其转换为一个向量。假设pool是一个100×7×7×64的矩阵,则通过转换后,得到一个[100,3136]的矩阵,这里的100为卷积神经网络的batch_size,3136则是7×7×64的乘积。

```
fla = tf.contrib.layers.flatten(pool)
```

②tf.layers.conv2d:2D卷积层的函数接口,这个层创建了一个卷积核,将输入Tensor进行卷积,输出一个Tensor。如果use_bias是True(且提供了bias_initializer),则一个偏差向量会被加到输出中。最后,如果activation不是None,激活函数也会被应用到输出中。

原型:

```
conv2d(inputs,filters,kernel_size,
    strides = (1,1),
    padding = 'valid',
    data_format = 'channels_last',
    dilation_rate = (1,1),
    activation =None,
    use_bias =True,
    kernel_initializer =None,
    bias_initializer = <tensorflow.python.ops.init_ops.Zeros object at
0x000002596A1FD898 >,
    kernel_regularizer =None,
    bias_regularizer =None,
    activity_regularizer =None,
    kernel_constraint =None,
    bias_constraint =None,
    trainable =True,
    name =None,
    reuse =None)
```

主要参数:
- inputs:Tensor 输入。
- filters:整数,表示输出空间的维数(即卷积过滤器的数量)。
- kernel_size:一个整数,或者包含了两个整数的元组/队列,表示卷积窗的高和宽。如果是一个整数,则宽高相等。
- strides:一个整数,或者包含了两个整数的元组/队列,表示卷积的纵向和横向的步长。如果是一个整数,则横纵步长相等。另外,strides 不等于 1 和 dilation_rate 不等于 1 这两种情况不能同时存在。
- padding:valid 或者 same(不区分大小写)。valid 表示不够卷积核大小的块就丢弃,same 表示不够卷积核大小的块就补 0。
- data_format:channels_last 或者 channels_first,表示输入维度的排序。
- dilation_rate:一个整数,或者包含了两个整数的元组/队列,表示使用扩张卷积时的扩张率。如果是一个整数,则所有方向的扩张率相等。另外,strides 不等于 1 和 dilation_rate 不等于 1 这两种情况不能同时存在。
- activation:激活函数,如果是 None 则为线性函数。
- use_bias:Boolean 类型,表示是否使用偏差向量。
- reuse:Boolean 类型,表示是否可以重复使用具有相同名字的前一层的权重。

(5)定义损失函数

①WGAN 损失函数的定义。

```
#生成器传入噪声,生成 g
g = generator(noise)
#判别器对真实图像判别
d_real = discriminator(X)
#判别器对生成图像判别
d_fake = discriminator(g, reuse = True)
loss_g = - tf.reduce_mean(d_fake)        #生成器 loss
loss_d = tf.reduce_mean(d_fake) - tf.reduce_mean(d_real)      #判别器 loss
```

tf.reduce_mean()函数用于计算张量 Tensor 沿着指定的数轴(Tensor 的某一维度)上的平均值,主要用作降维或者计算 Tensor(图像)的平均值。

```
reduce_mean(input_tensor,
            axis = None,
            keep_dims = False,
            name = None,
            reduction_indices = None)
```

参数:
- input_tensor:输入的待降维的 tensor。
- axis:指定的轴,如果不指定,则计算所有元素的均值。
- keep_dims:是否降维度,设置为 True,输出的结果保持输入 tensor 的形状,设置为 False,输出结果会降低维度。
- name:操作的名称。

- reduction_indices：在以前版本中用来指定轴，最新版 TensorFlow 已弃用。

WGAN 作者对原始 GAN 进行深入的剖析，得出在原始 GAN 的（近似）最优判别器下，在第一种生成器 loss——$E_{x \sim p_g}[\log(1-D(x))]$ 下，会面临梯度消失问题，在第二种生成器 loss——$E_{x \sim p_g}[-\log(D(x))]$ 下，会面临优化目标荒谬、梯度不稳定、对多样性与准确性惩罚不平衡导致 Mode Collapse 这几个问题。因此原始 GAN 问题的根源可以归结为两点：一是等价优化的距离衡量（KL 散度、JS 散度）不合理；二是生成器随机初始化后的生成分布很难与真实分布有不可忽略的重叠。

因此，作者基于 Wasserstein 距离和 Lipschitz 连续对原始 GAN 的生成器和判别器的损失函数进行重新定义（具体推导本书不展开），得到一个含参数 ω，最后一层采用的激活函数为非线性激活函数，在限制 ω 不超过预设阈值的条件下，判别器的损失函数为：

$$L_d = E_{x \sim P_r}[f_w(x)] - E_{x \sim P_g}[f_w(x)]$$

因此判别器对应的损失函数代码为：

```
loss_d_real = -tf.reduce_mean(d_real)
loss_d_fake = tf.reduce_mean(d_fake)
loss_d = loss_d_real + loss_d_fake
```

当该损失函数取最大时，此时 L 就会近似真实分布与生成分布之间的 Wasserstein 距离（忽略常数倍数 K）。注意原始 GAN 的判别器做的是真假二分类任务，所以最后一层是 sigmoid，但是现在 WGAN 中的判别器 f_w 做的是近似拟合 Wasserstein 距离，属于回归任务，所以要将最后一层的 sigmoid 删除。

当判别器最优时，生成器要近似地最小化 Wasserstein 距离，可以最小化 L，由于 Wasserstein 距离的优良性质，不再担心生成器梯度消失的问题。再考虑到 L 的第一项与生成器无关，就得到了 WGAN 的生成器的 loss：

$$L_g = -E_{x \sim P_g}[f_w(x)]$$

生成器对应的损失函数代码为：

loss_g = -tf.reduce_mean(d_fake)。

② WGAN_GP 损失函数的定义。

WGAN 的损失函数还是不太理想，所以 WGAN_GP[40] 针对 WGAN 的不足，进一步提出，WGAN 具体的实现过程中，没有必要对整个样本空间施加 Lipschitz 限制，只要抓住生成样本集中区域、真实样本集中区域以及夹在它们中间的区域就行。具体操作的话，就是先随机采样一对真实样本，还有一个 0-1 的随机数：

$$x_r \sim P_r, x_g \sim P_g, \epsilon \sim \text{Uniform}[0,1]$$

然后在 x_r 和 x_g 的连线上随机插值采样：

$$\hat{x} = \epsilon x_r + (1+\epsilon) x_g$$

按照上述的流程采样得到的 $\hat{x}$ 所满足的分布记为 $P_{\hat{x}}$，就是最终版本判别器的 loss：

$$L_d = -E_{x \sim P_r}[D(x)] + E_{x \sim P_g}[D(X)] + \lambda E_{x \sim P_{\hat{x}}}[\|\Delta_x D(x)\|_p - 1]^2$$

下文代码中 $\lambda = \text{Lambda}$，取值为 10。

```
#生成器传入噪声,生成 g
g = generator(noise)
#判别器对真实图像进行判别
d_real = discriminator(X)
#判别器对生成图像进行判别
d_fake = discriminator(g, reuse = True)

#判别器的损失
loss_d_real = - tf.reduce_mean(d_real)
loss_d_fake = tf.reduce_mean(d_fake)
loss_d = loss_d_real + loss_d_fake
#生成器的损失
loss_g = - tf.reduce_mean(d_fake)

alpha = tf.random_uniform(shape = [batch_size,1,1,1],minval = 0.,maxval = 1.)
#X:真实图像 g:生成图像
interpolates = alpha * X + (1 - alpha) * g
grad = tf.gradients(discriminator(interpolates, reuse = True),[interpolates])[0]
slop = tf.sqrt(tf.reduce_sum(tf.square(grad),axis = [1]))
gp = tf.reduce_mean((slop - 1.) ** 2)
loss_d + = LAMBDA * gp
```

A. tf.random_uniform() 函数用于从均匀分布中输出随机值,返回用于填充随机均匀值的指定形状的张量。生成的值在 [minval, maxval) 范围内遵循均匀分布,下限 minval 包含在范围内,而上限 maxval 被排除在外。对于浮点数,默认范围是 [0,1)。对于整数,至少 maxval 必须明确地指定。

```
random_uniform(
    shape,
    minval = 0,
    maxval = None,
    dtype = tf.float32,
    seed = None,
    name = None
)
```

参数:

• shape:一维整数张量或 Python 数组,输出张量的形状。
• minval:dtype 类型的 0-D 张量或 Python 值,生成的随机值范围的下限,默认为 0。
• maxval:dtype 类型的 0-D 张量或 Python 值,要生成的随机值范围的上限,如果 dtype 是浮点,则默认为 1。
• dtype:输出的类型,为 float16、float32、float64、int32、orint64。
• seed:一个 Python 整数,用于为分布创建一个随机种子,查看 tf.set_random_seed 行为。
• name:操作的名称(可选)。

B. tf.gradients() 函数,TensorFlow 提供的求取两个张量之间的偏导。

```
gradients(
    ys,
    xs,
    grad_ys = None,
    name = 'gradients',
    colocate_gradients_with_ops = False,
    gate_gradients = False,
    aggregation_method = None
)
```

ys 和 xs 是一个张量或一个张量的列表。grad_ys 是一个张量列表,持有由 ys 接收的梯度,该列表必须与 ys 具有相同长度。

参数:
- ys:要区分的张量或者张量列表。
- xs:用于微分的张量或者张量列表。
- grad_ys:(可选)与 ys 具有相同大小的张量或张量列表,并且对 ys 中的每个 y 计算的梯度。
- name:用于将所有渐变操作组合在一起的可选名称,默认为"渐变"。
- colocate_gradients_with_ops:如果为 True,请尝试使用相应的操作对齐梯度。
- gate_gradients:如果为 True,则在操作返回的梯度周围添加一个元组,这避免了一些竞态条件。
- aggregation_method:指定用于组合渐变项的方法。接受的值是在类 AggregationMethod 中定义的常量。

(6)定义优化方法

WGAN 对应的优化器:

```
#优化器
gen_train_op = tf.train.RMSPropOptimizer(learning_rate = 5e5).minimize(gen_cost,var_list = g_vars)
disc_train_op = tf.train.RMSPropOptimizer(learning_rate = 5e5).minimize(disc_cost,var_list = d_vars)
clip_ops = []
#将判别器权重截断到[ -0.01,0.01]
for var in train_vars:
    if var.name.startswith("discriminator"):
        clip_bounds = [ -0.01,0.01]
        clip_ops.append(tf.assign(var,tf.clip_by_value(var,clip_bounds[0],
                                                      clip_bounds[1])))
            clip_disc_weights = tf.group(* clip_ops)
```

WGAN 采用 TensorFlow 中自带的 RMSprop 优化器:tf.train.RMSPropOptimizer。同时将判别器权重截断到[-0.01,0.01],通过权重值限制的方式保证了权重参数的有界性,间接限制了其梯度信息。

WGAN-GP 对应的优化器:

```
train_vars = tf.trainable_variables()
vars_g = [var for var in tf.trainable_variables() if var.name.startswith('generator')]
vars_d = [var for var in tf.trainable_variables() if var.name.startswith('discriminator')]

update_ops = tf.get_collection(tf.GraphKeys.UPDATE_OPS)
with tf.control_dependencies(update_ops):
    optimizer_d = tf.train.AdamOptimizer(learning_rate = 0.0002, beta1 = 0.5).minimize(loss_d, var_list = vars_d)
    optimizer_g = tf.train.AdamOptimizer(learning_rate = 0.0002, beta1 = 0.5).minimize(loss_g, var_list = vars_g)
```

WGAN-GP 的优化器采用的是传统的 Adam 优化器，因为 WGAN-GP 对数据样本进行了限定，所以无须进行样本空间的 Lipschitz 限制。WGAN 与 WGAN-GP 的训练和测试代码与 DCGAN 基本一致，这里就不再进行展开。

3.4.4　BigGAN

1. 背景介绍

GAN 被广泛应用于图像的生成，目前一些原始 GAN 的变种可以实现在 MNIST、LFW 等数据集上完美图像生成。但是为了探索在好的硬件条件（TPU）和庞大的参数体系下，GANs 生成的图片究竟能逼真、精细到什么程度，基于这样的好奇心，BigGAN 应运而生。BigGAN（Large Scale GAN Training For High Fidelity Natural Image Synthesis）的作者尝试在大规模的数据集中训练生成对抗网络，并研究在这种大规模训练下 GAN 的不稳定性。作者发现应用垂直正则化（Orthogonal Regularization）到生成器可以使其服从简单的"截断技巧"（Truncation Trick），从而允许通过截断隐空间来精调样本保真度和多样性的权衡。这种修改方法可以让模型在图像合成中达到当前最佳性能。当在 128×128 分辨率的 ImageNet 上训练时，BigGAN 可以达到 166.3 的 Inception 分数（IS），以及 9.6 的 Frechet Inception 距离（FID），而之前的最佳 IS 和 FID 仅为 52.52 和 18.65。BIgGAN 在 ImageNet 上的生成结果如图 3-52 所示。

图 3-52　BIgGAN 在 ImageNet 上的生成结果

2. 设计思想

BigGAN 为了得到更加逼真、精细的图像，首先通过增强 BatchSize、Channel 和 Shared（共享嵌入）三个技术来提高精度，再将垂直正则化应用到生成器可以使其服从简单的"截断技巧"，从而允许通过截断隐空间来精调样本保真度和多样性的权衡。

(1) BatchSize

简单地增大 BatchSize 可以实现性能上较好的提升,例如 Batchsize 从 256 增大到 2 048 时,IS 提高了 46%,BigGAN 推测这可能是每批次覆盖更多内容的结果,为生成和判别两个网络提供更好的梯度。增大 BatchSize 还会带来在更少的时间训练出更好性能的模型,但是无限制地增大 Batchsize 会使得模型在训练上稳定性下降。

(2) Channel

简单提高 BatchSize 精度还是会受到限制,BigGAN 又进一步增加每层的通道数,当通道增加 50%,大约两倍于两个模型中的参数数量,这会导致 IS 进一步提高 21%。文章认为这是由于模型的容量相对于数据集的复杂性而增加。有趣的是,BigGAN 在实验上发现一味地增加网络深度并不会带来更好的结果,反而在生成性能上会有一定的下降。

(3) Shared(共享嵌入)

先引入 BigGAN 生成器的网络结构来对共享嵌入进行说明:如图 3-53(a) 所示将噪声向量 z 通过 split 等分成多块,然后和条件标签 c 连接后一起送入生成网络的各个层中,对于生成网络的每一个残差块又可以进一步展开为图 3-53(b) 的结构。可以看到噪声向量 z 的块和条件标签 c 在残差块下是通过 Concat 操作后送入 BatchNorm 层,这种嵌入方式就是共享嵌入,线性投影到每个层的 Bias 和 Weight。共享嵌入与传统嵌入的差别是,传统嵌入为每个嵌入分别设置一个层,而共享嵌入是将 z 与 c 的连接一并传入所有 BatchNorm。

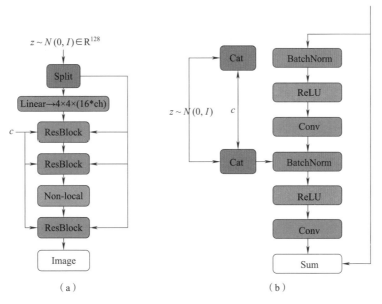

图 3-53 c 与 z 块连接并投射到 BatchNorm 的增益和偏差

(4) 层次化潜在空间(Hierarchical Latent Space)

将随机噪声向量 z 对应不同的分辨率划分为多个块,然后将每一块随机噪声向量 z' 与条件向量 c 连接在一起,再映射到 BatchNorm 层的增益(Gain)和偏置(Bias),如

图 3-53 所示。

(5) 截断技巧

对先验分布 z 采样的过程中,通过设置阈值的方式来截断 z 的采样,其中超出范围的值被重新采样以落入该范围内。这个阈值可以根据生成质量指标 IS 和 FID 决定。实验的结果也表明,随着阈值的下降,生成的质量会越来越好,但是由于阈值的下降、采样的范围变窄,就会造成生成上取向单一化,造成生成的多样性不足的问题,数据上来说就是,IS(反应图像的生成质量)一路上涨,FID(注重生成的多样性)先变好然后一路变坏。

(6) 正交正则化

试用截断技术可以提升图片的质量,但是一些较大的模型不适合进行截断,因为在嵌入截断噪声时会产生饱和伪影。为了抵消这种情况,BigGAN 通过将 G 调节为平滑来强制实现截断的适应性,以便 z 的整个空间能映射到良好的输出样本。为此,BigGAN 采用正交正则化方法(Orthogonal Regularization)。为了实现正交化,BigGAN 从正则化中删除对角项,并且旨在最小化卷积核之间的成对余弦相似性,但不限制它们的范数:

$$R_\beta(W) = \beta \parallel W^T W - I \parallel_F^2$$

其中,W 是权重矩阵,β 是超参数,I 是单位矩阵。实验结果也证明了,正交正则化方法对于最后的结果是非常有效的。

(7) 生成器的不稳定性及对策

在 BigGAN 的大尺度批量和参数量的情况下,探索能够预示训练开始发生崩溃的标准,发现每一项权重的前三个最大的奇异值 σ_0、σ_1、σ_2 最具有信息量来做这件事,并研究对生成器强加额外的条件防止谱的突爆问题。

第一种方法,正则化每一项权重的最大奇异值 σ_0:接近一个固定 σ_{reg} 或者第二大奇异值乘以一个比率 $r \cdot sg(\sigma_1)$,其中,sg 表示的是停止梯度操作来防止正则化增加 σ_1。

第二种方法,采用偏奇异值分解(Partial Sigular Value Decomposition)来钳制 σ_0。给定权 W,其第一奇异向量为 u_0 和 v_0,σ_{clamp} 表示的钳制 σ_0 的值,要么设置为 σ_{reg},要么设置为 $r \cdot sg(\sigma_1)$,则权重被优化为:

$$W = W - \max(0, \sigma_0 - \sigma_{clamp}) v_0 u_0^T$$

这样处理权重后的效果为:不管使不使用谱归一化(Spectral Normalization),上述的技术都能防止 σ_0 或者 σ_0/σ_1 的逐渐增加至爆炸。

但是文章也指出,在某些情况下上述方法可以提高性能,但是并不能防止训练崩溃,这就表明调节生成器 G 可能改善稳定性,但并不足以保证稳定,因此将研究的关注点转到判别器上。

(8) 判别器的不稳定性及对策

BigGAN 作者通过分析 D(判别器)的权重的谱曲线,发现 D 的谱是嘈杂的,σ_0/σ_1 表现良好,并且奇异值在整个训练过程中一直增长,在崩溃时发生值跳跃而不是值爆炸。D 中的谱出现尖峰(Spikes)噪声与训练不稳定有关,并探索 R_1 邻域中心梯度惩罚来显式地正则化 D 的雅可比(Jacobian)的变化:

$$R_1 := \gamma/2 \cdot E_{P_D}(x) [\parallel \Delta D(X) \parallel_F^2]$$

通过降低惩罚强度 γ 来提高训练稳定性,但同样会导致 IS 值下降。通过设置不同强度的正交正则化、DropOut、L2 等正则化策略的试验都证明：惩罚 D 的力度足够大时,训练就变得稳定,但是会严重牺牲性能。

BigGAN 主要的贡献在于：
- 通过大规模 GAN 的应用,BigGAN 实现了图像生成上的巨大突破。
- 采用先验分布 z 的"截断技巧",允许对样本多样性和保真度进行精细控制。
- 在大规模 GAN 的实现上不断克服模型训练问题,采用技巧降低训练的不稳定。

3. 代码研读

BigGAN 的训练复杂度随着输入图像大小、BatchSize 大小以及网络层次的深浅而变化,为了使整个 BigGAN 网络在性能相对较差的 GPU 上也能运行,我们设定输入图像为 128×128 的 ImageNet 数据集分类图像。

我们将从 BigGAN 的生成器和判别器的构建、损失函数和优化方法的定义以及网络训练三个方面对 BigGAN 的代码进行重点研读,整体代码不做详细解读,完整代码可以从 https://github.com/taki0112/BigGAN-Tensorflow 自行下载学习。

(1) 基础网络层的定义

① 定义正交正则化器。

```
def orthogonal_regularizer(scale):
    def ortho_reg(w) :
        _,_,_,c = w.get_shape().as_list()
        w = tf.reshape(w,[-1,c])
        """定义一个合适大小的单位 Tensor"""
        identity = tf.eye(c)
        """利用公式 W^T* W - I 进行正则化"""
        w_transpose = tf.transpose(w)
        w_mul = tf.matmul(w_transpose,w)
        reg = tf.subtract(w_mul,identity)
        ortho_loss = tf.nn.l2_loss(reg)
        returnscale* ortho_loss
    return ortho_reg


def orthogonal_regularizer_fully(scale):
    def ortho_reg_fully(w):
        _,c = w.get_shape().as_list()
        """定义一个合适大小的单位 Tensor"""
        identity = tf.eye(c)
        """利用公式 W^T* W - I 进行正则化"""
        w_transpose = tf.transpose(w)
        w_mul = tf.matmul(w_transpose,w)
        reg = tf.subtract(w_mul,identity)
        ortho_loss = tf.nn.l2_loss(reg)
        return scale* ortho_loss
    return ortho_reg_fully
```

由前面可知正交正则化的概念及其对应的求解公式,但是在具体实现时,卷积层和全连接层的权重对应的正交正则化是不同的,对应于上述代码中的 orthogonal_ regularizer() 函数和 orthogonal_regularizer_fully( )函数。

orthogonal_regularizer( )函数是卷积层对应的内核正交正则化器,先利用 tf.reshape( )将原始权重矩阵 W 转换为一个 2D Tensor 以增强正交性。遵循公式 $R_\beta(W) = \beta \parallel W^T W - I \parallel_F^2$ 对 W 进行正则化操作:

- 定义单位 Tensor I:identity = tf.eye(c)。
- 计算 $W^T W$:

```
w_transpose = tf.transpose(w)
w_mul = tf.matmul(w_transpose,w)
```

- 求解 $\parallel W^T W - I \parallel_F^2$:

```
w_transpose = tf.transpose(w)
w_mul = tf.matmul(w_transpose,w)
reg = tf.subtract(w_mul,identity)
ortho_loss = tf.nn.l2_loss(reg)
```

其中 tf.nn.l2_loss( )函数为利用 L2 范数来计算张量间的误差值。

- 求解 W 最终正交正则化值 $R_\beta(W) = \beta \parallel W^T W - I \parallel_F^2$:scale * ortho_loss,公式中的 β 即为代码中的 scale。

orthogonal_regularizer_fully( )函数则是全连接层对应的内核正交正则化器,其主要部分基本相同,不同之处在于全连接层的输入/输出本就是一个 2D Tensor,因此不必转换 shape。

②定义卷积层。

```
weight_init = tf.truncated_normal_initializer(mean = 0.0,stddev = 0.02)
weight_regularizer = orthogonal_regularizer(0.0001)
weight_regularizer_fully = orthogonal_regularizer_fully(0.0001)

def conv(x,channels,kernel = 4,stride = 2,pad = 0,pad_type = 'zero',use_bias = True,sn = False,scope = 'conv_0'):
    with tf.variable_scope(scope):
        if pad > 0:
            h = x.get_shape().as_list()[1]
            if h % stride == 0:
                pad = pad* 2
            else:
                pad = max(kernel - (h % stride),0)
            pad_top = pad//2
            pad_bottom = pad - pad_top
            pad_left = pad//2
            pad_right = pad - pad_left
            if pad_type == 'zero':
                x = tf.pad(x,[[0,0],[pad_top,pad_bottom],[pad_left,pad_right],[0,0]])
            if pad_type == 'reflect':
                x = tf.pad(x,[[0,0],[pad_top,pad_bottom],[pad_left,pad_right],[0,0]],mode = 'REFLECT')
        if sn:
```

```
            if scope.__contains__('generator'):
                w = tf.get_variable("kernel",shape=[kernel,kernel,x.get_shape()
[-1],channels],initializer=weight_init,regularizer=weight_regularizer)
            else:
                w = tf.get_variable("kernel",shape=[kernel,kernel,x.get_shape()[-1],
channels],initializer=weight_init,regularizer=None)

            x = tf.nn.conv2d(input=x,filter=spectral_norm(w),
                            strides=[1,stride,stride,1],padding='VALID')
            if use_bias:
                bias = tf.get_variable("bias",[channels],initializer=tf.constant_
initializer(0.0))
                x = tf.nn.bias_add(x,bias)

        else:
            if scope.__contains__('generator'):
                x = tf.layers.conv2d(inputs=x,filters=channels,kernel_size=kernel,
kernel_initializer=weight_init,kernel_regularizer=weight_regularizer,strides=
stride,use_bias=use_bias)
            else:
                x = tf.layers.conv2d(inputs=x,filters=channels,kernel_size=kernel,
kernel_initializer=weight_init,kernel_regularizer=None,strides=stride,use_bias=
use_bias)
        return x
```

conv()函数通过pad参数控制是否进行填充操作,pad_type参数控制pad填充方式,sn控制是否进行正交正则化操作。

权重W的初始化通过tf.truncated_normal_initializer()函数从截断的正态分布中得到随机值。通过①中定义的正交正则化器分别针对卷积层和全连接层对权W进行正则化。

```
#卷积层对应的W正则化
weight_regularizer = orthogonal_regularizer(0.0001)
#全连接层对应的W正则化
weight_regularizer_fully = orthogonal_regularizer_fully(0.0001)
```

如果sn=False,则不进行正交正则化,卷积层则进行传统的2维卷积操作tf.layers.conv2d;如果sn=True,则进行正则化操作。需要注意的一点是,在BigGAN中只对生成器进行所谓的正交正则化操作,故通过scope.__contains__('generator')进行限定。

A. tf.pad:TensorFlow提供的填充函数。

原型:

```
tf.pad(tensor,paddings,mode='CONSTANT',name=None)
```

参数:

• tensor:指代要进行填充的张量。

• padings,代表每一维填充多少行/列,它的维度一定要和tensor的维度是一样的,这里的维度不是传统上的数学维度,如[[2,3,4],[4,5,6]]是一个3×2的矩阵,但它依然是二维的,所以 pad 只能是 [[1,2],[1,2]] 此类形式。

• mode 可以取三个值，分别是 CONSTANT、REFLECT 和 SYMMETRIC：

mode = "CONSTANT"，填充 0。

mode = "REFLECT"，映射填充，上下(1 维)填充顺序和 paddings 是相反的，左右(零维)顺序补齐。

mode = "SYMMETRIC"，对称填充，上下(1 维)填充顺序和 paddings 是相同的，左右(零维)对称补齐。

B. tf.nn.conv2d：在 TensorFlow 中实现卷积操作。

原型：

```
tf.nn.conv2d(
    input,
    filter,
    strides,
    padding,
    use_cudnn_on_gpu = True,
    data_format = 'NHWC',
    dilations = [1,1,1,1],
    name = None
)
```

参数：

• input：输入图片，张量，shape 为 [batch_size, in_height, in_weight, in_channel]，其中，batch_size 为一次输入图片的数量，in_height 为图片高度，in_weight 为图片宽度，in_channel 为图片的通道数，灰度图该值为 1，彩色图为 3。

• filter：卷积核，张量，shape 为 [filter_height, filter_weight, in_channel, out_channels]，其中 filterheight 为卷积核高度，filterweight 为卷积核宽度，inchannel 是图像通道数，和 input 的 inchannel 要保持一，outchannel 是卷积核数量。

• strides：卷积时在图像每一维的步长，这是一个一维的向量，[1, strides, strides, 1]，第一位和最后一位固定必须是 1。

• padding：string 类型，值为 SAME 和 VALID，表示的是卷积的形式，是否考虑边界。SAME 是考虑边界，不足的时候用 0 去填充周围，VALID 则不考虑。

• use_cudnn_on_gpu：布尔类型，是否使用 cudnn 加速，默认为 True。

③定义全连接层。

```
def fully_conneted(x, units, use_bias = True, sn = False, scope = 'fully_0'):
    with tf.variable_scope(scope):
        x = tf.layers.flatten(x)
        shape = x.get_shape().as_list()
        channels = shape[-1]
        if sn:
            if scope.__contains__('generator'):            w = tf.get_variable("kernel", [channels, units], tf.float32, initializer = weight_init, regularizer = weight_regularizer_fully)
```

```
            else:
                w = tf.get_variable("kernel",[channels,units],tf.float32,initializer = weight_init,regularizer = None)
            if use_bias:
                bias = tf.get_variable("bias",[units],initializer = tf.constant_initializer(0.0))
                x = tf.matmul(x,spectral_norm(w)) + bias
            else:
                x = tf.matmul(x,spectral_norm(w))
        else:
            if scope.__contains__('generator'):
                x = tf.layers.dense(x,units = units,kernel_initializer = weight_init,
                            kernel_regularizer = weight_regularizer_fully,use_bias = use_bias)
            else:
                x = tf.layers.dense(x,units = units,kernel_initializer = weight_init,
                            kernel_regularizer = None,use_bias = use_bias)
        return x
```

全连接层首先通过 tf.layers.flatten 对输入数据进行 Flatten（扁平化）操作，通过 weight_regularizer_fully 进行正交正则化。生成器针对其存在的不稳定性需要对全连接层和卷积层的权重进行频谱范数的求解再进行操作，对应于 spectral_norm(w) 函数。

```
def spectral_norm(w,iteration = 1):
    w_shape = w.shape.as_list()
    w = tf.reshape(w,[-1,w_shape[-1]])
    u = tf.get_variable("u",[1,w_shape[-1]],initializer = tf.random_normal_initializer(),trainable = False)

    u_hat = u
    v_hat = None
    for i in range(iteration):
        """
        power iteration
        Usually iteration = 1 will be enough
        """
        v_ = tf.matmul(u_hat,tf.transpose(w))
        v_hat = tf.nn.l2_normalize(v_)

        u_ = tf.matmul(v_hat,w)
        u_hat = tf.nn.l2_normalize(u_)    u_hat = tf.stop_gradient(u_hat)
    v_hat = tf.stop_gradient(v_hat)
    sigma = tf.matmul(tf.matmul(v_hat,w),tf.transpose(u_hat))
    with tf.control_dependencies([u.assign(u_hat)]):
        w_norm = w/sigma
        w_norm = tf.reshape(w_norm,w_shape)
    return w_norm
```

A. tf.stop_gradient( )函数用于阻挡节点 BP(反向传播)的梯度,如果一个节点被 stop 之后,该节点上的梯度就无法再向前 BP 了。

原型:

```
tf.stop_gradient(input,name)
```

参数:

- Input:传入的张量。
- name:操作的名称(可选)。

B. tf.layers.dense( ):TensorFlow 提供的全连接层。

原型:

```
tf.layers.dense(
    inputs,
    units,
    activation = None,
    use_bias = True,
    kernel_initializer = None,
    bias_initializer = tf.zeros_initializer(),
    kernel_regularizer = None,
    bias_regularizer = None,
    activity_regularizer = None,
    kernel_constraint = None,
    bias_constraint = None,
    trainable = True,
    name = None,
    reuse = None
)
```

参数:

- inputs:该层的输入。
- units:输出的大小(维数),整数或 long。
- activation:使用什么激活函数(神经网络的非线性层),默认为 None,不使用激活函数。
- use_bias:使用 bias 为 True(默认使用),不用 bias 改成 False 即可。
- kernel_initializer:权重矩阵的初始化函数。如果为 None(默认值),则使用 tf.get_variable 使用的默认初始化程序初始化权重。
- bias_initializer:bias 的初始化函数。
- kernel_regularizer:权重矩阵的正则函数。
- bias_regularizer:bias 的正则函数。
- activity_regularizer:输出的正则函数。
- kernel_constraint:由优化器更新后应用于内核的可选投影函数(例如,用于实现层权重的范数约束或值约束)。该函数必须将未投影的变量作为输入,并且必须返回投影变量(必须具有相同的形状)。在进行异步分布式培训时,使用约束是不安全的。

- bias_constraint：由优化器更新后应用于偏差的可选投影函数。
- trainable：_boolean 如果为 True，还将变量添加到图集。
- name：名字。
- reuse：布尔值，是否以同一名称重用前一层的权重。

C. tf.control_dependencies()函数指定某些操作执行的依赖关系，返回一个控制依赖的上下文管理器，使用 with 关键字可以让在这个上下文环境中的操作都在 control_inputs 执行，如下面例子所示：

```
with tf.control_dependencies([a,b]):
    c = ....
        d = ...
```

在执行完 a,b 操作之后，才能执行 c,d 操作。意思就是 c,d 操作依赖 a,b 操作。

④ 定义 ResBlock 层。

由图 3-53 可以直观了解到 BigGAN 中的 ResBlock 的组合结构，具体的实现代码如下：

```
def batch_norm(x,is_training = True,scope = 'batch_norm'):
    return tf.layers.batch_normalization(x,
                                        momentum = 0.9,
                                        epsilon = 1e - 05,
                                        training = is_training,
                                        name = scope)

def resblock(x_init,channels,use_bias = True,is_training = True,sn = False,scope = 'resblock'):
    with tf.variable_scope(scope):
        with tf.variable_scope('res1'):
            x = conv(x_init,channels,kernel = 3,stride = 1,pad = 1,use_bias = use_bias,sn = sn)
            x = batch_norm(x,is_training)
            x = relu(x)
        with tf.variable_scope('res2'):
            x = conv(x,channels,kernel = 3,stride = 1,pad = 1,use_bias = use_bias,sn = sn)
            x = batch_norm(x,is_training)
        return x + x_init
```

从上面代码可以观察到，ResBlock 层是由基础的卷积层、归一化层和 relu 层组成，但是调用经过修改的可以执行正交正则化的自定义卷积层 Conv。

由于近两年注意力机制给深度学习带来了巨大的提升，因此 BigGAN 作者在模型中加入了自注意力层，这也确实对补全后的图像有了显著的提升。BigGAN 将自注意力层加入到模型中主要是参考 Self Attention Gan(SAGAN)[44]，它将自注意力机制加入到 GAN 中，使得编码器和解码器能够更好地对图像不同区域的关系进行建模。

经典的 DCGAN(Deep Convolutional GAN)采用多层卷积网络构建编码器和解码器,但是这种网络的表征能力受限于邻域的 Kernel Size,即使后期感受野越来越大,但终究还是局部区域的运算,这样就忽略了全局其他片区(比如很远的像素)对当前区域的贡献。在图像领域,自注意力机制会学习某一像素点和其他所有位置(包括较远位置)的像素点之间的关系,即捕获 Long – Range 的关系,也就是说对于 SAGAN,它会利用所有位置的特征来帮助生成图片的某一细节,使生成的图片更加逼真。从图 3-54 可以对其有一个直观的了解。

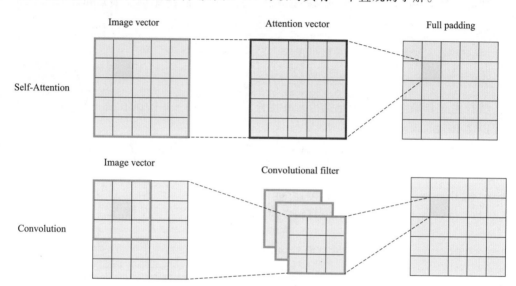

图 3-54　自注意力层和卷积层的区别

BigGAN 实现 Self – Attention 的代码如下:

```
def self_attention_2(x,channels,sn = False,scope = 'self_attention'):
    with tf.variable_scope(scope):
        # 该层特征图的大小为[batch_size,height,weight,channels//8]
        f = conv(x,channels//8,kernel = 1,stride = 1,sn = sn,scope = 'f_conv')
        f = max_pooling(f)
        # 该层特征图的大小为[batch_size,height,weight,channels//8]
        g = conv(x,channels//8,kernel = 1,stride = 1,sn = sn,scope = 'g_conv')
        # 该层特征图的大小为[batch_size,height,weight,channels//2]
        h = conv(x,channels//2,kernel = 1,stride = 1,sn = sn,scope = 'h_conv')
        #[bs,h,w,c]
        h = max_pooling(h)

        # N = height * weight,因此 s 的大小为[batch_size,N,N]
        s = tf.matmul(hw_flatten(g),hw_flatten(f),transpose_b = True)
        # 注意力热图
        beta = tf.nn.softmax(s)

        o = tf.matmul(beta,hw_flatten(h))
```

```
gamma = tf.get_variable("gamma",[1],initializer = tf.constant_initializer(0.0))

o = tf.reshape(o,shape = [x.shape[0],x.shape[1],x.shape[2],channels//2])
o = conv(o,channels,kernel = 1,stride = 1,sn = sn,scope = 'attn_conv')
x = gamma* o + x

return x
```

在对上述代码进行研读之前,我们需要先对 SAGAN 的注意力机制理论有一个初步的理解。SAGAN 首先对输入的特征图 fearure map x 进行线性映射,得到 f、g、h:$f(x) = W_f * x, g(x) = W_g * x, h(x) = W_h * x$。其中,$f(x)$ 和 $g(x)$ 这两个特征空间中的值将用来计算 attention:$\beta_{j,i} = \text{softmax}(f(x_i)^T g(x_i))$,具体实现公式如下:

$$\beta_{j,i} = \frac{\exp(s_{ij})}{\sum_{i=1}^{N} \exp(s_{ij})}, \text{where } s_{i,j} = f(x_i)^T g(x_j)$$

$\beta_{j,i}$ 用来表示图像的 i^{th} 位置对生成 j^{th} 区域的关系权重,N 是特征位置的数目。将 h 与 attention 点乘得到注意力层的输出结果 $o = (o_1, o_2, \cdots, o_j, \cdots, o_n)$。

$$o_j = v\left(\sum_{i=1}^{N} \beta_{j,i} h(x_i)\right) h(x_i) = W_h x_i v(x_i) = W_v x_i$$

因此 SAGAN 的自注意力机制的理论可以通过图 3-55 直观感受。

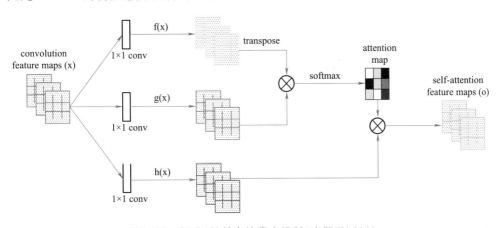

图 3-55　**SAGAN** 的自注意力机制(来源于[44])

其中 W_f、w_g、W_h 都是 1×1 的卷积,最后将注意力层(Attention Layer)的结果再乘上一个系数,再加上原来的特征图,则得到最终的结果:$y_i = x_i + \gamma o_i$。γ 是一个可学习的系数,在训练过程中初始值为 0,网络在训练初始阶段主要依赖于邻域特征,之后再慢慢增大较远区域的依赖权重。

针对上面所述的代码,可以实现将自注意力机制引入生成器网络中,遵循图 3-53(b)中的 BigGAN 生成器 ResBlock 的组合结构,可以构建引入注意力机制的生成器 ResBlock 模块,注意的一点是,生成器的卷积对应的是反卷积操作 deconv,代码如下:

```
def resblock_up_condition(x_init, z, channels, use_bias = True, is_training = True, sn = False, scope = 'resblock_up'):
    with tf.variable_scope(scope):
        with tf.variable_scope('res1'):
            x = condition_batch_norm(x_init, z, is_training)
            x = relu(x)
            x = deconv(x, channels, kernel = 3, stride = 2, use_bias = use_bias, sn = sn)
        with tf.variable_scope('res2'):
            x = condition_batch_norm(x, z, is_training)
            x = relu(x)
            x = deconv(x, channels, kernel = 3, stride = 1, use_bias = use_bias, sn = sn)
        with tf.variable_scope('skip'):
            x_init = deconv(x_init, channels, kernel = 3, stride = 2, use_bias = use_bias, sn = sn)
    return x + x_init
```

BigGAN 的判别器没有引入自注意力机制时，所以采用图 3-53（b）中最原始的 ResBlock，即 BatchNorm→relu→conv。

```
def resblock_down(x_init, channels, use_bias = True, is_training = True, sn = False, scope = 'resblock_down'):
    with tf.variable_scope(scope):
        with tf.variable_scope('res1'):
            x = batch_norm(x_init, is_training)
            x = relu(x)
            x = conv(x, channels, kernel = 3, stride = 2, pad = 1, use_bias = use_bias, sn = sn)
        with tf.variable_scope('res2'):
            x = batch_norm(x, is_training)
            x = relu(x)
            x = conv(x, channels, kernel = 3, stride = 1, pad = 1, use_bias = use_bias, sn = sn)
        with tf.variable_scope('skip'):
            x_init = conv(x_init, channels, kernel = 3, stride = 2, pad = 1, use_bias = use_bias, sn = sn)
    return x + x_init
```

（2）BigGAN 生成器的构建

生成器的结构如图 3-56 所示，根据该结构通过 TensorFlow 构建网络的代码如下：

```
def generator(self, z, is_training = True, reuse = False):
    with tf.variable_scope("generator", reuse = reuse):
        # split
        split_dim = 20
        split_dim_remainder = self.z_dim - (split_dim * 5)
```

```python
            z_split = tf.split(z, num_or_size_splits=[split_dim] * 5 + [split_dim_remainder], axis=-1)
            # Linear 4x4x(16*ch), ch 为通道数
            ch = 16 * self.ch
            x = fully_conneted(z_split[0], units=4 * 4 * ch, sn=self.sn, scope='dense')
            x = tf.reshape(x, shape=[-1, 4, 4, ch])
  # resblock_up_condition1
            x = resblock_up_condition(x, z_split[1], channels=ch, use_bias=False, is_training=is_training, sn=self.sn, scope='resblock_up_16')
            ch = ch // 2
  # resblock_up_condition2
            x = resblock_up_condition(x, z_split[2], channels=ch, use_bias=False, is_training=is_training, sn=self.sn, scope='resblock_up_8')
            ch = ch // 2
  #resblock_up_condition3
            x = resblock_up_condition(x, z_split[3], channels=ch, use_bias=False, is_training=is_training, sn=self.sn, scope='resblock_up_4')
            ch = ch // 2
  #resblock_up_condition4
            x = resblock_up_condition(x, z_split[4], channels=ch, use_bias=False, is_training=is_training, sn=self.sn, scope='resblock_up_2')
            # Non-Local Block
            x = self_attention_2(x, channels=ch, sn=self.sn, scope='self_attention')
            ch = ch // 2
  #resblock_up_condition5
            x = resblock_up_condition(x, z_split[5], channels=ch, use_bias=False, is_training=is_training, sn=self.sn, scope='resblock_up_1')
  #Batch_Normal
            x = batch_norm(x, is_training)
            # Relu
            x = relu(x)
            # Conv
            x = conv(x, channels=self.c_dim, kernel=3, stride=1, pad=1, use_bias=False, sn=self.sn, scope='G_logit')
            x = tanh(x)
            return x
```

首先将大小为 128×128 的噪声向量 z 通过 split 等分成大小为 20 的 6 块数据块:

```
split_dim = 20
split_dim_remainder = self.z_dim - (split_dim * 5)
z_split = tf.split(z, num_or_size_splits=[split_dim] * 5 + [split_dim_remainder], axis=-1)
```

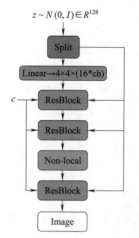

图 3-56　BigGAN 生成器的结构

然后将噪声向量 z 的每个块和条件标签 c 连接后一起送入生成网络的各个层中,生成网络的每一个残差块为 resblock_up_condition 中所定义的结构。可以看到噪声向量 z 的块和条件标签 c 在残差块下是通过 concat 操作后送入 ResBlock 的 BatchNorm 层。

Non-Local Block 层是生成器中的一个特殊层,它只处理来自上一层 ResBlock 的输出结果,并没有将处理输入与噪声块进行 concat。生成器的最终输出是与原图的同样大小($128 \times 128 \times 3$)的图像,故其最后一层卷积层卷积核的通道数为 3。

(3) BigGAN 判别器的构建

```
def discriminator(self,x,is_training = True,reuse = False):
    with tf.variable_scope("discriminator",reuse = reuse):
        ch = self.ch
        # resblock_down1
        x = resblock_down(x,channels = ch,use_bias = False,is_training = is_training,
sn = self.sn,scope = 'resblock_down_1')
        # Non - Local Block
        x = self_attention_2(x,channels = ch,sn = self.sn,scope = 'self_attention')
        ch = ch*2
        # resblock_down2
        x = resblock_down(x,channels = ch,use_bias = False,is_training = is_training,
sn = self.sn,scope = 'resblock_down_2')
        ch = ch*2
        # resblock_down3
        x = resblock_down(x,channels = ch,use_bias = False,is_training = is_training,
sn = self.sn,scope = 'resblock_down_4')
        ch = ch*2
        # resblock_down4
        x = resblock_down(x,channels = ch,use_bias = False,is_training = is_training,
sn = self.sn,scope = 'resblock_down_8')
        ch = ch*2
```

```
            # resblock_down5
            x = resblock_down(x,channels = ch,use_bias = False,is_training = is_training,
sn = self.sn,scope = 'resblock_down_16')
            # resblock
            x = resblock(x,channels = ch,use_bias = False,is_training = is_training,sn =
self.sn,scope = 'resblock')
            x = relu(x)
            x = global_sum_pooling(x)
            x = fully_conneted(x,units = 1,sn = self.sn,scope = 'D_logit')
            returnx
```

BigGAN 判别器结构与生成器的结构都是由 ResBlock 模块组成,但是判别器的 ResBlock 模块不包含自注意力机制,并且卷积操作并非反卷积,因为判别器的输入为生成器的输出结果,大小为 $128 \times 128 \times 3$ 图像 Tensor,需要经过多层卷积到特征提取,最终得到该图像是"真"图还是"假"图的概率值。

```
def global_sum_pooling(x):
    gsp = tf.reduce_sum(x,axis = [1,2])
```

reduce_sum( )用于计算张量 tensor 沿着某一维度的和,并且可以在求和后进行降维。

原型:

```
tf.reduce_sum(
    input_tensor,
    axis = None,
    keepdims = None,
    name = None,
    reduction_indices = None,
    keep_dims = None)
```

参数:

- input_tensor:待求和的 tensor。
- axis:指定的维,如果不指定,则计算所有元素的总和。
- keepdims:是否保持原有张量的维度,设置为 True,结果保持输入 tensor 的形状,设置为 False,结果会降低维度,如果不传入这个参数,则系统默认为 False。
- name:操作的名称。
- reduction_indices:在以前版本中用来指定轴,已弃用。
- keep_dims:在以前版本中用来设置是否保持原张量的维度,已弃用。

(4) 损失函数和优化方法的定义

```
def discriminator_loss(loss_func,real,fake):
    real_loss = 0
    fake_loss = 0
real_loss = tf.reduce_mean(relu(1.0 - real))
  fake_loss = tf.reduce_mean(relu(1.0 + fake))
    loss = real_loss + fake_loss
```

```python
        return loss

def generator_loss(loss_func,fake):
    fake_loss = 0
    fake_loss = -tf.reduce_mean(fake)
    loss = fake_loss
    return loss


def build_model(self):
    """Graph Input"""
    # images
    Image_Data_Class = ImageData(self.img_size,self.c_dim,self.custom_dataset)
    inputs = tf.data.Dataset.from_tensor_slices(self.data)
    gpu_device = '/gpu:0'
    inputs = inputs. \
        apply(shuffle_and_repeat(self.dataset_num)). \
        apply(map_and_batch(Image_Data_Class.image_processing,self.batch_size,num_parallel_batches = 16,drop_remainder = True)). \
        apply(prefetch_to_device(gpu_device,self.batch_size))

    inputs_iterator = inputs.make_one_shot_iterator()
    self.inputs = inputs_iterator.get_next()
    #noises
    self.z = tf.truncated_normal(shape = [self.batch_size,1,1,self.z_dim],name = 'random_z')
    """损失函数"""
    #真实图像判别器的判定
    real_logits = self.discriminator(self.inputs)
    #生成器生成"假"图像
    fake_images = self.generator(self.z)
    #生成图判别器的判定
    fake_logits = self.discriminator(fake_images,reuse = True)
    GP = 0
    #判别器的损失
    self.d_loss = discriminator_loss(self.gan_type,real = real_logits,fake = fake_logits) + GP
    #生成器的损失
    self.g_loss = generator_loss(self.gan_type,fake = fake_logits)
    """训练"""
    # 将可训练变量分为 D 组和 G 组
```

```
t_vars = tf.trainable_variables()
d_vars =[var for var in t_vars if 'discriminator' in var.name]
g_vars =[var for var in t_vars if 'generator' in var.name]
#优化
with tf.control_dependencies(tf.get_collection(tf.GraphKeys.UPDATE_OPS)):
        self.d_optim = tf.train.AdamOptimizer (self.d_learning_rate, beta1 = self.beta1,beta2 = self.beta2).minimize(self.d_loss,var_list = d_vars)
        self.opt = MovingAverageOptimizer(tf.train.AdamOptimizer(self.g_learning_rate,beta1 = self.beta1,beta2 = self.beta2),average_decay = self.moving_decay)
        self.g_optim = self.opt.minimize(self.g_loss,var_list = g_vars)
```

BigGAN 的损失函数和优化方法与 WGAN 基本一致,就不再进行详细的展开剖析。与 WGAN 不同的是,BigGAN 对 batch_size 和 channel 进行了扩增,这意味着数据量和网络参数激增,因此需要借助多个 GPU 或者 TPU 的帮助,提高网络的训练速度。然而 GPUs/TPUs 只能够减少网络参数计算的时间,而数据读取往往也十分耗时。在训练过程中,程序会先从硬盘读取数据并进行预处理,再将数据传入网络模型。例如,处理 JPEG 图片,从硬盘加载图像,将其解码成一个 Tensor,并进行预处理(如随机裁剪、填充),然后执行批处理(即一个 batch 的数据),这个流程被称为输入管道。但是,当采用 GPUs/TPUs 加速计算过程后,计算的时间会小于数据读取的时间,发生 GPUs/TPUs 闲置的情况。换句话说,GPUs/TPUs 已经计算完上一批次的数据,而下一批次的数据还没有完成加载。因此,训练速度不仅依赖于高性能的计算硬件 GPUs/TPUs,同时需要一个高效的输入管道(Input Pipeline Performance Guide)。这个高速管道在 GPU 完成当前 step 训练前,可以异步地抓取之后多个批次的数据,同时并行化数据加载和预处理过程,最小化 GPU 的闲置时间。综上所述,TensorFlow 数据输入管道可以被抽象为一个 ETL 过程(Extract,Transform,Load)。

- Extract:从硬盘上读取数据,可以是本地(HDD 或 SSD),也可以是网盘(GCS 或 HDFS)
- Transform:使用 CPU 去解析、预处理数据,比如:图像解码、数据增强、变换(比如:随机裁剪、翻转、颜色变换)、打乱、batching。
- Load:将 Transform 后的数据加载到计算设备,例如:GPU、TPU 等设备。

上述的数据输入管道使用 CPU 来进行数据的 ETL 过程,从而让 GPU、TPU 等设备专心进行模型的训练过程(提高了设备的利用率)。另外,将数据输入管道抽象为 ETL 过程,有利于对数据输入管道进行优化。在进行数据的提取和转换时,一般会进行数据的重复随机插入和乱序操作,以增加网络的泛化性。TensorFlow 提供了 tf.data.Dataset.repeat 变换重复输入数据有限次(或无限次);数据的每一次重复称为一个 epoch。tf.data.Dataset.shuffle 变换随机打乱数据集 example 的次序。这两个函数一般是配合使用的,将 repeat 放置在 shuffle 之前,提供了更好的性能,将 shuffle 放置在 repeat 之前,提供了更强的次序保证。TensorFlow 推荐使用融合 op:tf.contrib.data.shuffle_and_repeat 变换,这个变换在性能和更强的次序保证上都是最好的(good performance and strong ordering guarantees)。否则,推荐在 repeat 之前使用 shuffle。

tf.data API 提供了 tf.contrib.data.map_and_batch 变化,它有效地融合了 map 和 batch 变

化,能让多个 batch size 在输入管道中并行地 batch 处理。

prefetch_to_device:利用 GPU prefetch 提前把数据在使用前加载到 GPU。

本 章 小 结

本章介绍了一些经典的视觉图像处理神经网络,包含了图像分类、目标检测、目标分割和图像生成领域。首先介绍了三个经典的图像分类网络:AlexNet、GoogleNet 和 ResNet。然后对目标检测网络 Faster R-CNN、YOLO 和 M2Det 进行了详细的剖析,其中 Faster R-CNN、YOLO 是两个最为经典的目标检测网络,M2Det 是目前最新、精度最高的检测网络。3.3 节介绍了目标分割领域中的 U-Net、Mask R-CNN 和 RefineNet 网络。4.4 节着重介绍 GAN 在图像生成领域的应用,通过对基础 GAN、DCGAN、WGAN 和 BigGAN 一步步地深入探讨,了解 GAN 的发展,以及 GAN 如何实现在图像生成领域的应用。

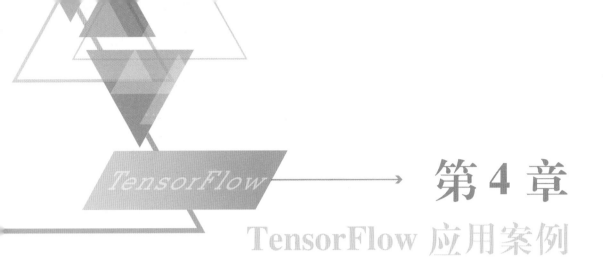

第 4 章 TensorFlow 应用案例

近年来,深度学习技术在现实生活中的应用十分广泛。从计算机视觉到自然语言处理,许多事实证明深度学习技术能够取得更好的工作效果。本章收集了四个深度学习方面的优秀应用——人脸识别与性别年龄判别、车牌识别、图像风格迁移、命名实体标注,并使用 TensorFlow 实现深度学习算法。这些应用案例有助于加深对深度学习、TensorFlow 的理解和认识。

4.1 人脸识别与性别年龄判别

4.1.1 背景介绍

人脸识别(Human Face Recognition)兴起于 19 世纪 50 年代,起初仅仅被视作是一般性的模式识别问题,主要采取几何结构特征的方法,基本没有什么实际应用。然而人脸识别发展迅速,到了 20 世纪 90 年代很多经典的方法不断浮出水面,如 Eigen Face、Fisher Face 和弹性图匹配,还出现了不少商业化运作的人脸识别系统,这大大推进了人脸识别的研究。直至今日,人脸识别技术已然成为潮流趋势。

随着社会不断的进步,人们期望有一种能够快速地、有效地、自动地验证身份的方法,而人脸作为最方便获取的生物特征之一,自然而然地成为了验证身份的理想依据。人脸识别是指基于人的面部五官以及轮廓的特征信息进行身份鉴别的一种计算机技术。由于每个人的面部特征生而不同,极具差异性,人脸识别成为了研究与应用最广泛的生物识别技术之一。与其他生物识别技术(如指纹识别、步态识别等)相比较,人脸识别更加直接、快速、简便,具备非侵扰性,且无须人的被动配合就能取得良好的识别效果。现阶段,人脸识别技术常应用于安防、金融、交通、教育等领域,都呈现出了显著的应用价值。

人脸本身就包含许多信息,性别与年龄也包含在内。所以,判别人的性别、年龄可算作是人脸识别技术的拓展功能。与性别判断相比,判别人脸年龄更具有挑战性。因为年龄的判别会受到对象的健康状况、生活习惯、生活环境等多方面因素的影响。

4.1.2 原理分析

人脸识别的首要任务就是人脸图像检测,即在图片中找到人脸的所在位置。通常,人脸图像检测应该能够检测出图像中的所有人脸,且没有漏检和错检。之后,需要进行人脸图像对齐。由于原始图像中的人脸可能存在姿态、位置上的差异,为了后期的统一处理,需要把人脸"摆正"。为此,需要检测人脸中的关键点,比如眼睛、鼻子、嘴巴等的位置、脸的轮廓点等。根据这些关键点可以使用仿射变换将人脸统一校准,以消除人脸之间的差异所带来的误差。

人脸识别的方法很多,这里以多任务级联卷积神经网络(Multi-Task Cascaded Convolutional Networks[45],MTCCN)为例。MTCNN 提出了一种多任务的人脸检测框架,能够同时完成人脸图像检测和人脸图像对齐的任务。它的最大亮点在于使用了三个卷积神经网络级联的方式,实现了对人脸图像从粗到细(coarse-to-fine)的处理。相较于传统的算法,该算法性能更好,检测速度更快。

如图 4-1 所示,MTCCN 包括了以下三个阶段:Proposal Network(P-Net)、Refine Network(R-Net)和 Output Network(O-Net)。

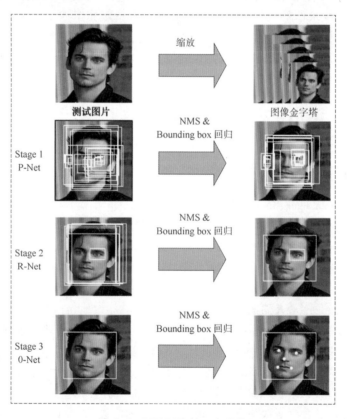

图 4-1 MTCCN 的三个阶段

首先,将输入的图片缩放到不同尺度,形成图像金字塔,从而达到多尺度检测目的。随后,这些不同尺寸大小的图像作为三个阶段的输入进行训练,目的是为了能够检测不同尺寸大小的人脸图像。

第一阶段:P-Net。

P-Net 是全卷积网络,用于生成候选窗(Candidate Facial Windows)和边框回归向量(Bounding Box Regression Vectors)。使用该网络能够对图像金字塔上不同尺度下的图像的每一个 12×12 区域进行人脸检测。训练时,给定一个尺寸为 12×12×3 的 RGB 图像作为输入,P-Net 需要判断这个 12×12 的图像中是否存在人脸,并且给出人脸框的回归和人脸关键点定位。P-Net 的结构图如图 4-2 所示。

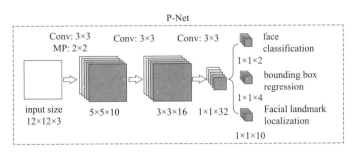

图 4-2　P-Net 结构图(来源于[45])

P-Net 共包括了三个部分:人脸判定、人脸框回归和特征点定位。第一部分的输出是用来判别输入的图像是否包含人脸,输出向量大小为 1×1×2,也就是两个值,即图像是否为人脸的概率。这两个值加起来严格等于 1,之所以使用两个值来表示,是为了方便定义交叉熵损失函数。

第二部分给出人脸框的精确位置,又称人脸框回归。P-Net 输入的 12×12 图像块可能并不是最佳的人脸框位置,因此需要输出当前框位置相对完美的人脸框位置的偏移。这个偏移大小为 1×1×4,即表示框左上角的横坐标的相对偏移、框左上角的纵坐标的相对偏移、框的宽度的误差、框的高度的误差。

最后一部分将给出人脸的五个关键点的位置。这五个点分别对应人脸中左眼、右眼、鼻子、嘴左侧和嘴右侧的位置。而每个关键点需要两维来表示,因此输出是向量大小为 1×1×10。

第二阶段:R-Net。

由于 P-Net 的检测较为粗糙,所以需要使用 R-Net 进一步优化。R-Net 和 P-Net 结构十分相似,但这里输入的是由前面 P-Net 生成的边界框。在输入 R-Net 之前,无论实际边界框的大小是多少,都需要缩放成 24×24×3。第二阶段的输出和 P-Net 是一样的。其主要目的是将大量的非人脸框去除掉。R-Net 结构如图 4-3 所示。

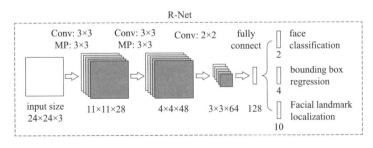

图 4-3　R-Net 结构图(来源于[45])

第三阶段:O-Net。

将 R-Net 所得到的区域进一步缩放至 48×48×3,再输入到 O-Net。O-Net 与 P-Net 类似,但 O-Net 在测试输出的时候增加了关键点位置的输出。最终输出包含 P 个边界框的坐标信息、得分以及关键点位置。O-Net 结构如图 4-4 所示。

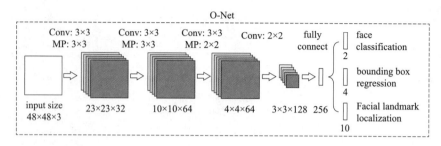

图 4-4　O-Net 结构图（来源于[45]）

经过以上三阶段的处理，网络输入的图像不断增大，卷积层的通道数不断增多，网络的深度不断加深，因此人脸识别的准确率也随之提高。其中 P-Net 的运行速度最快，R-Net 次之、O-Net 运行得最慢。如果一开始直接对图像使用 O-Net 网络，速度会非常慢。实际上 P-Net 先做了一层过滤，将过滤后的结果再交给 R-Net 进行过滤，最后将过滤后的结果交给效果最好但是速度最慢的 O-Net 进行识别。这样每一步都提前减少了需要判别的数量，有效地降低了计算时间。所以这里使用了三个网络。

由于 MTCNN 包含了三个子网络，因而损失函数也包括了三部分。对于人脸识别问题直接使用交叉熵代价函数；对于框回归和关键点定位问题使用 $L2$ 损失函数。最后将这三部分的损失各自乘以自身的权重累加起来得出最终的总损失。

（1）人脸识别损失函数

这是一个分类任务，使用交叉熵代价函数即可，输入样本为 x_i：

$$L_i^{det} = -(y_i^{det}\log(p_i) + (1-y_i^{det})(1-\log(p_i)))$$

其中，y_i^{det} 表示样本的真实标签，p_i 表示输入样本 x_i 后网络输出人脸的概率。

（2）框回归损失函数

对于目标框的回归，采用平方和损失函数（欧氏距离）：

$$L_i^{box} = \|\hat{y}_i^{box} - y_i^{box}\|_2^2$$

其中，$\hat{y}_i^{box}$ 表示网络输出之后校正得到的边界框的坐标，y_i^{box} 为目标的真实边界框。

（3）关键点损失函数

同样的，对于关键点也采用平方和损失函数：

$$L_i^{landmark} = \|\hat{y}_i^{landmark} - y_i^{landmark}\|_2^2$$

其中，$\hat{y}_i^{landmark}$ 表示网络输出之后得到的关键点的坐标，$y_i^{landmark}$ 为关键点的真实坐标。

（4）总损失

将上述三部分损失函数按照不同的权重联合起来：

$$\min \sum_{i=1}^{N} \sum_{j \in det, box, landmark} \alpha_j \beta_j^i L_j^i$$

其中，N 为训练样本总数，α_j 为各损失所占的权重，$\beta_j^i \in (0,1)$，为样本类型指示符。在 P-

Net 和 R-net 中，设置 $\alpha_{det} = 1$，$\alpha_{box} = 0.5$，$\alpha_{landmark} = 0.5$；而在 O-Net 中设置 $\alpha_{det} = 1$，$\alpha_{box} = 0.5$，$\alpha_{landmark} = 1$。

4.1.3 代码实现

1. 人脸识别

首先载入需要用到的程序包：

```
import tensorflow as tf
import numpy as np
import cv2
from mtcnn.mtcnn import MTCNN
import matplotlib.pyplot as plt
```

opencv 是一个跨平台计算机视觉库，它实现了图像处理和计算机视觉方面的许多通用算法。在 Python 中调用 opencv 库，需写为 import cv2。

使用 from mtcnn.mtcnn import MTCNN 导入 MTCNN 模块就能调用 MTCCN 的 detect_faces() 函数实现图像中的人脸检测与人脸对齐。

人脸识别的一般步骤为先检测出图像中人脸的位置，再进一步检测人脸中左眼、右眼、鼻子、嘴左侧和嘴右侧的相应位置，检测效果如图 4-5 所示。

图 4-5 人脸检测效果图

人脸识别算法主要包括以下几个模块：
- 读入图像并显示。
- 调用 MTCCN 人脸检测算法。
- 绘制检测框和关键点。

（1）读入图像并显示

```
image = cv2.imread("/opt/data/face/ivan.jpg")
plt.imshow(image[...,::-1])
plt.axis('off')
plt.show()
```

使用 cv2.imread() 函数进行图像的读取，plt.imshow() 函数用来绘制图像。plt.axis() 函数表示是否使用坐标轴，off 即为关闭坐标轴。绘制好的图像通过 plt.show() 函数显示，原图显示如图 4-6 所示。

图 4-6　原图片显示

（2）调用 MTCCN 人脸检测算法

使用 mtcnn.mtcnn 库中的 MTCNN() 构造函数定义 MTCCN 人脸检测算法，再调用该算法的 detect_faces() 函数得到人脸检测结果，代码如下：

```
detector = MTCNN()
result = detector.detect_faces(image)
print(result)
```

检测结果是一个列表，列表中的每一个元素是一个字典，字典中的键对应信息包括：

①键 box 表示人脸位置矩形框的左下角点横坐标和纵坐标以及矩形框的宽度和高度。

②键 confidence 表示该位置中包含人脸的概率。

③键 keypoints 表示人脸中 5 个关键点的坐标，为一个字典，包括：

- 键 left_eye 表示左眼。
- 键 right_eye 表示右眼。
- 键 nose 表示鼻子。
- 键 mouth_left 表示嘴左侧。
- 键 mouth_right 表示嘴右侧。

（3）绘制检测框和关键点

```
color = (0,255,0)
bounding_box = result[0]['box']
keypoints = result[0]['keypoints']
cv2.rectangle(image,
              (bounding_box[0],bounding_box[1]),
              (bounding_box[0]+bounding_box[2],bounding_box[1]+bounding_box[3]),
      color,2)
cv2.circle(image,(keypoints['left_eye']),2,color,2)
cv2.circle(image,(keypoints['right_eye']),2,color,2)
```

```
cv2.circle(image,(keypoints['nose']),2,color,2)
cv2.circle(image,(keypoints['mouth_left']),2,color,2)
cv2.circle(image,(keypoints['mouth_right']),2,color,2)
```

这里调用 cv2.rectangle()函数和 cv2.circle()函数在原图像上绘制矩形检测框和 5 个关键点。

①cv2.rectangle()函数:用于绘制矩形检测框。

原型:

```
cv2.rectangle(img,pt1,pt2,color[,thickness[,lineType[,shift]]])
```

主要参数:
- img:输入图像。
- pt1:为矩阵的左上点坐标。
- pt2:是矩阵的右下点坐标。
- color:矩形的颜色。
- thickness:表示线条的宽度(如果为正),负厚度表示要绘制实心矩阵。

②cv2.circle()函数。

原型:

```
cv2.circle(img,center,radius,color[,thickness[,lineType[,shift]]])
```

主要参数:
- img:输入图像。
- center:圆心坐标。
- radius:圆的半径。
- color:圆的颜色。
- thickness:圆形轮廓的粗细(如果为正),负厚度表示要绘制实心圆。

矩形检测框和 5 个关键点绘制完成之后,显示标注后的图像,结果如图 4-7 所示。

```
plt.imshow(image[…,::-1])
plt.axis('off')
plt.show()
```

为验证人脸识别的有效性,这里尝试输入不包含人脸的图像,如图 4-8 所示。

图 4-7 标注后图像

图 4-8 不含人脸图像

重复之前的步骤,最终得到的输出结果为空,即检测不到任何人脸。同样地,再尝试输入包含多个人脸的图像,如图 4-9 所示。

重复之前的步骤,最终得到的输出列表有 4 个元素,成功检测到了 4 张人脸,检测结果如图 4-10 所示。

图 4-9　多个人脸图像

图 4-10　多张人脸标注后结果

2. 性别、年龄检测

（1）模型结构定义

将训练数据集整合后,输入一个共享卷积神经网络,结构可以是 VGG、Resnet 或 DenseNet 等,然后网络结构分成三个分支,用于实现三个判别任务,即判别人脸的表情、年龄和性别。具体流程如图 4-11 所示。

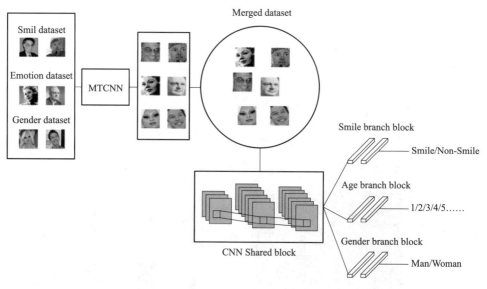

图 4-11　性别、年龄检测流程图

这里采用 VGG 结构的卷积神经网络,如图 4-12 所示。第 1 章中已经对 VGG 的原理以及 VGG-16 的网络结构进行了详细的介绍,这里不再重复叙述。

首先定义一个 _conv( ) 函数用于增加卷积神经网络层。

Input
Convolutional 3x3s1, 32, BatchNorm, ReLU
Convolutional 3x3s1, 32, BatchNorm, ReLU
Max Pool 2x2s2
Convolutional 3x3s1, 64, BatchNorm, ReLU
Convolutional 3x3s1, 64, BatchNorm, ReLU
Max Pool 2x2s2
Convolutional 3x3s1, 128, BatchNorm, ReLU
Convolutional 3x3s1, 128, BatchNorm, ReLU
Max Pool 2x2s2
Convolutional 3x3s1, 256, BatchNorm, ReLU
Convolutional 3x3s1, 256, BatchNorm, ReLU
Convolutional 3x3s1, 256, BatchNorm, ReLU
Max Pool 2x2s2
Fully Connected, 256 neurons, BatchNorm, ReLU
Fully Connected, 256 neurons, BatchNorm, ReLU
Fully Connected, 2 neurons, Softmax

图 4-12　卷积神经网络

```
def_conv(name,x,filter_size,in_filters,out_filters,strides):
    with tf.variable_scope(name):
        n = filter_size* filter_size* out_filters
        filter = tf.get_variable('DW',[filter_size,filter_size,in_filters,out_filters],
                    tf.float32,tf.random_normal_initializer(stddev = WEIGHT_INIT))
        return tf.nn.conv2d(x,filter,[1,strides,strides,1],'SAME')
```

_conv()函数的参数包括：

- name：卷积层的名称。
- x：输入 Tensor。
- filter_size：表示卷积核的高和宽，如果是一个整数，则宽高相等。
- in_filters：表示输入空间的维数。
- out_filters：表示输出空间的维数（即卷积过滤器的数量）。
- strides：一个整数，或者包含了两个整数的元组/队列，表示卷积的纵向和横向的步长。如果是一个整数，则横纵步长相等。

在给出了以上参数之后，_conv()函数将会返回 tf.nn.conv2d()函数的值。

tf.nn.conv2d()函数：在 TensorFlow 中实现卷积操作。

原型：

```
tf.nn.conv2d(input,
filter,
strides,
padding,
```

```
use_cudnn_on_gpu = True,
data_format = 'NHWC',
dilations =[1,1,1,1],
name = None)
```

主要参数：

• input：输入图片，张量，shape 为 [batch_size, in_height, in_weight, in_channel]，其中，batch 为图片的数量，in_height 为图片高度，in_weight 为图片宽度，in_channel 为图片的通道数，灰度图该值为 1，彩色图为 3。

• filter：卷积核，张量，shape 为 [filter_height, filter_weight, in_channel, out_channels]，其中，filter_height 为卷积核高度，filter_weight 为卷积核宽度，in_channel 是图像通道数，和 input 的 in_channel 要保持一致，out_channel 是卷积核数量。

• strides：卷积时在图像每一维的步长，这是一个一维的向量，[1, strides, strides, 1]，第一位和最后一位固定必须是 1。

• padding：string 类型，值为 SAME 和 VALID，表示的是卷积的形式，是否考虑边界。SAME 是考虑边界，不足的时候用 0 去填充周围，VALID 则不考虑。

• use_cudnn_on_gpu：布尔类型，是否使用 cudnn 加速，默认为 True。

定义一个_relu( )函数用于计算 Leaky ReLU( )激活函数：

def_relu(x, leakiness = 0.0)：

return tf. where(tf. less(x, 0.0), leakiness * x, x, name = 'leaky_relu')

tf. less( )函数：能够以元素方式返回(x < y)的真值，即返回 True 或 False。

原型：

```
tf.less(x,y,name = None)
```

主要参数：

• x：张量。

• y：张量，必须与 x 类型相同。

tf. where( )函数：能够返回满足条件的索引。

原型：

```
tf.where(condition,x = None,y = None,name = None)
```

主要参数：

• condition：张量，数据类型为布尔类型，即 True 或 False。

• x：张量。

• y：张量，必须与 x 类型相同。

注意：

tf. where( )函数返回值是对应元素，condition 中元素为 True 的元素替换为 x 中的元素，为 False 的元素替换为 y 中对应元素。x 只负责对应替换 True 的元素，y 只负责对应替换 False 的元素。

定义一个_FC( )函数用于添加全连接网络层：

```
def _FC(name,x,out_dim,keep_rate,activation = 'relu'):
    assert(activation = = 'relu')or(activation = = 'softmax')or(activation = = 'linear')
    with tf.variable_scope(name):
        dim = x.get_shape().as_list()
        dim = np.prod(dim[1:])
        x = tf.reshape(x,[-1,dim])
        W = tf.get_variable('DW',[x.get_shape()[1],out_dim],
                        initializer = tf.random_normal_initializer(stddev = WEIGHT_INIT))
        b = tf.get_variable('bias',[out_dim],initializer = tf.constant_initializer())
        x = tf.nn.xw_plus_b(x,W,b)
        if activation = = 'relu':
            x = _relu(x)
        else:
            if activation = = 'softmax':
                x = tf.nn.softmax(x)
        if activation ! = 'relu':
            return x
        else:
            return tf.nn.dropout(x,keep_rate)
```

_FC()函数的参数包括:

- name:全连接网络层的名称。
- x:输入 Tensor。
- out_dim:表示输出空间的维数。
- keep_rate:表示训练时 Dropout 所需保留节点的比例。
- activation:激活函数,这里默认为 ReLU 函数。

给函数输入以上参数之后,_FC()函数将会返回 tf.nn.dropout 函数的值。该函数是 TensorFlow 里面为了防止或减轻过拟合而使用的函数,通常都用在全连接网络层。比如,keep_rate = 0.6,则在训练过程中,某个神经元有 40% 的概率停止工作,即在本次训练过程中不更新权值,也不参与神经网络的计算。

定义一个_max_pool()函数用于添加最大池化层:

```
def _max_pool(x,filter,stride):
    return tf.nn.max_pool(x,[1,filter,filter,1],[1,stride,stride,1],'SAME')
```

_max_pool()函数的参数包括:

- x:输入 Tensor。
- filter:一个整数,或者包含了两个整数的元组/队列,表示最大池化窗的高和宽。如果只有一个整数,则宽高相等。
- stride:一个整数,或者包含了两个整数的元组/队列,表示最大池化窗的纵向和横向的步长。如果只有一个整数,则横纵步长相等。
- tf.nn.max_pool:实现最大池化操作。

原型：

tf.nn.max_pool(value,ksize,strides,padding,name=None)

主要参数：

• value：需要池化的输入，通常为 feature map，shape 为 [batch, in_height, in_width, in_channels]。

• ksize：一个整数，或者包含了两个整数的元组/队列，表示最大池化窗的高和宽。如果只有一个整数，则宽高相等。

• strides：一个整数，或者包含了两个整数的元组/队列，表示最大池化窗的纵向和横向的步长。如果只有一个整数，则横纵步长相等。

• padding：选择方式有 VALID 或者 SAME 两种。VALID 表示不够卷积核大小的块就丢弃，SAME 表示不够卷积核大小的块就补 0。

定义一个 batch_norm( ) 函数用于添加归一化层：

```
def batch_norm(x,n_out,phase_train=True,scope='bn'):

    with tf.variable_scope(scope):
        beta=tf.Variable(tf.constant(0.0,shape=[n_out]),
                         name='beta',trainable=True)
        gamma=tf.Variable(tf.constant(1.0,shape=[n_out]),
                          name='gamma',trainable=True)
        batch_mean,batch_var=tf.nn.moments(x,[0,1,2],name='moments')
        ema=tf.train.ExponentialMovingAverage(decay=0.5)

        def mean_var_with_update():
            ema_apply_op=ema.apply([batch_mean,batch_var])
            with tf.control_dependencies([ema_apply_op]):
                return tf.identity(batch_mean),tf.identity(batch_var)

        mean,var=tf.cond(phase_train,
                         mean_var_with_update,
                         lambda:(ema.average(batch_mean),ema.average(batch_var)))
        normed=tf.nn.batch_normalization(x,mean,var,beta,gamma,1e-3)
    return normed
```

通常会在网络训练开始之前，对输入数据做归一化处理。它是目前深度神经网络必不可少的一部分。

由于深度神经网络主要是为了学习训练数据的分布，并在测试集上达到良好的泛化效果，但是，如果每一个 batch 输入的数据都具有不同的分布，会给网络的训练带来困难。另外，数据经过一层层网络计算后，其数据分布也会发生变化，这会给下一层的网络学习带来困难。归一化处理就是为了解决这个分布变化问题。

batch_norm( ) 函数包括的参数：

• x：张量，shape 为 [batch, in_height, in_width, in_channels]。

- n_out:整数数组,用于指定计算均值和方差的轴。如果 x 是一维向量且 axes = 0,那么是在计算整个向量的均值与方差。
- phase_train:表示是否为训练阶段。
- scope:包含了函数默认参数的环境为 bn。

tf. nn. moments( )函数:用于计算均值和方差。

原型:

```
tf. nn. moments(x,
    axes,
    shift = None,
    name = None,
    keep_dims = False)
```

主要参数:

- x:张量,shape 为[batch,in_height,in_width,in_channels]。
- axes:整数数组,用于指定计算均值和方差的轴。如果 x 是一维向量且 axes = 0,那么是在计算整个向量的均值与方差。
- keep_dims:表示是否保持原来维度。

tf. train. ExponentialMovingAverage( )函数:采用滑动平均的方法更新参数。

原型:

```
tf. train. ExponentialMovingAverage(decay,steps)
```

参数:

- decay:表示衰减速率,用于控制模型的更新速度。
- steps:表示迭代的次数。

定义一个 VGG_ConvBlock( )函数用于添加 VGG 块。

```
def VGG_ConvBlock(name,x,in_filters,out_filters,repeat,strides,phase_train):
    with tf.variable_scope(name):
        for layer in range(repeat):
            scope_name = name + '_' + str(layer)
            x = _conv(scope_name,x,3,in_filters,out_filters,strides)
            if USE_BN:
                x = batch_norm(x,out_filters,phase_train)
            x = _relu(x)

            in_filters = out_filters

    x = _max_pool(x,2,2)
        return x
```

VGG_ConvBlock( )函数包括的参数:

- name:VGG 神经网络层的名称。
- x:张量,shape 为[batch,in_height,in_width,in_channels]。
- in_filters:表示输入空间的维数。

- out_filters：表示输出空间的维数。
- repeat：重复次数。
- strides：一个整数，或者包含了两个整数的元组/队列，表示卷积的纵向和横向的步长。如果是一个整数，则横纵步长相等。
- phase_train：表示是否为训练阶段。

定义 BKNetModel( ) 函数用于创建判别图像中人脸的表情、年龄和性别的卷积神经网络：

```
def BKNetModel(x):
    phase_train = tf.placeholder(tf.bool)
    keep_prob = tf.placeholder(tf.float32)

    x = VGG_ConvBlock('Block1',x,1,32,2,1,phase_train)

    x = VGG_ConvBlock('Block2',x,32,64,2,1,phase_train)

    x = VGG_ConvBlock('Block3',x,64,128,2,1,phase_train)

    x = VGG_ConvBlock('Block4',x,128,256,3,1,phase_train)

    #笑容分支 Smile branch
    smile_fc1 = _FC('smile_fc1',x,256,keep_prob)
    smile_fc2 = _FC('smile_fc2',smile_fc1,256,keep_prob)
    y_smile_conv = _FC('smile_softmax',smile_fc2,2,keep_prob,'softmax')

    #性别分支 Gender branch
    gender_fc1 = _FC('gender_fc1',x,256,keep_prob)
    gender_fc2 = _FC('gender_fc2',gender_fc1,256,keep_prob)
    y_gender_conv = _FC('gender_softmax',gender_fc2,2,keep_prob,'softmax')

    #年龄分支#Age branch
    age_fc1 = _FC('age_fc1',x,256,keep_prob)
    age_fc2 = _FC('age_fc2',age_fc1,256,keep_prob)
    y_age_conv = _FC('age_softmax',age_fc2,101,keep_prob,'softmax')

    return y_smile_conv,y_gender_conv,y_age_conv,phase_train,keep_prob
```

BKNetModel( ) 函数只需传入一个参数：待检测的图像。共使用了四个 VGG 块，再将其输出分别传入三个分支，即表情分支、性别分支和年龄分支。通过全连接层及 softmax 分类器输出最终的结果。这里 tf.placeholder 定义了 phase_train 和 keep_prob，但此时并没有把具体的数据传入模型，只是预先分配必要的内存。

（2）加载预训练模型

定义 load_network( ) 函数用于加载预训练的表情、年龄和性别判别模型：

```python
def load_network():
    sess = tf.Session()
    x = tf.placeholder(tf.float32,[None,48,48,1])
    y_smile_conv,y_gender_conv,y_age_conv,phase_train,keep_prob = BKNetModel(x)
    saver = tf.train.Saver()
    saver.restore(sess,'/opt/data/face/model-age101.ckpt.index')
    return sess,x,y_smile_conv,y_gender_conv,y_age_conv,phase_train,keep_prob
```

调用该函数：

```
WEIGHT_INIT = 0.01
USE_BN = True
sess,x,y_smile_conv,y_gender_conv,y_age_conv,phase_train,keep_prob = load_network()
```

WEIGHT_INIT 将权重初始化为 0.01，USE_BN 设定为使用归一化处理，之后加载模型。

(3) 人脸识别结果可视化

定义 draw_label() 函数用于绘制人脸检测框以及表情、年龄和性别的描述文字：

```
def draw_label(image,x,y,w,h,label,font = cv2.FONT_HERSHEY_SIMPLEX,font_scale = 1,
thickness = 2):
    cv2.rectangle(image,(x,y),(x + w,y + h),color,2)
    cv2.putText(image,label,(x,y),font,font_scale,color,thickness)
```

draw_label() 函数的参数有：

- image：输入需要绘制的图像。
- x：人脸框的中心坐标的横坐标。
- y：人脸框的中心坐标的纵坐标。
- w：框的宽度。
- h：框的高度。
- label：表情、年龄和性别的标签。
- font：规定文本的字体。cv2.FONT_HERSHEY_SIMPLEX 为正常大小无衬线字体。
- font_scale：字体大小。
- thickness：线条的粗细。

使用 cv2.rectangle() 函数绘制人脸边框，用 cv2.putText() 函数对边框添加文字。

定义 predict_face() 函数用于判别并绘制人脸的表情、年龄和性别：

```
def predict_face(img):
    #检测人脸并裁剪人脸
    original_img = img
    result = detector.detect_faces(original_img)
    if not result:
        cv2.imshow(original_img)
        return
    face_position = result[0].get('box')
    x_coordinate,y_coordinate,w_coordinate,h_coordinate = face_position
```

```
        img = original_img[y_coordinate:y_coordinate + h_coordinate, x_coordinate:x_
coordinate + w_coordinate]
        if(img.size = =0):
            cv2.imshow(original_img)
            return;
        img = cv2.cvtColor(img,cv2.COLOR_BGR2GRAY)    #将图片转换为灰度图像
        img = cv2.resize(img,(48,48))    #调整大小为 48×48
        img = (img - 128)/255.0
        T = np.zeros([48,48,1])
        T[:,:,0] = img
        test_img =[]
        test_img.append(T)
        test_img = np.asarray(test_img)

        predict_y_smile_conv = sess.run(y_smile_conv,feed_dict = {x:test_img,phase_train:
False,keep_prob:1})
        predict_y_gender_conv = sess.run(y_gender_conv,feed_dict = {x:test_img,phase_
train:False,keep_prob:1})
        predict_y_age_conv = sess.run(y_age_conv,feed_dict = {x:test_img,phase_train:
False,keep_prob:1})

        smile_label = "-_-"ifnp.argmax(predict_y_smile_conv) = =0else":)"
        gender_label = "Female"ifnp.argmax(predict_y_gender_conv) = =0else"Male"
        argmax_predict_age = np.argmax(predict_y_age_conv)

        label = "{},{},{}".format(smile_label,gender_label,argmax_predict_age)
        draw_label(original_img,x_coordinate,y_coordinate,w_coordinate,h_coordinate,
label)

    plt.figure()
    plt.imshow(original_img[...,::-1])
    plt.axis('off')
    plt.show()
```

输入图片,使用 MTCCN 人脸检测算法的 detect_faces() 函数检测人脸,得到人脸边框的中心坐标、宽度和高度,再将图片转为灰度图片,并调整大小为 48×48。将处理完毕的图像分别传入表情分支、性别分支、年龄分支进行预测。得到结果后在图像上绘制出人脸框,并显示其表情、性别、年龄,输出绘制完成的图片如图 4-13 所示。

实际操作成果如下:

```
img = cv2.imread('/opt/data/face/ivan.jpg')
predict_face(img)
img = cv2.imread('/opt/data/face/zhoudongyu.jpg')
predict_face(img)
```

再尝试不同的人脸图像,结果如图 4-14 所示。

第 4 章　TensorFlow 应用案例

图 4-13　性别、年龄显示

图 4-14　年龄显示

3. 摄像头图像人脸识别

使用 Opencv 的 cv2.VideoCapture( ) 函数就能够启动摄像头并创建摄像头读取器。不断循环迭代，使用 cap.read( ) 函数捕捉摄像头图像，再重复执行上一节的判别并绘制人脸的表情、年龄和性别的操作，就能实现摄像头图像人脸识别，具体代码如下所示：

```
cap = cv2.VideoCapture(0)
while(cap.isOpened()):
    ret,img = cap.read()
    #检测并裁剪人脸区域
    original_img = img
    result = detector.detect_faces(original_img)
    if not result:
        cv2.imshow("result",original_img)
        continue
    face_position = result[0].get('box')
    x_coordinate,y_coordinate,w_coordinate,h_coordinate = face_position
    img = original_img[y_coordinate:y_coordinate + h_coordinate, x_coordinate:x_coordinate + w_coordinate]
    if(img.size == 0):
        cv2.imshow("result",original_img)
        continue;
    #转换为灰度图
    img = cv2.cvtColor(img,cv2.COLOR_BGR2GRAY)
    #resize 重新采样为 48 × 48 像素
    img = cv2.resize(img,(48,48))
    img = (img - 128)/255.0
    T = np.zeros([48,48,1])
    T[:,:,0] = img
    test_img = []
    test_img.append(T)
```

```
    test_img = np.asarray(test_img)
    predict_y_smile_conv = sess.run(y_smile_conv,feed_dict = {x:test_img,phase_train:
False,keep_prob:1})
    predict_y_gender_conv = sess.run(y_gender_conv,feed_dict = {x:test_img,phase_
train:False,keep_prob:1})
    predict_y_age_conv = sess.run(y_age_conv,feed_dict = {x:test_img,phase_train:
False,keep_prob:1})

    smile_label = "-_-"if np.argmax(predict_y_smile_conv) = =0 else":)"
    gender_label = "Female"if np.argmax(predict_y_gender_conv) = =0 else"Male"
    argmax_predict_age = np.argmax(predict_y_age_conv)

    label = "{},{},{}".format(smile_label,gender_label,argmax_predict_age)
    draw_label(original_img,x_coordinate,y_coordinate,w_coordinate,h_coordinate,
label)

    cv2.imshow("result",original_img)

    if cv2.waitKey(1) = =27:
        break
```

由于上一节已经详细阐述如何判别并绘制人脸的表情、年龄和性别,这里不再重复叙述。操作的最后要释放资源并销毁窗口:

```
cap.release()
cv2.destroyAllWindows()   #清除所有的方框界面
```

这样就能正常关闭所有的绘图窗口。

4.2 车牌识别

4.2.1 背景介绍

由于社会经济的不断增长、人们生活水平的不断提高,机动车的数量也迅速增长。虽然驾驶机动车出行为人们带来了很大的便利,但也引发了不少麻烦事,比如交通事故、道路拥堵、环境污染等问题。使用传统的人工管理方式,无法高效、快速、及时地处理各种交通问题。

随着计算机软硬件的不断发展,计算机的运算能力大幅度提升,以及大数据、深度学习等技术的出现,让智能交通系统成为了我们的新方向。为了更好地管理机动车、保证交通安全,人们考虑通过识别机动车唯一的"身份证"——车牌,来实现对机动车的管控。同时为了解放人力、提高识别的精确度,诞生了车牌识别系统。车牌检测如图 4-15 所示。

车牌识别系统能够实现自动登记车牌号并验证车辆身份,是现代智能交通系统的重要组成部分。该系统不仅有助于道路的交通管理,比如抓拍闯红灯、超速或违规驾驶等,还能在治安安防监控中起到相当大的作用,比如通缉违规车辆、辅助刑事案件侦破等。车牌识别系统最

（a）原图像

（b）经过车牌检测后的图像

图 4-15　车牌检测

为常见的功能如下。

1. 检测报警

通常人们会将通缉车辆、挂失车辆、违规车辆等视作报警对象。首先将这类车辆的车牌号录入车牌识别系统，分类为"黑名单"。再通过各个公路口的摄像头来采集、识别来往车辆的车牌号，将识别的车牌号与"黑名单"中的进行比对，如有信息一致的车辆，便会报警提示。

2. 超速违章处罚

这类功能常用于高速公路，需要结合测速设备实现。首先在公路上设置测速监测点，通过抓拍并识别行驶的车辆牌照，再对比已经收到的超速车辆牌号，一旦牌号匹配便会启动警示设备，执法人员就会在出口处就位。

3. 车辆出入管理

在出入口安装车牌识别系统，不仅可以记录车辆的牌号、出入时间，还可以结合栏杆机、自动门等设备，实现车辆的自动管理。比如应用于居民区内，则可以判别车辆是否属于本小区，并对非内部车辆自动计时收费。又如应用于停车场内，既可以实现自动计时收费，又可以自动计算剩余可用车位的数量。

4. 高速公路收费管理

在高速公路口一般都会应用车牌识别系统，当有车辆驶入时，便将其牌号录入收费系统，而当该车辆驶到出口时，根据牌照信息与入口信息，完成收费。这样的自动计费方式，能够有效地防止逃费。

除以上四个功能外，车牌识别系统还具备自动放行、计算车辆旅行时间、牌照号码自动登记等常用功能。由于篇幅原因，这里不再细说。这些功能本质上都帮助人们节省了人力、提高了车辆管理的效率。

4.2.2　原理分析

车辆牌照识别系统在现代交通监控与管理系统中占据了相当的地位。该系统是基于图像分割和图像识别理论，使用机动车的静态图像或动态视频来自动识别车牌的一种技术，能够对含有车辆的图像或视频分析处理，在确定了车牌的位置之后，提取和识别车牌上的文本字符。通常，车牌识别流程框架如图4-16所示，主要包括了车牌检测、车牌定位、字符提取、车牌识别等算法。车牌识别算法能够根据采集到的视频或图像，对抓拍到的车牌进行检测、定位以及识别。

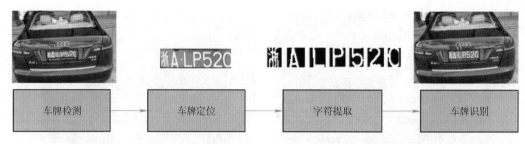

图 4-16　车牌识别流程框架

（1）车牌检测

车牌检测可以采用第 3 章的目标检测算法或者使用传统的计算机视觉算法。车牌检测的目的就是找到车牌的大致位置，为定位车牌、识别车牌做准备。

（2）车牌定位

在检测出车牌大致的位置后，对车牌进行精准的定位。确定车牌的区域坐标与高宽度。

（3）字符提取

将车牌分割出来，然后对车牌字符进行二值化等处理，将车牌上的各个字符分割开来，归一化后输入字符识别系统进行识别。

（4）车牌识别

对分割后的字符进行缩放和特征提取以获得特定字符的表达形式，然后使用分类字符和分类规则来匹配字符数据库模板中的标准字符表达形式以识别输入字符图像。

4.2.3　代码实现

在具体的代码实现中，共分为 5 个步骤，包括：图像预处理、车牌预定位、车牌定位、字符提取和字符识别[46]。图像预处理包括图像去噪、边缘提取、二值化等一些数字图像的算法，目的是为车牌预定位提供一些必要条件；车牌预定位的目的是通过一些传统的方法，比如通过对预处理后的图像提取轮廓外接矩形，根据矩形长宽以及长宽比获取车牌候选位置；车牌预定位中可能会出现多个候选位置，通过深度学习算法对候选位置做一个分类预测，判断出正确的车牌位置；字符提取是对定位到的车牌进行拆分，分出每一个字符；最后对每一个字符进行分类，得到识别的车牌字符。①

载入需要用到的程序包：

```
import cv2
import os
import sys
import numpy as np
import tensorflow as tf
from PIL import Image, ImageDraw, ImageFont
```

- cv2：opencv 是一个跨平台计算机视觉库，里面集成了大量的计算机视觉、图像处理的算

---

① 参见 https://github.com/simple2048/CarPlateIdentity

法。这里主要是用来读取图像,以及做图像的预处理以及车牌预定位。

- numpy:可用来存储和处理大型矩阵,比 Python 自身的嵌套列表结构要高效得多。
- tensorflow:利用深度学习的框架,搭建网络,用来定位车牌以及识别字符。
- PIL:是用于图像处理的库,由于 opencv 不支持在图像中输入中文字符,而中国的车牌第一个字母是中文的,我们借助 PIL 这个库,将车牌位置和识别到的字符输出到原始的图像中。

原型:

```
if __name__ == '__main__':
    cur_dir = sys.path[0]
    #车牌大小
    car_plate_w,car_plate_h = 136,36
    #车牌上字符大小
    char_w,char_h = 20,20
    #加载车牌识别模型权重
    plate_model_path = os.path.join(cur_dir,'../model.ckpt-510.meta')
    #加载字符识别权重
    char_model_path = os.path.join(cur_dir,'../model/model.ckpt-570.meta')
    #读取待进行车牌识别的图像
    img = cv2.imread('../images/pictures/1.jpg')

    #图像预处理
    pred_img = pre_process(img)
    #车牌预定位,通过传统算法找到车牌的疑似位置
    car_plate_list = locate_carPlate(img,pred_img)
    #CNN 车牌过滤,通过神经网络进一步定位车牌
    ret,car_plate = cnn_select_carPlate(car_plate_list,plate_model_path)
    if ret == False:
        print("未检测到车牌")
        sys.exit(-1)
    #字符分割提取
    char_img_list = extract_char(car_plate)
    #CNN 字符识别
    text = cnn_recongnize_char(char_img_list,char_model_path)
    print(text)
```

参数:

- car_plate_w,car_plate_h:这两个参数代表车牌的宽和高,因为中国车牌的规格大小是一致的,通过这两个固定的参数可以辅助我们找到疑似车牌的位置。
- char_w,char_h:这两个参数代表车牌上字符的大小,目的是在已识别到车牌的基础上,对车牌字符进行提取。
- plate_model_path:车牌检测的模型权重路径。
- char_model_path:车牌字符识别的模型权重路径。
- img:需要进行车牌识别的图像。

输出:

text:输出值为车牌的字符列表,如图 4-17 黄框所示。

图 4-17　车牌识别系统输出的车牌字符

1. 图像预处理

图像预处理的目的是为车牌预定位提供一些必要的条件,图像预处理的整个核心步骤有 8 步:

①加载原始图片。

②RGB 图片转灰度图:减少数据量。

③均值模糊:柔化一些小的噪声点。

④Sobel 获取垂直边缘:因为车牌垂直边缘比较多。

⑤原始图片从 RGB 转 HSV:车牌背景色一般是蓝色或黄色。

⑥从 Sobel 处理后的图片找到蓝色或黄色区域:从 HSV 中取出蓝色、黄色区域,和 Sobel 处理后的图片相乘。

⑦二值化:最大类间方差法。

⑧闭运算:将车牌垂直的边缘连成一个整体。

原型:

```
def pre_process(orig_img):
    #RGB 转为灰度图:减少图像的计算量
    gray_img = cv2.cvtColor(orig_img,cv2.COLOR_BGR2GRAY)
    #均值模糊:弱化一些小的噪声点
    blur_img = cv2.blur(gray_img,(3,3))
    #Sobel 获取图像垂直边缘:车牌垂直边缘比较多
    sobel_img = cv2.Sobel(blur_img,cv2.CV_16S,1,0,ksize = 3)
    sobel_img = cv2.convertScaleAbs(sobel_img)
    #色彩形式转换:从 RGB 转 HSV,通过色彩猜测车牌(车牌颜色一般为蓝色黄色等)
    hsv_img = cv2.cvtColor(orig_img,cv2.COLOR_BGR2HSV)
    h,s,v = hsv_img[:,:,0],hsv_img[:,:,1],hsv_img[:,:,2]
    #黄色色调区间[26,34],蓝色色调区间:[100,124],未考虑其他类型的车牌
    blue_img = (((h>26)&(h<34))|((h>100)&(h<124)))&(s>70)&(v>70)
    blue_img = blue_img.astype('float32')
    #二值化:最大类间方差法
    mix_img = np.multiply(sobel_img,blue_img)
    mix_img = mix_img.astype(np.uint8)
    ret,binary_img = cv2.threshold(mix_img,0,255, cv2.THRESH_BINARY |cv2.THRESH_OTSU)
```

```
#闭运算:将车牌垂直的边缘连成一个整体
kernel = cv2.getStructuringElement(cv2.MORPH_RECT,(21,5))
close_img = cv2.morphologyEx(binary_img,cv2.MORPH_CLOSE,kernel)

return close_img
```

参数:

- orig_img:用opencv读入的原始图像,图像为BGR读入的numpy.ndarray类型。

返回:

- close_img:通过图像预处理后得到的图像。

原型重点部分分析:

①RGB转为灰度图:减少图像的计算量。

```
gray_img = cv2.cvtColor(orig_img,cv2.COLOR_BGR2GRAY)
```

参数:

- orig_img:需要转换的图片。
- cv2.COLOR_BGR2GRAY:转换成何种格式,此处是将BGR格式转为GRAY形式。

返回:

- 灰度图,如图4-18所示。

(a) 输入的RGB图像　　　　　(b) 输出的灰度图

图4-18　图像对比

②均值模糊:弱化一些小的噪声点。

```
blur_img = cv2.blur(gray_img,(3,3))
```

参数:

- gray_img:输入的图片;
- (3,3):表示进行均值滤波的方框大小;

返回:

- 均值滤波后的图像,如图4-19所示。

③Sobel获取图像垂直边缘:车牌垂直边缘比较多。

```
sobel_img = cv2.Sobel(blur_img,cv2.CV_16S,1,0,ksize = 3)
```

参数:

- blur_img:需要处理的图像。

（a）输入的灰度图像　　　　　　　（b）输出的均值滤波后图像

图 4-19　均值滤波前后图像对比

- cv2. CV_16S：Sobel( )函数求完导数后会有负值，还有会大于 255 的值。而原图像是 uint8，即 8 位无符号数，所以 Sobel( )建立的图像位数不够，会有截断。因此要使用 16 位有符号的数据类型，即 cv2. CV_16S。
- 1,0：求导的阶数，0 表示这个方向上没有求导，一般为 0、1、2。
- ksize：Sobel 算子的大小，必须为 1、3、5、7。

返回：

- 图像内容的边缘信息，如图 4-20 所示。

（a）输入的均值滤波后图像　　　　　　　（b）输出的图像内容边缘信息

图 4-20　边缘信息图像对比

④二值化：最大类间方差法。

ret,binary_img = cv2. threshold(mix_img,0,255,cv2. THRESH_BINARY |cv2. THRESH_OTSU)

参数：

- mix_img：源图片，必须是单通道，通常来说为灰度图。
- 0：阈值，取值范围 0～255。
- 255：填充色，取值范围 0～255，当像素值超过了阈值（或者小于阈值，根据 type 来决定），所赋予的值。
- cv2. THRESH_BINARY|cv2. THRESH_OTSU：二值化操作的类型。

返回：

- ret：True 或 False，代表有没有读到图片。

- binary_img:输出的二值化图,如图 4-21 所示。

⑤闭运算:将车牌垂直的边缘连成一个整体。

```
close_img = cv2.morphologyEx(binary_img,cv2.MORPH_CLOSE,kernel)
```

参数:
- binary_img:传入的图片。
- cv2.MORPH_CLOSE:进行闭运算,指的是先进行膨胀操作,再进行腐蚀操作。
- kernel:表示方框的大小。

返回:

close_img:闭运算后的图像,如图 4-22 所示。

图 4-21　车牌疑似位置二值化图像

图 4-22　图像预处理最终输出的闭运算图像

2. 车牌预定位

车牌预定位的目的,是获取疑似的车牌位置,整个流程共包括 5 个步骤:

①获取轮廓。

②求得轮廓外接矩形。

③通过外接矩形的长、宽、长宽比三个值排除一部分非车牌的轮廓。

④车牌位置矫正。

⑤调整尺寸(为后面 CNN 车牌识别做准备)。

原型:

```
def locate_carPlate(orig_img,pred_image):
    carPlate_list =[]
    temp1_orig_img = orig_img.copy()
    temp2_orig_img = orig_img.copy()
    cloneImg, contours, heriachy = cv2.findContours(pred_image, cv2.RETR_EXTERNAL,cv2.CHAIN_APPROX_SIMPLE)
    for i,contour in enumerate(contours):
        cv2.drawContours(temp1_orig_img,contours,i,(255,0,0),4)
        #获取轮廓最小外接矩形,返回值 rotate_rect
        rotate_rect = cv2.minAreaRect(contour)
        #根据矩形面积大小和长宽比判断是否是车牌
        if verify_scale(rotate_rect):
            ret,rotate_rect2 = verify_color(rotate_rect,temp2_orig_img)
            if ret == False:
                continue
            #车牌位置矫正
```

```
            car_plate = img_Transform(rotate_rect2,temp2_orig_img)
            #调整尺寸为后面 CNN 车牌识别做准备
            car_plate = cv2.resize(car_plate,(car_plate_w,car_plate_h))
            carPlate_list.append(car_plate)
    return carPlate_list
```

参数：
- orig_img：原始图像。
- pred_image：图像预处理后的图像。

返回：
- carPlate_list：列表形式，预定位的车牌在原图像上的坐标。

原型重点部分分析：

① 求得轮廓外接矩形。

```
for i,contour in enumerate(contours):
    cv2.drawContours(temp1_orig_img, contours,i,(255,0,0),4)
    #获取轮廓最小外接矩形,返回值 rotate_rect
    rotate_rect = cv2.minAreaRect(contour)
```

- cv2.drawContours()轮廓绘制函数：
- temp1_orig_img：指明需要绘制轮廓的图像,图像为三通道才能显示轮廓。
- contours：轮廓本身,在 Python 中是一个 list。
- i：指定绘制轮廓 list 中的哪条轮廓。
- (255,0,0)：绘制轮廓的颜色(B,G,R)。
- 4：绘制轮廓的线条粗细。

绘制结果如图 4-23 所示。

② 位置矫正。

```
car_plate = img_Transform(rotate_rect2,temp2_orig_img)
```

此步骤主要是利用仿射变换将车牌变换到一个正视角,结果如图 4-24 所示。

图 4-23 轮廓外界区域　　　　图 4-24 转换后的车牌

3. 车牌定位

这一步的目的是从疑似车牌图片中选出真正的车牌。这里用到了深度学习的分类算法,通过卷积神经网络来判断是否为车牌的二分类问题,取与车牌相似度最高的作为最终选择。

原型:

```python
def cnn_select_carPlate(plate_list,model_path):
    if len(plate_list)==0:
        return False,plate_list
    g1 = tf.Graph()
    sess1 = tf.Session(graph=g1)
    with sess1.as_default():
        with sess1.graph.as_default():
            model_dir = os.path.dirname(model_path)
            saver = tf.train.import_meta_graph(model_path)
            saver.restore(sess1, tf.train.latest_checkpoint(model_dir))
            graph = tf.get_default_graph()
            net1_x_place = graph.get_tensor_by_name('x_place:0')
            net1_keep_place = graph.get_tensor_by_name('keep_place:0')
            net1_out = graph.get_tensor_by_name('out_put:0')

    input_x = np.array(plate_list)
            net_outs = tf.nn.softmax(net1_out)
            #预测结果
            preds = tf.argmax(net_outs,1)
            #结果概率值
            probs = tf.reduce_max(net_outs,reduction_indices=[1])
            pred_list,prob_list = sess1.run([preds,probs],feed_dict={net1_x_place:
input_x,net1_keep_place:1.0})
            #选出概率最大的车牌
            result_index,result_prob = -1,0.
            for i,pred in enumerate(pred_list):
                if pred==1 and prob_list[i]>result_prob:
                    result_index,result_prob = i,prob_list[i]
            if result_index==-1:
                return False,plate_list[0]
            else:
                return True,plate_list[result_index]
```

参数:
- plate_list:列表形式,里面包括疑似车牌位置的坐标。
- model_path:车牌识别网络的模型权重路径。

返回:
- plate_list[0]:如果没有识别到车牌,返回空列表。
- plate_list[result_index]:如果检测到有车牌,返回车牌在原图中的坐标位置。

原型重点部分分析:

```
#预测结果
preds = tf.argmax(net_outs,1)
```

参数:
- net_outs:通过网络模型预测出来的结果。

- 1:将每一行最大元素所在的索引记录下来,最后返回每一行最大元素所在的索引数组。

返回:

tf. argmax(input,axis)函数是根据axis取值的不同返回每行或者每列最大值的索引。

```
#结果概率值
probs = tf. reduce_max(net_outs,reduction_indices =[1])
```

参数:

- net_outs:通过网络模型预测出来的结果。
- reduction_indices = [1]:axis的废弃的名称,功能与axis这个参数一致,此处取1表示按照第2维减少尺寸。

返回:

tf. reduce_max(input_tensor, axis = None, keep_dims = False,name = None,reduction_indices = None)函数是返回一个张量的各个维度上元素的最大值。

4. 字符提取

原型:

```
def extract_char(car_plate):
    gray_plate = cv2.cvtColor(car_plate,cv2.COLOR_BGR2GRAY)
    ret,binary_plate = cv2.threshold(gray_plate,0,255,cv2.THRESH_BINARY |cv2.THRESH_OTSU)
    char_img_list = get_chars(binary_plate)
    return char_img_list
```

输入:

car_plate:通过卷积神经网络返回的车牌,此处的车牌是一个图像的形式,格式如图4-25所示。

输出:

char_img_list:列表形式,包含了切割后的字符在车牌上的坐标。

原型重点部分分析:

```
char_img_list = get_chars(binary_plate)
```

get_chars(binary_plate)函数主要是通过水平投影以及垂直投影的方式,将车牌上的字符剪裁出来,这里不做具体展开,有兴趣的话可以研究源码。该函数的原理为:通过水平投影将二值化的车牌图片水平投影到Y轴,得到连续投影最长的一段作为字符区域,把水平方向上的连续白线过滤掉;根据字符与字符之间总会分隔一段距离的性质,分割后的字符宽度必须达到平均宽度才能算作一个字符,这里可以排除车牌第A、L字符中间的"·"。定位到的车牌如图4-25所示,得到分割后的字符如图4-26所示。

图4-25 定位到的车牌 　　　　图4-26 车牌字符提取

5. 车牌字符识别

这一步的目的是把上面的字符图像块识别出来,输出车牌文本字符。这里采用卷积神经网络对字符采用分类操作。这里的类别比较多,包括数字、字母、汉字,但是做法和车牌检测的二分类类似,网络输出67维向量,取概率最大的作为输出结果。

原型:

```
def cnn_recongnize_char(img_list,model_path):
    g2 = tf.Graph()
    sess2 = tf.Session(graph = g2)
    text_list =[]

    if len(img_list) = = 0:
        return text_list
    with sess2.as_default():
        with sess2.graph.as_default():
            model_dir = os.path.dirname(model_path)
            saver = tf.train.import_meta_graph(model_path)
            saver.restore(sess2,tf.train.latest_checkpoint(model_dir))
            graph = tf.get_default_graph()
            net2_x_place = graph.get_tensor_by_name('x_place:0')
            net2_keep_place = graph.get_tensor_by_name('keep_place:0')
            net2_out = graph.get_tensor_by_name('out_put:0')

            data = np.array(img_list)
            #数字、字母、汉字,从67维向量找到概率最大的作为预测结果
            net_out = tf.nn.softmax(net2_out)
            preds = tf.argmax(net_out,1)
            my_preds = sess2.run(preds,feed_dict = {net2_x_place:data,net2_keep_place:1.0})

            for i in my_preds:
                text_list.append(char_table[i])
            return text_list
```

参数:
- img_list:列表形式,包含了切割后的字符在车牌上的坐标。
- model_path:字符识别网络权重的路径。

返回:

text_list:列表形式,为车牌的字符列表,如图4-27黄框所示。

图4-27 车牌字符识别结果

原型重点部分分析:

```
#数字、字母、汉字,从67维向量找到概率最大的作为预测结果
net_out = tf.nn.softmax(net2_out)
```

数字、字母、汉字的向量表示形式为:

```
char_table = ['0','1','2','3','4','5','6','7','8','9','A','B','C','D','E','F','G',
'H','I','J','K','L','M','N','O','P','Q','R','S','T','U','V','W','X','Y','Z','川','鄂'
,'赣','甘','贵','桂','黑','沪','冀','津','京','吉','辽','鲁','蒙','闽','宁','青','琼'
,'陕','苏','晋','皖','湘','新','豫','渝','粤','云','藏','浙']
```

6. 车牌识别图像输出形式

在得到车牌的位置以及车牌上的字符后,我们可以将这两个信息在原图中展示出来。

原型:

```
result = orig_img.copy()
#通过循环画线的方式,在原图上把车牌位置画出来
for k in range(4):
    n1,n2 = k%4,(k+1)%4
    cv2.line(result,(box[n1][0],box[n1][1]),(box[n2][0],box[n2][1]),(0,0,255),2)
#图像从OpenCV格式转换成PIL格式
result = Image.fromarray(cv2.cvtColor(result,cv2.COLOR_BGR2RGB))
#字体*.ttc的存放路径一般是:/usr/share/fonts/opentype/noto/查找指令locate*.ttc
font = ImageFont.truetype('NotoSansCJK-Black.ttc',30)
#字体颜色
fillColor = (255,0,0)
#文字输出位置
position = (box[n2][0],box[n2][0]-10)
#输出内容
strr = text_list
draw = ImageDraw.Draw(result)
draw.text(position,strr,font=font,fill=fillColor)

img_OpenCV = cv2.cvtColor(np.asarray(result),cv2.COLOR_RGB2BGR)
cv2.imshow("result",img_OpenCV)
```

输出结果如图4-28所示。

图4-28 车牌识别输出图像

7. 网络模型训练

通过上面的六个步骤,我们已经完整的实现了车牌识别的整个流程,但是其中的第3步与第6步,我们直接使用了训练好的模型。神经网络的相关知识在之前已经有了很多的了解,在这一部分我们将对重要部分简要分析如何得到网络权重,包括训练数据集、网络的搭建以及训练的精度等。

(1) 数据集

数据集来源于参考文献 https://github.com/zeusees/HyperLPR,车牌检测的网络包括 1 916 张正样本以及 3 978 张负样本,形式如图 4-29 所示。

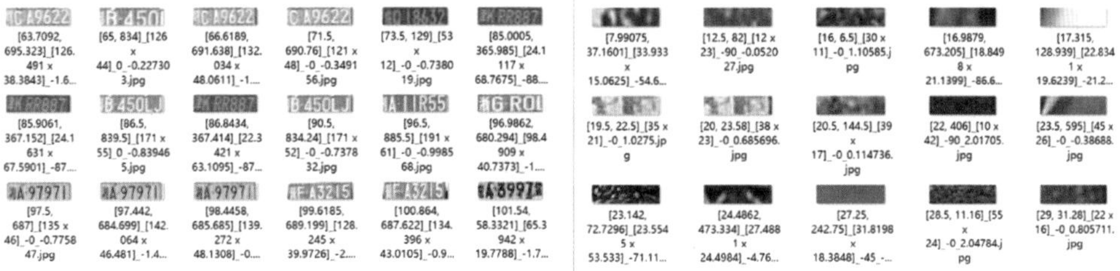

图 4-29　车牌识别定位训练样本

字符识别主要包括数字、字母以及省份的识别,形式如图 4-30 所示,以数字"4",字母"E",字符"浙"为例。

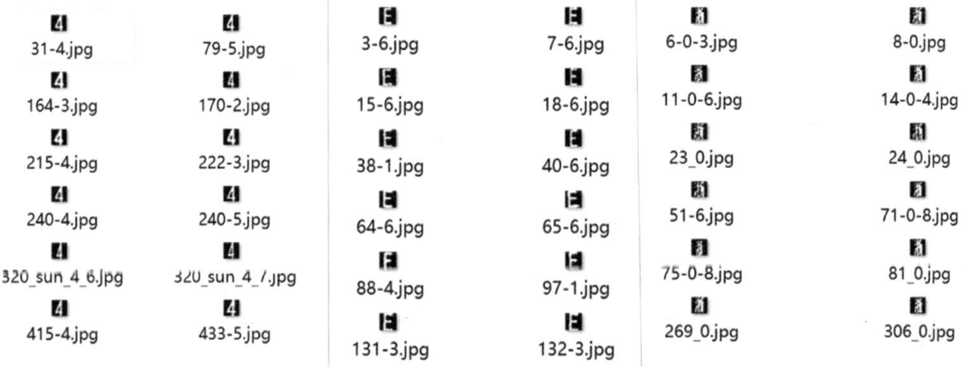

图 4-30　车牌字符识别训练样本

(2) 网络框架

车牌定位与字符识别的网络架构完全一致,这里只分析一个。

```
def cnn_construct(self):
    x_input = tf.reshape(self.x_place,shape=[-1,self.img_h,self.img_w,3])
    ……
    cw3 = tf.Variable(tf.random_normal(shape=[3,3,64,128],stddev=0.01),dtype=tf.float32)
    cb3 = tf.Variable(tf.random_normal(shape=[128]),dtype=tf.float32)
    conv3 = tf.nn.relu(tf.nn.bias_add(tf.nn.conv2d(conv2,filter=cw3,strides=[1,1,1,1],padding='SAME'),cb3))
```

```
conv3 = tf.nn.max_pool(conv3,ksize=[1,2,2,1],strides=[1,2,2,1],padding='SAME')
conv3 = tf.nn.dropout(conv3,self.keep_place)
conv_out = tf.reshape(conv3,shape=[-1,17*5*128])
......
fw3 = tf.Variable(tf.random_normal(shape=[1024,self.y_size],stddev=0.01),dtype
=tf.float32)
fb3 = tf.Variable(tf.random_normal(shape=[self.y_size]),dtype=tf.float32)
fully3 = tf.add(tf.matmul(fully2,fw3),fb3,name='out_put')
return fully3
```

这里省略了一部分代码，整个的网络使用卷积、激活、随机丢失、全连接等操作实现网络搭建。这里不再进行过多的说明。在网络搭建中，大家也可以选用比较经典的 VGG - Net、ResNet 等网络。

（3）网络训练

因为车牌定位与字符识别目的都是分类，因此都选取了常用的交叉熵损失函数作为损失。

```
loss = tf.reduce_mean(tf.nn.softmax_cross_entropy_with_logits(logits=out_put,
labels=self.y_place))
```

● logits = out_put：神经网络最后一层的输出，如果有 batch 的话，它的大小就是[batchsize, num_classes]，单样本的话，大小就是 num_classes。

● labels = self.y_place：实际的标签，大小与第一个参数一致。

tf.nn.softmax_cross_entropy_with_logits()这个函数的返回值是一个向量。为了求 loss，需要做一步 tf.reduce_mean()操作，对向量求均值。

车牌识别的精度，在经过 510 次迭代之后，训练精度达到 1；字符识别的精度在经过 550 次迭代后，训练精度达到 0.98。结果如图 4-31 所示。

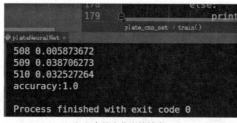
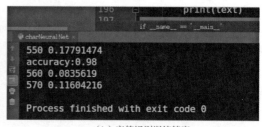

（a）车牌定位训练精度　　　　　　　　　（b）字符识别训练精度

图 4-31　训练精度前后对比

8. 更多车牌识别的结果展示

从图 4-32 所示输出结果我们可以看到，在不同的拍摄状态下均可以实现车牌识别。

图 4-32　车牌识别结果展示

4.3 图像风格迁移

图像风格迁移是指利用算法学习参考图像(Style Image)中的风格,然后将学习到的风格应用于原始图像(Content Image),同时保留目标图像的内容。著名的图像处理应用 Prisma 就是利用风格迁移技术,将普通用户的照片自动变换为具有艺术家的风格的图片,具有代表性的迁移就是将梵高的风格迁移到想改变风格的图像上,使该图片也具有"梵高的风格",如图 4-33 所示。

图 4-33 风格迁移示意图

4.3.1 基于 VGG-19 的图像风格迁移

1. 背景介绍

图像风格迁移技术可以追溯到 2000 年以前的图像纹理生成技术,科研人员用复杂的数学模型和公式来归纳和生成纹理,但是手工建模耗时耗力,而且当时计算机计算能力不强。一个数学模型只适配于一种特定的风格和场景,没有办法做到较好的泛化性和实时性,对于实际的应用是非常有限的。因此图像风格迁移技术领域发展非常缓慢。改变这种现状的是 2015 年 Gatys 等人提出了一种基于卷积神经网络的图像风格迁移算法,Gatys 等人发现使用卷积神经网络可以将图像的内容抽象特征表示和风格抽象特征表示进行分离,并通过独立处理这些高层抽象特征表示来有效地实现图像风格迁移,取得了比较理想的效果。

2. 原理分析

图像的风格一般包括各种尺度的质感、颜色和图案,而进行风格迁移的内容则是图像的大体轮廓结构,如上图所示,梵高的《星空》(Style Image)中蓝色和黄色的圆形涂刷笔触为风格,而楼房(Content Image)则是内容。

图像风格迁移的核心思想与其他深度学习算法应用的核心问题是一致的,即如何定义损失函数以达成我们的目的。通过训练一个模型可以分别捕捉到 ContentImage 的内容信息和 Style Image 的风格信息,并将风格信息融合迁移到内容信息,又不破坏原始内容信息的大体轮廓信息,可以用以下损失函数定义。

$$L = d\{s(参考图像), s(生成图像)\} + d\{c(原始图像), c(生成图像)\}$$

其中，d 表示 L_2 距离，s 表示计算图像风格的函数，c 表示计算图像内容的函数。具体而言即是：

① 内容损失部分：卷积神经网络靠后的卷积层包含了图像的高层全局信息，因此可以选取原始图像和生成图像在预训练好的卷积神经网络中较靠后的同一层激活输出。

② 风格损失部分：卷积神经网络靠前的卷积层包含了图像的局部细节信息，因此可以选取参考图像和生成图像在预训练好的卷积神经网络中多层激活输出的 Gram 矩阵，即某一层特征输出的内积。

基于上述的理论，下面分别对内容损失函数和风格损失函数进行数学建模。

(1) 内容损失函数

判断两张图像在内容上是否相似，不能仅仅依靠简单的肉眼观察或者纯像素的比较。需要通过算法对整张图像进行特征的提取表述，通过这种全局特征表达的对比来进行准确的判定。众所周知，CNN 具有抽象和理解图像的能力，因此可考虑将各个卷积层的输出作为图像的内容。以 VGG-19 为例，其中包括了多个卷积层、池化层以及最后的全连接层。图 4-34 所示为 VGG-19 的网络结构图。

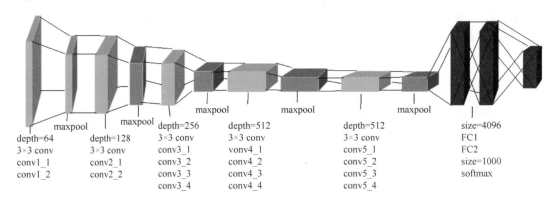

图 4-34　VGG-19 网络结构图

设原始图像为 $\vec{p}$，期望转换的图像为 $\vec{x}$，使用卷积层的第 l 层，原始图像 $\vec{p}$ 在第 l 层的卷积特征为 $P_{i,j}^l$，i 表示卷积的第 i 个通道，j 表示卷积的第 j 个位置。通常卷积的特征是三维的，三维坐标分别对应"高、宽、通道"。

有了上面这些符号后，内容损失 $L_{\text{content}}(\vec{p}, \vec{x}, l)$ 的定义如下：

$$L_{\text{content}}(\vec{p}, \vec{x}, l) = \frac{1}{2} \sum_{ij} (F_{ij}^l - P_{ij}^l)^2$$

$L_{\text{content}}(\vec{p}, \vec{x}, l)$ 描述了原始图像 $\vec{p}$ 和生成图像 $\vec{x}$ 在内容上的差异。内容损失越小，说明它们的内容越接近；内容损失越大，说明它们的内容差距也越大。先使用原始图像 $\vec{p}$ 计算出它的卷积特征 $P_{i,j}^l$，同时随机初始化 $\vec{x}$。接着，以内容损失 $L_{\text{content}}(\vec{p}, \vec{x}, l)$ 为优化目标，通过梯度下降法逐步改变 $\vec{x}$。经过一定步数后，得到的 $\vec{x}$ 是希望的还原图像了。在这个过程中，内容损失 $L_{\text{content}}(\vec{p}, \vec{x}, l)$ 应该是越来越小的。

(2) 风格损失函数

图像风格的表达是图像风格迁移的另一个重点，一种方法是使用图像卷积层特征的 Gram

矩阵。设卷积层的输出为F_{ij}^l,那么这个卷积特征对应的Gram矩阵的第i行第j个元素定义为:

$$G_{ij}^l = \sum k\, F_{ik}^l F_{ij}^l$$

设在第l层中,卷积特征的通道数为N_l,卷积的高、宽乘积为M_l,那么F_{ij}^l满足$1 \leqslant i \leqslant N_l$,$1 \leqslant j \leqslant M_l$。G实际是向量组$\boldsymbol{F}_1^l, \boldsymbol{F}_2^l, \cdots, \boldsymbol{F}_i^l, \cdots, \boldsymbol{F}_{N_l}^l$的Gram矩阵,其中$\boldsymbol{F}_i^l = (\boldsymbol{F}_{i1}^l, \boldsymbol{F}_{i2}^l, \cdots, \boldsymbol{F}_{ij}^l, \cdots, \boldsymbol{F}_{iM_l}^l)$。

为了对Gram矩阵有一个更加深入的了解,假设某一层输出的卷积特征为$10 \times 10 \times 32$,即它是一个宽、高均为10,通道数为32的张量。$\boldsymbol{F}_1^l$表示第一个通道的特征,它是一个100维的向量,$\boldsymbol{F}_2^l$表示第二个通道的特征,同样是一个100维的向量,它对应的Gram矩阵$\boldsymbol{F}$是:

$$\begin{bmatrix} (\boldsymbol{F}_1^l)^T(\boldsymbol{F}_1^l) & (\boldsymbol{F}_1^l)^T(\boldsymbol{F}_2^l) & \cdots & (\boldsymbol{F}_1^l)^T(\boldsymbol{F}_{32}^l) \\ (\boldsymbol{F}_2^l)^T(\boldsymbol{F}_1^l) & (\boldsymbol{F}_2^l)^T(\boldsymbol{F}_2^l) & \cdots & (\boldsymbol{F}_2^l)^T(\boldsymbol{F}_{32}^l) \\ \cdots & \cdots & \cdots & \cdots \\ (\boldsymbol{F}_{32}^l)^T(\boldsymbol{F}_1^l) & (\boldsymbol{F}_{32}^l)^T(\boldsymbol{F}_2^l) & \cdots & (\boldsymbol{F}_{32}^l)^T(\boldsymbol{F}_2^l) \end{bmatrix}$$

Gram矩阵可以在一定程度上反映原始图像的"风格"。依照"内容损失"可以定义一个"风格损失"(Style Loss)。设原始图像为$\vec{a}$,要进行还原的风格图像为$\vec{x}$,先计算出原始图像某一次卷积的Gram矩阵为$\boldsymbol{A}^l$,要还原的图像为$\vec{x}$经过同样的计算得到对应的卷积层的Gram矩阵是$\boldsymbol{G}^l$,风格损失定义为:

$$L_{\text{style}}(\vec{p}, \vec{x}, l) = \frac{1}{4 N_l^2 M_l^2} \sum_{ij} (A_{ij}^l - G_{ij}^l)^2$$

分母上的$4 N_l^2 M_l^2$是一个归一化项,目的是为了防止风格损失的数量及相对内容损失过大。在实际的应用上,常常利用多层而非一层的风格损失,多层的风格损失是单层风格损失的加权累加,即

$$L_{\text{style}}(\vec{p}, \vec{x}) = \sum_i w_l\, L_{\text{style}}(\vec{p}, \vec{x}, l)$$

其中,w_l表示第l层的权重。

(3) 风格迁移整体损失函数

将内容损失和风格损失结合起来,则可以得到图像风格迁移的基本损失函数。设原始内容图像为$\vec{p}$,原始风格图像为$\vec{a}$,代生成的图像为$\vec{x}$。希望$\vec{x}$可以保持内容图像$\vec{p}$内容的同时具备风格图像$\vec{a}$的风格。组合$\vec{p}$的内容损失和$\vec{a}$的风格损失,定义总的损失函数为:

$$L_{\text{total}}(\vec{p}, \vec{a}, \vec{x}) = \alpha L_{\text{content}}(\vec{p}, \vec{x}) + \beta L_{\text{style}}(\vec{a}, \vec{x})$$

α和β是平衡两个损失的超参数,如果α偏大,还原的图像会更接近于$\vec{p}$,如果β偏大,还原的图像会更接近$\vec{a}$。使用总的损失函数可以组合$\vec{p}$的内容和$\vec{a}$的风格,实现图像风格的迁移。

因此,基于上述的分析,我们可以得知以神经网络模型VGG-19进行图像特征的提取,可以得到图像的全局精准表达,这有助于提升图像风格迁移的准确性和有效性。因此我们采用VGG-19作为整个模型的信息提取,将图片中的风格和内容进行分离,并将该图片的风格应用到另一张图片的内容中,完成图像的风格迁移。

第 1 章中已经对 VGG 的原理以及 VGG-16 的网络结构进行了详细的阐述,VGG-19,顾名思义,比 VGG-16 增加 3 个卷积层,加深了网络的深度,网络结构和损失函数基本与 VGG-16 无异。VGG 相比于其他的基础网络结构,用 3×3 的卷积核来代替 7×7 的卷积核,使用了 2 个 3×3 卷积核代替了以往的 5×5 卷积核,这样做的目的主要是为了保证具有相同感受野的条件下,提升网络的深度,在一定程度上提升了网络的效果。

VGG-19 虽然只有 19 层,但是对于图像的特征提取是绰绰有余的。因此我们在此次的图像风格迁移模型中采用 VGG-19 作为 pre-trained(预训练)模型,只需要加载并获取 VGG 的权重,在模型中进行 feature map(特征图)的提取即可。

整个模型的思路如下:
- 初始化合成图(Combination Image)。
- 从 Content Image 中提取内容信息,最小化合成图内容和 Content Image 内容的差异。
- 从 Style Image 中提取风格信息,最小化合成图风格和 Style Image 风格的差异。
- 更新合成图的信息,得到最终 Combination Image。

3. 代码实现

(1) VGG-19 预训练模型加载和特征图提取

VGG-19 预训练模型下载地址为 https://www.cnblogs.com/gangpei/p/12620649.htm,VGG-19 的整体网络结构如图 4-34 所示,包含 5 个卷积块,每个卷积块中包含 2~4 个卷积层,并且采用 max-pooling 作为池化层。

```
VGG_DOWNLOAD_LINK = "http://www.vlfeat.org/matconvnet/models/imagenet-vgg-verydeep-19.mat"
VGG_FILENAME = "imagenet-vgg-verydeep-19.mat"
EXPECTED_BYTES = 534904783   #文件大小

class VGG(object):
    def __init__(self,input_img):
        #下载文件
        utils.download(VGG_DOWNLOAD_LINK,VGG_FILENAME,EXPECTED_BYTES)
        #加载文件
        self.vgg_layers = scipy.io.loadmat(VGG_FILENAME)["layers"]
        self.input_img = input_img
        self.mean_pixels = np.array([123.68,116.779,103.939]).reshape((1,1,1,3))
```

上述代码为 VGG-19 预训练模型的加载和权重参数的读取,采用的是 imagenet 数据集训练得到的 VGG-19 预训练。mat 格式参数模型,通过模块 scipy.io 的函数 loadmat()实现 Python 对 mat 数据的读取。VGG 在处理图像时候会将图片进行 mean-center,所以首先要计算 RGB 三个 channel 上的 mean(均值),这里直接赋值官方给定的数值,即[123.68,116.779,103.939]。

VGG-19 对内容图和风格图进行特征图的提取时,一般提取某一特定层或多个特定层的特征图的组合作为最终的提取结果。因此,首先需要构造一个函数用于获取指定层的权重信息。

```
def _weights(self,layer_idx,expected_layer_name):
    # 获取指定 layer 层的 pre-trained 权重
    W = self.vgg_layers[0][layer_idx][0][0][2][0][0]
    b = self.vgg_layers[0][layer_idx][0][0][2][0][1]
    # 当前层的名称
    layer_name = self.vgg_layers[0][layer_idx][0][0][0][0]
    assert layer_name == expected_layer_name,print("Layer name error!")
    return W,b.reshape(b.size)
```

权重获取函数 _weights 的参数包括：

- layer_idx：VGG-19 中定义的 layer id，即需要获取的层次 id。
- expected_layer_name：当前 layer 命名。

返回值为指定层的 pre-trained 权重 W 和 b。

assert：是 Python 中提供的断言操作，用于检测一个条件，如果条件为真，则什么都不做；反之触发一个带可选错误信息的 AssertionError。如代码中所示：

```
assert layer_name == expected_layer_name,print("Layer name error!")
```

用于判断提取出的层次名称是否与期望得到的层次名称一致，如果不一致则输出错误信息。

（2）构建基础网络层

VGG-19 网络由卷积层和池化层组合构建基础的网络框架，因此需要对卷积层和池化进行定义。注意，VGG-19 作者在其论文中分析得到：average-pooling 可以获得比 max-pooling 更好的效果。

① 卷积层定义。

```
def conv2d_relu(self,prev_layer,layer_idx,layer_name):
    with tf.variable_scope(layer_name):
        #获取当前权重(numpy 格式)
        W,b = self._weights(layer_idx,layer_name)
        W = tf.constant(W,name = "weights")
        b = tf.constant(b,name = "bias")
        #卷积操作
        conv2d = tf.nn.conv2d(input = prev_layer,
                              filter = W,
                              strides = [1,1,1,1],
                              padding = "SAME")
        #激活
        out = tf.nn.relu(conv2d + b)
        setattr(self,layer_name,out)
```

卷积层的输入参数为：

- prev_layer：前一层网络的输出 feature map，为 Tensor。
- layer_id：要提取的网络层 id。
- layer_name：当前层的命名，string 类型。

将提取出的权重和偏置值转化为 Tensor，由于采用预训练模型不需要重新训练 VGG 的权

重,因此初始化为常数,即:

```
W = tf.constant(W,name = "weights")
b = tf.constant(b,name = "bias")
```

tf.constant()函数为 TensorFlow 提供的创建常量的函数。

原型:

```
tf.constant(
    value,
    dtype = None,
    shape = None,
    name = 'Const',
    verify_shape = False)
```

参数:

● value:是一个必须的参数值,可以是一个数值,也可以是一个列表;可以是一维的,也可以是多维的。

● dtype:数据类型,一般可以是 tf.float32、tf.float64 等。

● shape:表示张量的"形状",即维数以及每一维的大小。

● name:当前操作的名称,可以是任何内容,只要是字符串就行。

● verify_shape:默认为 False,如果修改为 True 的话表示检查 value 的形状与 shape 是否相符,如果不符会报错。

②池化层定义。

```
def avgpool(self,prev_layer,layer_name):
    with tf.variable_scope(layer_name):
        # average pooling
        out = tf.nn.avg_pool(value = prev_layer,
                            ksize = [1,2,2,1],
                            strides = [1,2,2,1],
                            padding = "SAME")

        setattr(self,layer_name,out)
```

平均池化层 average pooling 的卷积核大小设置为 2×2,步长大小为 2×2,ksize 和 stride 参数也可以自行修改,输入参数包括:

● prev_layer:前一层网络(卷积层)。

● layer_name:当前 layer 命名。

tf.nn.avg_pool()函数为 TensorFlow 提供的对输入张量 value 执行平均池化操作,输出的每个条目为输入张量 value 中 ksize(卷积核)大小的窗口所有值的平均值。

原型:

```
tf.nn.avg_pool(
    value,
    ksize,
    strides,
```

```
        padding,
        data_format = 'NHWC',
        name = None)
```

参数:

• value:四维张量[batch,height,width,channels],数值类型为:float32,float64,qint8, quint8,qint32。

• ksize:四个整型值 int 的列表或元组,输入张量 value 的每个维度上的滑动窗口的尺寸大小。

• strides:四个整型值 int 的列表或元组,输入张量 value 的每个维度上的滑动窗口的步幅长度。

• padding:字符型参数,VALID 或 SAME,填充算法。

• data_format:字符型参数,NHWC 或 NCHW,分别代表[batch,height,width,channels]和[batch,height,channels,width]。

• name:可选参数,操作的名称。

返回:

对输入张量 value 执行平均池化操作后的输出张量,类型和输入张量 value 相同。

③构建 VGG-19 模型的图(graph)。

定义 load() 函数,构造的模型 graph,这里不同于原始 VGG,如上述的池化层,是将原有的 max-pooling 替换成了 average-pooling。代码中 convi_j 代表的是 VGG-19 中第 i 段的第 j 个卷积层,例如 conv4_1 代表第 4 段卷积中的第 1 个卷积层。

```
def load(self):
    self.conv2d_relu(self.input_img,0,"conv1_1")
    self.conv2d_relu(self.conv1_1,2,"conv1_2")
    self.avgpool(self.conv1_2,"avgpool1")
    self.conv2d_relu(self.avgpool1,5,"conv2_1")
    self.conv2d_relu(self.conv2_1,7,"conv2_2")
    self.avgpool(self.conv2_2,"avgpool2")
    self.conv2d_relu(self.avgpool2,10,"conv3_1")
    self.conv2d_relu(self.conv3_1,12,"conv3_2")
    self.conv2d_relu(self.conv3_2,14,"conv3_3")
    self.conv2d_relu(self.conv3_3,16,"conv3_4")
    self.avgpool(self.conv3_4,"avgpool3")
    self.conv2d_relu(self.avgpool3,19,"conv4_1")
    self.conv2d_relu(self.conv4_1,21,"conv4_2")
    self.conv2d_relu(self.conv4_2,23,"conv4_3")
    self.conv2d_relu(self.conv4_3,25,"conv4_4")
    self.avgpool(self.conv4_4,"avgpool4")
    self.conv2d_relu(self.avgpool4,28,"conv5_1")
    self.conv2d_relu(self.conv5_1,30,"conv5_2")
    self.conv2d_relu(self.conv5_2,32,"conv5_3")
    self.conv2d_relu(self.conv5_3,34,"conv5_4")
    self.avgpool(self.conv5_4,"avgpool5")
```

通过对预训练模型的加载、基础网络层的定义以及网络图的构建之后,可以获取 VGG-19 任意层训练好的参数,这为后续的图像风格迁移(Style Transfer)模型奠定了基础结构,下面将对风格迁移模型的构建代码 https://github.com/NELSONZHAO/zhihu/tree/master/ 进行研读。先对图像分割迁移模型的构建进行拆分,可以得到以下 7 个子步骤:

- 加载 VGG 参数。
- 计算 content loss(内容损失)。
- 计算 style loss(风格损失)。
- 计算总体 loss。
- 优化函数的构建。
- 构建模型图。
- 模型训练。

(3)加载 VGG 参数

```
def load_vgg(self):
    self.vgg = load_vgg.VGG(self.input_img)
    self.vgg.load()
    # mean-center
    self.content_img -= self.vgg.mean_pixels
    self.style_img -= self.vgg.mean_pixels
```

调用 VGG 类,构造 VGG 对象并且将参数加载进来。需要注意的是,VGG 在对图像进行处理时会将图像进行 mean-center(平均中心统计)操作,所以在模型的加载时同样需要对 content img 和 style img 进行 mean-center。

(4)计算 content loss(内容损失)

从原理分析部分可知,图像风格迁移的内容损失 $L_{content}(\vec{p},\vec{x},l)$ 的定义如下:

$$L_{content}(\vec{p},\vec{x},l) = \frac{1}{2}\sum_{ij}(F_{ij}^l - P_{ij}^l)^2$$

其中 $\vec{p}$ 代表 content image,$\vec{x}$ 代表合成图像,P^l 代表 content image 在第 l 层的 feature representations。同样,F^l 代表合成图像在第 l 层的 feature representations。在不考虑 batch size 的情况下,$F,P \in R^{N_l \times M_l}$,其中 N_l 代表第 l 层 feature maps 的数量。M_l 代表第 l 层 feature map 的 height × widths。

但是,在实际训练过程中,上述内容损失公式很难收敛,于是有学者提出用 $\frac{1}{4 \times P \cdot size}$ 替换 $\frac{1}{2}$,其中 $P \cdot size = width \times height \times channel$。根据上述公式,可以得到 content loss 函数的定义如下:

```
def _content_loss(self,P,F):
    """
    计算 content loss
    """
    self.content_loss = tf.reduce_sum(tf.square(F - P))/(4.0* P.size)
```

输入参数为:P(content image)和 F(combination image)。

reduce_sum()函数用于计算张量 tensor 沿着某一维度的和,可以在求和后降维。

原型:

```
tf.reduce_sum(
    input_tensor,
    axis = None,
    keepdims = None,
    name = None,
    reduction_indices = None,
)
```

参数:

- input_tensor:待求和的 tensor。
- axis:指定的维,如果不指定,则计算所有元素的总和。
- keepdims:是否保持原有张量的维度,设置为 True,结果保持输入 tensor 的形状,设置为 False,结果会降低维度,如果不传入这个参数,则系统默认为 False。
- name:操作的名称。
- reduction_indices:在以前版本中用来指定轴,已弃用。

(5)计算 style loss(风格损失)

style loss 的计算相比 content loss 要略复杂。在原始论文中,style loss 的公式定义如下:

$$L_{style}(\vec{p}, \vec{x}, l) = \frac{1}{4 N_l^2 M_l^2} \sum_{ij} (A_{ij}^l - G_{ij}^l)^2$$

在实际的应用上,常常利用多层而非一层的风格损失,多层的风格损失是单层风格损失的加权累加,即

$$L_{style}(\vec{p}, \vec{x}) = \sum_i w_l L_{style}(\vec{p}, \vec{x}, l)$$

上述公式中 G^l 代表 style image 在第 l 层 feature maps 的 Gram Matrix(格雷姆矩阵),A^l 代表合成图片在第 l 层 feature maps 的 Gram Matrix。N_l 代表第 l 层 feature maps 的数量,M_l 代表第 l 层 feature map 的 height × widths。Gram Matrix 可以获取到当前 l 层中不同 feature maps 的 feature correlations。不同于 content loss,style loss 中对多个层的 feature representation 进行加权计算,得到总的 style loss。论文中,作者使用了 conv1_1、conv2_1、conv3_1、conv4_1、conv5_1 五个层次。注意,对于不同层次的卷积层,采用递增的权重,即给更深的卷积层更大的权重。

因此,根据上述原理,style loss 的定义拆分以下三个函数:

- 计算 Gram Matrix 矩阵。
- 计算单个卷积块的 style loss。
- 加权求和总的 style loss。

① 计算 Gram Matrix。

```
def _gram_matrix(self,F,N,M):
    F = tf.reshape(F,(M,N))
    return tf.matmul(tf.transpose(F),F)
```

构建 F 的 Gram Matrix(格雷姆矩阵):$F^T F$,F 为 feature map,shape =(widths,heights,channels),N = feature map 的第三维度,M = feature map 的第一维度 × 第二维度。

②计算单个卷积块的 style loss。

```
def _single_style_loss(self, a, g):
    # 计算单层 style loss
    N = a.shape[3]
    M = a.shape[1] * a.shape[2]
    # 生成 feature map 的 Gram Matrix
    A = self._gram_matrix(a,N,M)
    G = self._gram_matrix(g,N,M)
    return tf.reduce_sum(tf.square(G - A))/((2 * N * M) ** 2)
```

输入参数 a 为当前 layer 风格图像的 feature map,g 为当期 layer 生成图像的 feature map,对应的 A 为当前层风格图像的 feature map 的 Gram Matrix,G 为生成图像的 feature map 的 Gram Matrix,通过调用 _gram_matrix()进行求解。

③加权求和总的 style loss。

```
def _style_loss(self,A):
    # 计算总的 style loss
    n_layers = len(A)
    # 计算 loss
    E = [self._single_style_loss(A[i],getattr(self.vgg,self.style_layers[i]))
        for i in range(n_layers)]
    #加权求和
    self.style_loss = sum(self.style_layer_w[i] * E[i] for i in range(n_layers))
```

参数 A 为风格图像的所有 feature map,因为采用了(conv1_1,conv2_1,conv3_1,conv4_1,conv5_1)五层输出,所以需要先求得总层数的大小 n_layer。然后调用_single_style_loss()函数求解得到各层的损失,再进行加权计算得到总的风格损失。其中各层对应的权重 style_layer_w 值为[0.5,1.0,1.5,3.0,4.0]。

(6)计算总体 loss

```
def losses(self):
    #模型总体 loss
    with tf.variable_scope("losses"):
        # contents loss
        with tf.Session() as sess:
            sess.run(self.input_img.assign(self.content_img))
            gen_img_content = getattr(self.vgg,self.content_layer)
            content_img_content = sess.run(gen_img_content)
        self._content_loss(content_img_content,gen_img_content)

        # style loss
        with tf.Session() as sess:
            sess.run(self.input_img.assign(self.style_img))
            style_layers = sess.run([getattr(self.vgg,layer) for layer in self.style_layers])
```

```
        self._style_loss(style_layers)
        #加权求得最终的 loss
        self.total_loss = self.content_w * self.content_loss + self.style_w * self.style_loss
```

总体损失函数的计算遵循公式：

$$L_{total}(\vec{p},\vec{a},\vec{x}) = \alpha L_{content}(\vec{p},\vec{x}) + \beta L_{style}(\vec{a},\vec{x})$$

其中，平衡内容损失和风格损失的权重参数 α 和 β 分别：

```
#定义 content loss 和 style loss 的权重
self.content_w = 0.001
self.style_w = 1
```

上述代码中有一个需要注意的地方：在模型中 content image、style image 和 combination image 共用一个 Tensor：input_img。这么定义的原因为三个不同图像需要进行相同的操作，input_img 的定义如下：

```
def create_input(self):
    """
    初始化图片 tensor
    """
    with tf.variable_scope("input"):
        self.input_img = tf.get_variable("in_img",
            shape = ([1,self.img_height,self.img_width,3]),
            dtype = tf.float32,
            initializer = tf.zeros_initializer())
```

在使用过程中，通过 TensorFlow 中的 assign 方法对变量 input_img 进行更改，从而实现共用同一个 variable。

(7) 优化函数的构建

优化器采用 Adam 优化，定义如下：

```
def optimize(self):
    self.optimizer = tf.train.AdamOptimizer(self.lr).minimize(self.total_loss,global_step = self.gstep)
```

(8) 构建模型图

```
def create_summary(self):
    with tf.name_scope("summary"):
        tf.summary.scalar("contents loss", self.content_loss)
        tf.summary.scalar("style loss",self.style_loss)
        tf.summary.scalar("total loss",self.total_loss)
        self.summary_op = tf.summary.merge_all()
```

①tf.summary.scalar( ) 函数，TensorFlow 提供用来显示标量信息，一般在画 loss，accuary 时会用到这个函数。

原型：

```
tf.summary.scalar(tags,values,collections = None,name = None)
```

参数:
- tags:生成节点的名字,也会作为 TensorBoard 中的系列的名字。
- value:包含一个值的实数 Tensor。
- collection:图的集合键值的可选列表,新的求和 op 被添加到这个集合中,缺省为[GraphKeys.SUMMARIES]
- name:可选项,设置时用作求和标签名称的前缀,这影响着 TensorBoard 所显示的标签名。

返回:

一个字符串类型的标量张量。

②tf.summary.merge_all。

merge_all 可以将所有 summary 全部保存到磁盘,以便 Tensorboard 显示。如果没有特殊要求,tf.summaries.merge_all(key = summaries)一般这一句就可以显示训练时的各种信息了。

(9)模型训练

```python
def train(self, epoches = 300):
    skip_step = 1
    with tf.Session() as sess:
        sess.run(tf.global_variables_initializer())
        writer = tf.summary.FileWriter("graphs/style_transfer",sess.graph)
        sess.run(self.input_img.assign(self.initial_img))
        saver = tf.train.Saver()
        ckpt = tf.train.get_checkpoint_state
            (os.path.dirname("checkpoints/% s_% s_style_transfer/checkpoint"%
(self.content_name,self.style_name)))
        if ckpt and ckpt.model_checkpoint_path:
            print("You have pre - trained model, if you do not want to use this, please delete the existing one.")
            saver.restore(sess, ckpt.model_checkpoint_path)
        initial_step = self.gstep.eval()
        for epoch in range(initial_step, epoches):
            #前面几轮每隔 10 个 epoch 生成一张图片
            if epoch > = 5 and epoch < 20:
                skip_step = 10
            #后面每隔 20 个 epoch 生成一张图片
            elif epoch > = 20:
                skip_step = 20
            sess.run(self.optimizer)
            if(epoch + 1)% skip_step = = 0:
                gen_image,total_loss,summary = sess.run([self.input_img,
                                    self.total_loss,self.summary_op])
                #对生成的图片逆向 mean - center,即在每个通道加上均值
                gen_image = gen_image + self.vgg.mean_pixels
                writer.add_summary(summary,global_step = epoch)
                print("Step{}\n Sum:{:5.1f}".format(epoch + 1,np.sum(gen_image)))
                print("Loss:{:5.1f}".format(total_loss))
```

```
                filename = "outputs/% s_% s/epoch_% d.png"% (self.content_name,
self.style_name,epoch)
                utils.save_image(filename,gen_image)
            #存储模型
            if(epoch + 1)% 20 = = 0:
                saver.save(sess,"checkpoints/% s_% s_style_transfer/style_
transfer"% (self.content_name,self.style_name),epoch)
```

注意：我们在使用加载 VGG-19 预训练模型时对图像按照 channel 进行了 mean-center，在这里需要对合成图像执行逆向操作，即在每个 channel 上加像素值的均值，即 gen_image = gen_image + self.vgg.mean_pixels。

global step 和学习率的定义如下：

```
self.gstep = tf.Variable(0,dtype = tf.int32,trainable = False,name = "global_step")
self.lr = 2.0
```

经过 300 次迭代训练之后，网络可以得到较好的风格迁移结果，结果如图 4-35 所示。

图 4-35　网络迁移结果图

4.3.2　基于 CycleGAN 的图像风格迁移

1. 背景介绍

通过第 3 章对 GAN 的学习了解后，我们可以感受到 GAN 在图像生成领域的强大之处。图像生成领域俨然已经成为 GAN 网络天下，因此近两年有学者提出将 GAN 应用于图像风格迁移领域。CycleGAN 则为将 GAN 应用于图像风格迁移的集大成之作，CycleGAN 为 ZHU J Y 在 2017 年发表于 ICCV 图像生成领域的一篇文章。CycleGAN 可以实现任何无配对数据（Unpaired）间的图像合成，即在原始图像和目标图像之间，无须建立训练数据间一对一的映射，就可实现图像的风格迁移，同时达到惊人的效果，如图 4-36 所示。

2. 原理分析

传统 GAN 的生成器 G 传入数据为随机噪声 Z，将随机噪声转换为图片，但是在风格迁移的应用上，实现的是图像与图像之间的转换。所以这个时候生成器的输入不再是随机噪声 Z，而是原始内容图像，生成器转变为学习一种映射关系 F。假设存在两个样本空间，X 和 Y 分别代表内容图像和风格图像，现在希望将 X 空间中的内容图像 x 转换成 Y 空间中的风格图像 y，得到 $F(x)$。对于生成的图像 $F(x)$，定义判别器为 D_Y，那么按照传统 GAN 的思想来定义生成

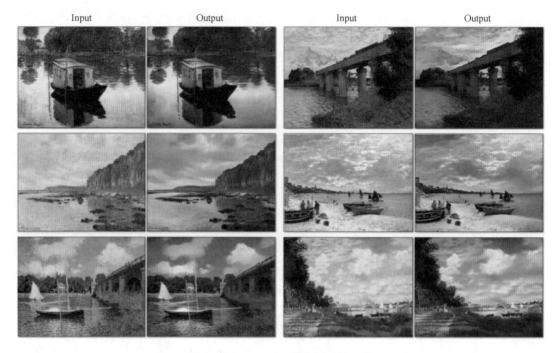

图 4-36 cycleGAN 风格迁移结果图

器和判别器的损失函数,得到:

$$L_{\text{GAN}}(F,D_Y,X,Y) = E_{y \approx p_{\text{data}}(y)}[\log D_Y(y)] + E_{x \approx p_{\text{data}}(x)}[\log(1-D_Y(F(x)))]$$

但是上述整体损失函数存在网络无法训练的问题。原因在于,F 完全可以将所有 x 都映射为 Y 空间中的同一张图片,导致 mode collapse,使得损失无效化。对此,原文作者提出了一种"循环一致性损失"(cycle consistency loss)概念。

"循环一致性损失"即在网络中引入两个 GAN 进行组合,通过引入一个新的映射 G,它可以将 Y 空间中的风格图像 y 转换为 X 空间中的内容图像,得到 $G(y)$。CycleGAN 同时学习 F 和 G 两个映射,期望 $F(G(y)) \approx y, G(F(x)) \approx x$。因此可以得到循环一致性损失的定义:

$$L_{\text{cyc}}(F,G,X,Y) = E_{x \approx p_{\text{data}}(x)}[\|G(F(x)-x)\|_1] + E_{y \approx p_{\text{data}}(y)}[\|F(G(y))-y\|_1]$$

进一步,为生成器也引入一个判别器 D_x,由此构建一个相同的 GAN 损失 $L_{\text{GAN}}(G,D_X,X,Y)$。因此整个 CycleGAN 最终的损失由三部分组成:

$$L = L_{\text{GAN}}(F,D_Y,X,Y) + L_{\text{GAN}}(G,D_X,X,Y) + \lambda L_{\text{cyc}}(F,G,X,Y)$$

因此,CycleGAN 本质上是两个镜像对称的 GAN,构成了一个环形网络。两个 GAN 共享两个生成器,并各自带一个判别器,即共有两个判别器和两个生成器。一个单向 GAN 两个 loss,两个 GAN 则共有四个 loss。

如图 4-37 所示,其中图(a),两个分布 X、Y,生成器 G、F 分别是 X 到 Y 和 Y 到 X 的映射,两个判别器 D_x、D_y 对转换后的图片进行判别。图(b)和(c)分别为 X 到 Y 的映射和 Y 到 X 的映射的循环一致性损失。

3. 代码实现

基于 TensorFlow 实现 CycleGAN 的斑马(zebra)和马(horse)两种不同风格的马的转换,采

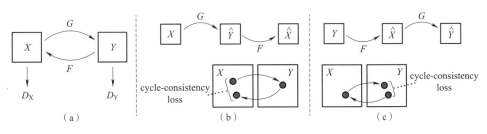

图 4-37 CycleGAN 循环一致性损失示意图

用 ImageNet horse2zebra 数据集,可通过 http://www.image-net.org/提供地址进行下载。horse2zebra 数据集包含 939 张 horse 图片和 1 177 张 zebra 图片。下面将对具体实现代码进行研读,完整代码可以从 https://github.com/xhujoy/GycleGAN-tensorflow 下载获取。

进行网络的搭建与训练之前,需要对整个流程进行一个划分,具体可以划分成以下几个模块:
- 网络参数定义。
- 基础网络层的定义。
- 构造生成器 Generator(Encoder + Transformer + Decoder)。
- 构造判别器(Discriminator)。
- 建立模型。
- 定义损失函数。
- 模型训练。

(1)网络参数定义

```
epoch = 200
batch_size = 1
fine_size = 256
ngf = 64
ndf = 64
input_nc = 3
output_nc = 3
lr = 0.0002
epoch_step = 100
beta1 = 0.5
L1_lambda = 10.0
use_resnet = True
```

- epoch:网络训练的迭代次数。
- batch_size:一次训练所选取的样本数。
- fine_size:对输入图像进行裁剪的 size。
- ngf:生成器第一层卷积对应的卷积核的个数。
- ndf:判别器第一层卷积对应的卷积核的个数。
- input_nc:输入图像通道数。
- output_nc:输出图像通道数。

- lr：学习率。
- epoch_step：多少次迭代进行一次学习率的衰减。
- beta1：Adam 优化器的动量大小。
- L1_lambda：L1 范式权重。
- use_resnet：生成器网络是否使用 reidule block。

（2）基础网络层的定义

①定义卷积层。

```
import tensorflow.contrib.slim as slim
def conv2d(input_, output_dim, ks = 4, s = 2, stddev = 0.02, padding = 'SAME', name = "conv2d"):
    with tf.variable_scope(name):
        return slim.conv2d(input_, output_dim, ks, s, padding = padding, activation_fn = None, weights_initializer = tf.truncated_normal_initializer(stddev = stddev), biases_initializer = None)
```

卷积层的卷积核大小设定为固定值 4×4，步长大小为 2，权重函数初始化正态分布的标准差（stddev）大小为 0.02。

tf.contrib.slim.conv2d() 函数，TensorFlow 提供的卷积操作函数，与 tf.nn.conv2d 功能一致。

原型：

```
convolution(inputs,
        num_outputs,
        kernel_size,
        stride = 1,
        padding = 'SAME',
        data_format = None,
        rate = 1,
        activation_fn = nn.relu,
        normalizer_fn = None,
        normalizer_params = None,
        weights_initializer = initializers.xavier_initializer(),
        weights_regularizer = None,
        biases_initializer = init_ops.zeros_initializer(),
        biases_regularizer = None,
        reuse = None,
        variables_collections = None,
        outputs_collections = None,
        trainable = True,
        scope = None)
```

参数：

- inputs：卷积的输入图像，Tensor。
- num_outputs：指定卷积核的个数（就是 filter 的个数）。
- kernel_size：指定卷积核的维度。

- stride:为卷积时在图像每一维的步长。
- padding:padding 的方式选择,VALID 或者 SAME。
- data_format:是用于指定输入的 input 的格式。
- rate:使用空洞卷积的膨胀率,rate 等于 1 为普通卷积,rate = n 代表卷积核中两数之间插入了 n − 1 个 0。
- activation_fn:用于激活函数的指定,默认的为 ReLU 函数。
- normalizer_fn:用于指定正则化函数。
- normalizer_params:用于指定正则化函数的参数。
- weights_initializer:指定权重的初始化程序。
- weights_regularizer:为权重可选的正则化程序。
- biases_initializer:用于指定 biase 的初始化程序。
- biases_regularize:biases 可选的正则化程序。
- reuse:指定是否共享层或者和变量。
- variable_collections:指定所有变量的集合列表或者字典。
- outputs_collections:指定输出被添加的集合。
- trainable:卷积层的参数是否可被训练。
- scope:共享变量所指的 variable_scope。

返回:

返回 Tensor,卷积操作的输出,即 feature map。

tf. truncated_normal_initializer()函数从截断的正态分布中输出随机值。生成的值服从具有指定平均值和标准偏差的正态分布,如果生成的值大于平均值 2 个标准偏差的值,则丢弃重新选择。

原型:

```
tf.truncated_normal_initializer(shape,mean = 0.0,stddev = 1.0,dtype = tf.float32,seed = None,name = None)
```

参数:
- shape:一个一维整数张量或一个 Python 数组。这个值决定输出张量的形状。
- mean:一个零维张量或类型属于 dtype 的 Python 值。这个值决定正态分布片段的平均值。
- stddev:一个零维张量或类型属于 dtype 的 Python 值。这个值决定正态分布片段的标准差。
- dtype:输出的类型。
- seed:一个 Python 整数。被用来为正态分布创建一个随机种子。
- name:操作的名字(可选参数)。

返回:

一个指定形状并用正态分布片段的随机值填充的张量。

②定义反卷积层。

```
def deconv2d(input_,output_dim,ks=4,s=2,stddev=0.02,name="deconv2d"):
    with tf.variable_scope(name):
        return slim.conv2d_transpose(input_, output_dim, ks, s, padding='SAME',
activation_fn=None, weights_initializer=tf.truncated_normal_initializer(stddev=
stddev),biases_initializer=None)
```

反卷积与卷积是相反的操作,采用 TensorFlow 中的 tensorflow.contrib.slim.conv2d_transpose 函数实现。

tensorflow.contrib.slim.conv2d_transpose() 函数实现反卷积,功能与 tensorflow.nn.con-v2d_transpose() 一致。这里反卷积的输出需要根据 stride 和 padding 方式进行计算。假设反卷积输入为[x,x],输出为[y,y],当 padding 为 SAME 时,y = x × stride;当 padding 为 VALID 时,(y - kernel_size)/stride + 1 = x,根据 x 可以求出 y。

原型:

```
def convolution2d_transpose(
    inputs,
    num_outputs,
    kernel_size,
    stride=1,
    padding='SAME',
    data_format=DATA_FORMAT_NHWC,
    activation_fn=nn.relu,
    normalizer_fn=None,
    normalizer_params=None,
    weights_initializer=initializers.xavier_initializer(),
    weights_regularizer=None,
    biases_initializer=init_ops.zeros_initializer(),
    biases_regularizer=None,
    reuse=None,
    variables_collections=None,
    outputs_collections=None,
    trainable=True,
    scope=None):
```

参数:

- inputs:一个四维 Tensor,形状为[batch,height,width,inchannels]。
- num-outputs:整数,卷积核的个数。
- kernel-size:卷积核大小,形状为[kernelheight,kernelwidth],如果高和宽相同的话也可以是一个整数。
- stride:卷积步长[strideheight,stridewidth],如果高和宽相同的话也可以是一个整数。
- padd-ing:填充方式,VALID 或者 SAME。
- data-format:数据格式,NHWC(默认)和 NCHW。
- activationfn:激活函数,默认为 ReLU。如果设置为 None,则不使用激活函数。
- normalizer-fn:归一化函数,用于代替 biase 的,如果归一化函数不为空,那么 biases-initializer 和 biases-regularizer 将会被忽略,而且 biases 不会被添加到卷积结果。默认设置为 None。

- normalizer-params：归一化函数的参数。
- weight-sinitializer：权重初始化器，默认为 xavier_initializer( )。
- weights-regularizer：权重正则化器，默认为 None。
- biases-initializer：偏置初始化器，默认是 0 初始化。如果设置为 None，则跳过。
- biases-regularizer：偏置正则化器，默认为 None。
- reuse：是否重用该网络层机器变量，如果重用网络层，那么必须提供 scope。
- variables-collections：变量集合，即把所有变量添加到这个集合中，默认为 None。
- outputs-collections：输出结果集合，把结果添加到这个集合中，默认为 None
- trainable：变量是否可训练，默认为 True。
- scope：变量的 variablescope。

返回：

一个代表卷积输出的 Tensor 值。

③定义归一化层。

归一化层，目前主要有以下几种方法：

- Batch Normalization(2015 年)。
- Layer Normalization(2016 年)。
- Instance Normalization(2017 年)。
- Group Normalization(2018 年)。
- Switchable Normalization(2018 年)。

假设输入的图像的 shape 为[N,C,H,W]，则不同的归一化操作对应的区别分别为：

- batch Norm(BN)在 batch 上，对 N、H、W 做归一化，对小 batchsize 效果不好。
- layer Norm(LN)在通道方向上，对 C、H、W 归一化，主要对 RNN 作用明显。
- instance Norm(IN)在图像像素上，对 H、W 做归一化，用在风格化迁移。
- Group Norm 将 channel 分组，然后再做归一化。
- Switchable Norm 是将 BN、LN、IN 结合，赋予权重，让网络自己去学习归一化层应该使用什么方法。

从图 4-38 可以看出，BN 注重对每个 batch 进行归一化，保证数据分布一致，因为判别模型中结果取决于数据整体分布。但是图像风格化中，生成结果主要依赖于某个图像实例，所以对整个 batch 归一化不适合图像风格化中，因而对 H、W 做归一化，可以加速模型收敛，并且保持每个图像实例之间的独立。

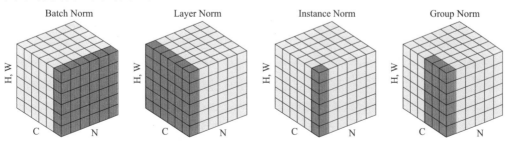

图 4-38　不同归一化操作示意图(来源于[43])

Instance Norm 首先将输入在深度方向上减去均值乘以标准差,同时为了增加非线性拟合能力,再乘以 scale 并加上 offset。对应的代码如下所示:

```
def instance_norm(input, name = "instance_norm"):
    with tf.variable_scope(name):
        depth = input.get_shape()[3]
        scale = tf.get_variable("scale",[depth], initializer = tf.random_normal_initializer(1.0,0.02,dtype = tf.float32))
        offset = tf.get_variable("offset",[depth], initializer = tf.constant_initializer(0.0))
        mean,variance = tf.nn.moments(input,axes =[1,2],keep_dims = True)
        epsilon = 1e-5
        inv = tf.rsqrt(variance + epsilon)
        normalized = (input - mean)* inv
        return scale* normalized + offset
```

tf.nn.moments()函数用于在指定维度计算均值和方差。

原型:

```
tf.nn.moments(
    x,
    axes,
    shift = None, #pylint: disable = unused-argument
    name = None,
    keep_dims = False)
```

参数:

- x:一个 Tensor,可以理解为我们输出的数据,形如[batchsize,height,width,kernels]。
- axes:整数数组,用于指定计算均值和方差的轴。如果 x 是 1-D 向量且 axes = [0],那么该函数就是计算整个向量的均值与方差。
- shift:未在当前实现中使用。
- name:用于计算 moment 的操作范围的名称。
- keep_dims:产生与输入具有相同维度的 moment,通俗点说就是是否保持维度。

返回:

两个 Tensor 对象:mean 和 variance。mean 为均值,variance 为方差。

tf.rsqrt(variance + epsilon):求解标准差,样本标准差 = 样本方差的算术平方根。

(3)构造生成器 Generator(Encoder + Transformer + Decoder)

生成器由三部分组成:编码器(Encoder)、转换器(Transformer)、解码器(Decoder),具体结构如图 4-39 所示。

① 编码。

输入大小固定为[256,256,3],第一步利用卷积神经网络从输入的图像中提取特征。整个编码过程,其实就是三个卷积块的卷积过程。大小为[256,256,3]的图像输入到编码器中,经过三个卷积块,获得大小为[64,64,256]的输出。对应代码如下:

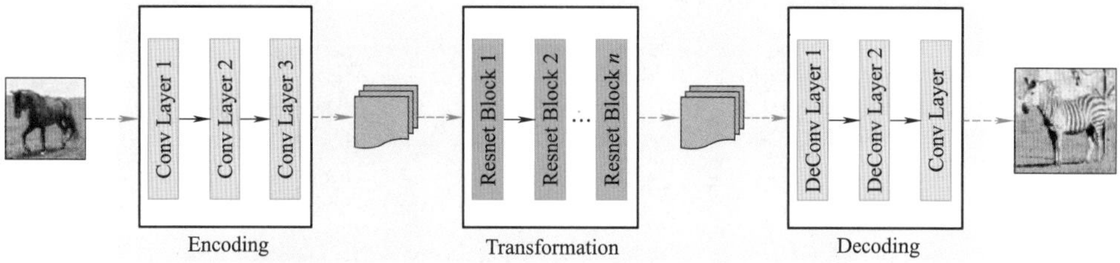

图 4-39　生成器结构图

```
c0 = tf.pad(image,[[0,0],[3,3],[3,3],[0,0]],"REFLECT")
c1 = tf.nn.relu(instance_norm(conv2d(c0,options.gf_dim,7,1,padding = 'VALID',name = 'g
_e1_c'),'g_e1_bn'))
c2 = tf.nn.relu(instance_norm(conv2d(c1,options.gf_dim* 2,3,2,name = 'g_e2_c'),'g_e2_
bn'))
c3 = tf.nn.relu(instance_norm(conv2d(c2,options.gf_dim* 4,3,2,name = 'g_e3_c'),'g_e3_
bn'))
```

先对输入图像进行填充,填充方式为"REFLECT"映射填充,即上下(1维)填充顺序和 paddings 是相反的,左右(零维)顺序补齐。例如 Tensor[(1,2),(4,5)],则填充之后的值为:

[[5.4.5.4.]

[2.1.2.1.]

[5.4.5.4.]

[2.1.2.1.]]

对图像进行填充之后,依次经过三个卷积块,每个卷积块包含 conv2d(卷积层)、Instance Normalization(归一化)和 relu(激活层)。

②转换。

转换器的作用是组合图像的不同相近特征,然后基于这些特征,确定如何将编码器输出的图像特征向量 c3 从 D_X 域转换为 D_Y 域的特征向量。因此,使用了 9 层 Resnet 模块。r9 表示该层的最终输出,尺寸为[64,64,256],这可以看作是 D_Y 域中图像的特征向量。

```
r1 = residule_block(c3,options.gf_dim* 4,name = 'g_r1')
r2 = residule_block(r1,options.gf_dim* 4,name = 'g_r2')
r3 = residule_block(r2,options.gf_dim* 4,name = 'g_r3')
r4 = residule_block(r3,options.gf_dim* 4,name = 'g_r4')
r5 = residule_block(r4,options.gf_dim* 4,name = 'g_r5')
r6 = residule_block(r5,options.gf_dim* 4,name = 'g_r6')
r7 = residule_block(r6,options.gf_dim* 4,name = 'g_r7')
r8 = residule_block(r7,options.gf_dim* 4,name = 'g_r8')
r9 = residule_block(r8,options.gf_dim* 4,name = 'g_r9')
```

其中,options.gf_dim 等于网络参数 ngf = 64。

一个 Resnet 模块是一个由两个卷积层组成的神经网络层,其中部分输入数据直接添加到输出,这样可以确保先前网络层的输入数据信息直接作用于后面的网络层,使得相应输出与原始输入的偏差缩小,否则原始图像的特征将不会保留在输出中,且输出结果会偏离目标轮廓。这个任务的一个主要目标是保留原始图像的特征,如目标的大小和形状,因此残差网络非常适合完成这些转换。Resnet 模块的结构如图 4-40 所示。

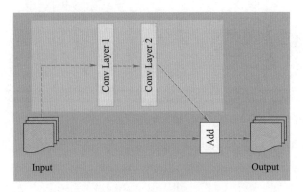

图 4-40　Resnet 模块结构图

每个 Resnet 模块由函数 residule_block( )进行定义,代码如下:

```
def residule_block(x,dim,ks = 3,s = 1,name = 'res'):
    p = int((ks - 1)/2)
    y = tf.pad(x,[[0,0],[p,p],[p,p],[0,0]],"REFLECT")
    y = instance_norm(conv2d(y,dim,ks,s,padding = 'VALID',name = name + '_c1'),
name + '_bn1')
    y = tf.pad(tf.nn.relu(y),[[0,0],[p,p],[p,p],[0,0]],"REFLECT")
    y = instance_norm(conv2d(y,dim,ks,s,padding = 'VALID',name = name + '_c2'),name + '_bn2')
    return y + x
```

③解码。

解码过程与编码方式完全相反,从特征向量中还原出低级特征,通过反卷积层(deconvolution)来完成。最后,将这些低级特征转换得到一张在 D_Y 域中大小为[256,256,3]的图像。

```
d1 = deconv2d(r9,options.gf_dim* 2,3,2,name = 'g_d1_dc')
d1 = tf.nn.relu(instance_norm(d1,'g_d1_bn'))
d2 = deconv2d(d1,options.gf_dim,3,2,name = 'g_d2_dc')
d2 = tf.nn.relu(instance_norm(d2,'g_d2_bn'))
d2 = tf.pad(d2,[[0,0],[3,3],[3,3],[0,0]],"REFLECT")
pred = tf.nn.tanh(conv2d(d2,options.output_c_dim,7,1,padding = 'VALID',name = 'g_pred_c'))
```

tf.nn.tanh( )函数计算 x 元素的双曲正切值。

原型:

```
tf.tanh(
    x,
    name = None)
```

参数:

● x:一个 Tensor 或具有 float16、float32、double、complex64 或 complex128 类型的 SparseTensor。

- name:操作的名称(可选)。

返回:

tf.tanh()函数返回一个 Tensor 或 SparseTensor,它们分别与 x 具有相同的类型。

(4)构造判别器(Discriminator)

判别器将一张图像作为输入,并尝试预测其为原始图像或是生成器的输出图像。鉴别器的结构如图 4-41 所示。

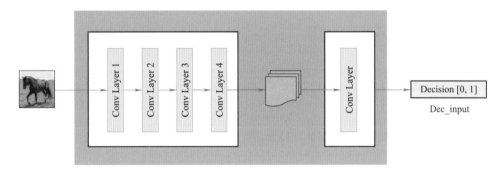

图 4-41 判别器结构图

判别器本身属于卷积网络,从图像中提取特征,然后确定这些特征是否属于特定类别,使用一个产生一维输出的卷积层来完成这个任务。代码如下:

```
def discriminator(image,options,reuse = False,name = "discriminator"):
    with tf.variable_scope(name):
        if reuse:
            tf.get_variable_scope().reuse_variables()
        else:
            assert tf.get_variable_scope().reuse is False
        h0 = lrelu(conv2d(image,options.df_dim,name = 'd_h0_conv'))
        h1 = lrelu(instance_norm(conv2d(h0,options.df_dim* 2,name = 'd_h1_conv'),'d_bn1'))
        h2 = lrelu(instance_norm(conv2d(h1,options.df_dim* 4,name = 'd_h2_conv'),'d_bn2'))
        h3 = lrelu(instance_norm(conv2d(h2,options.df_dim* 8,s =1,name = 'd_h3_conv'),'d_bn3'))
        h4 = conv2d(h3,1,s =1,name = 'd_h3_pred')
        return h4
```

输入图像的大小为[256,256,3],即生成器和原图的大小。其中 h0 的输出维度为[128,128,3],h1 的输出维度为[64,64,128],h2 的输出维度为[32,32,256],h3 的输出维度为[32,32,512],h4 的输出维度为[32,32,1]。

(5)建立模型

通过上述生成器和判别器的构建,完成了整个模型中最主要的两个部分。如 CycleGAN 原理剖析中所分析,需要让整个模型可以从 $X{\rightarrow}Y$ 和 $Y{\rightarrow}X$ 两个方向工作,所以 CycleGAN 设置了两个生成器,即生成器 $X{\rightarrow}Y$ 和生成器 $Y{\rightarrow}X$,以及两个判别器。

先定义基础输入变量,来构建模型:

```
real_data = tf.placeholder(tf.float32,
                          [None,self.image_size,self.image_size,
                           self.input_c_dim + self.output_c_dim],
                          name = 'real_A_and_B_images')
real_A = self.real_data[:,:,:,:self.input_c_dim]
real_B = self.real_data[:,:,:,self.input_c_dim:self.input_c_dim + self.output_c_dim]
```

real_data 是一个共用变量,将生成器 X 和 Y 的输入图像同时输入,再通过 real_A 和 real_B 进行分拆提取。同时定义模型如下:

```
gen_B = build_generator(real_A,name = "generator_AtoB")
gen_A = build_generator(real_B,name = "generator_BtoA")
dec_A = build_discriminator(real_A,name = "discriminator_A")
dec_B = build_discriminator(real_B,name = "discriminator_B")

dec_gen_A = build_discriminator(gen_A,"discriminator_A")
dec_gen_B = build_discriminator(gen_B,"discriminator_B")
cyc_A = build_generator(gen_B,"generator_BtoA")
cyc_B = build_generator(gen_A,"generator_AtoB")
```

gen_* 表示使用相应的生成器后生成的图像,dec_* 表示将生成器的输入传递到鉴别器后做出的判断。因此:

①gen_A 是生成器 Y→X,根据真 y 生成的假 x;gen_B 是生成器 X→Y,根据真 x 生成的假 y。

②dec_A 是鉴别器 X 对真 x 的鉴别结果;dec_B 是鉴别器 Y 对真 y 的鉴别结果。

③dec_gen_A 是鉴别器 X 对 gen_A 的鉴别结果;dec_gen_B 是鉴别器 Y 对 gen_B 的鉴别结果。

④cyc_A 是生成器 Y→X 根据 gen_B 生成的假 y 进一步生成的假 x;cyc_B 是生成器 X→Y 根据 gen_A 生成假 x 进一步生成的假 y。

(6) 定义损失函数

损失函数按照原理分析,应该包括以下四个部分:

- 鉴别器必须对所有相应类别的原始图像作出正确的判断,即对应输出置 1。
- 鉴别器必须拒绝所有生成器生成的"假"图像,即对应输出置 0。
- 生成器必须尽力与鉴别器进行博弈,不断生成可以以假乱真的图像,使鉴别器允许通过所有的生成图像,让判别器对生成图像输出 1。
- 所生成的图像必须保留有原始图像的特性,即当使用生成器 X→Y 生成一张假图像,那么要能够使用另一个生成器 Y→X 来努力恢复成原始图像。此过程必须满足循环一致性。

因此,分别对生成器和判别器的损失进行定义:

①生成器损失。

生成器的目的是使得鉴别器对其生成图像的输出值尽可能接近 1。故生成器想要最小化 $(\text{Discriminator}_Y(\text{Generator}_{X \to Y}(x)) - 1)^2$ 或 $(\text{Discriminator}_X(\text{Generator}_{Y \to X}(y)) - 1)^2$。对应代码为:

```
g_loss_A_1 = tf.reduce_mean(tf.squared_difference(dec_gen_B,1))
g_loss_B_1 = tf.reduce_mean(tf.squared_difference(dec_gen_A,1))
```

CycleGAN 采用了循环一致性损失,故还需定义循环一致性损失,用于判断另一个生成器得到的生成图像与原始图像的差别。因此原始图像和循环图像之间的差异应该尽可能小：

```
cyc_loss = tf.reduce_mean(tf.abs(real_A - cyc_A)) + tf.reduce_mean(tf.abs(real_B - cyc_B))
```

所以完整的生成器损失必须结合循环一致性损失，如下：

```
g_loss_A = g_loss_A_1 + 10 * cyc_loss
g_loss_B = g_loss_B_1 + 10 * cyc_loss
```

cyc_loss 的乘法因子设置为 10，这里设置了循环损失比鉴别损失更重要。

② 判别器损失。

通过训练判别器 X，使其对真 x 的判别输出接近于 1，判别器 Y 的目的也是一致的。因此，判别器 X 的训练目标为最小化 $(\text{Discriminator}:X(x)-1)^2$ 的值，判别器 Y 类推。

另外，由于判别器应该能够区分生成图像和原始图像，所以在处理生成图像时期望输出为 0，即判别器 X 要最小化 $(\text{Discriminator}:Y(\text{Generator}:Y \to X(y)))^2$ 的值。对应代码如下：

```
d_loss_A_1 = tf.reduce_mean(tf.squared_difference(dec_A,1))
d_loss_B_1 = tf.reduce_mean(tf.squared_difference(dec_B,1))

d_loss_A_2 = tf.reduce_mean(tf.square(dec_gen_A))
d_loss_B_2 = tf.reduce_mean(tf.square(dec_gen_B))

d_loss_A = (d_loss_A_1 + d_loss_A_2)/2
d_loss_B = (d_loss_B_1 + d_loss_B_2)/2
```

(7) 模型的训练

```
d_A_trainer = optimizer.minimize(d_loss_A,var_list = d_A_vars)
d_B_trainer = optimizer.minimize(d_loss_B,var_list = d_B_vars)
g_A_trainer = optimizer.minimize(g_loss_A,var_list = g_A_vars)
g_B_trainer = optimizer.minimize(g_loss_B,var_list = g_B_vars)
```

分别对四个生成器和判别器定义训练优化器，得到判别器 X 的优化器 d_A_trainer，判别器 Y 的优化器 d_B_trainer，生成器 $X \to Y$ 的优化器 g_A_trainer 以及生成器 $Y \to X$ 的优化器 g_B_trainer。

```
for epoch in range(args.epoch):
    if(epoch < 100):
        curr_lr = 0.0002
    else:
        curr_lr = 0.0002 - 0.0002 * (epoch - 100)/100
    for ptr in range(0,num_images):
        # 训练生成器 GX - >Y
        _,gen_B_temp = sess.run([g_A_trainer,gen_B],feed_dict = {input_A:A_input[ptr],input_B:B_input[ptr],lr:curr_lr})
        _ = sess.run([d_B_trainer],feed_dict = {input_A:A_input[ptr],input_B:B_input[ptr],lr:curr_lr})
        _,gen_A_temp = sess.run([g_B_trainer,gen_A],feed_dict = {input_A:A_input[ptr],input_B:B_input[ptr],lr:curr_lr})
```

```
_ = sess.run([d_A_trainer],feed_dict = {input_A:A_input[ptr],input_B:B_input
[ptr],lr:curr_lr})
```

A_input 和 B_input 分别对应于输入的数据样本斑马(zebra)和马(horse)。定义学习率变化规则,学习率保持恒定直到达到 100epoch,然后缓慢衰减。最终训练结果如图 4-42 所示。

图 4-42　训练结果图

4.4　命名实体标注

命名实体识别是自然语言处理中序列标注问题的一个分支,序列标注问题包括自然语言处理中的分词、词性标注、命名实体识别,关键词抽取等。在做序列标注的过程中,我们只需要把特定的标签集合起来,就可以完成序列标注任务。本节将对序列标注中的命名实体识别问题进行详细介绍。

4.4.1　背景介绍

序列标注是自然语言处理(Natural Language Processing,NLP)中的常见问题,近年来随着深度学习的发展,RNN 在序列标注问题中取得了重大进展。序列标注问题包括 NLP 中的词性标注、命名实体识别、关键词抽取等。我们只需给定特定的标签集合,就可以进行序列标注。所谓"序列标注",就是说对于一个一维线性输入序列,给线性序列中的每个元素打上标签集合中的某个标签。

其实序列标注问题从本质上来说是一个分类问题,就是按照词性对单词进行分类。看似容易,但这实现起来需要考虑到多个方面的因素,因为一个词的词性不仅是由其在所属语言的含义所决定,还由其形态、语法功能和上下文环境等多方面因素所决定。

随着 RNN 的快速发展,传统的解决序列问题的方法逐渐被取代。本节主要讲述的是用深度学习(神经网络)的方法来进行命名实体识别,使用目前主流有效的方法 LSMT + CRF。

LSMT 模型拥有强大的序列建模功能,能够抓取距离很远的上下文信息进行分析,而且还具备神经网络拟合非线性的能力。CRF 模型通过特征模板扫描整个句子,主要关注句子局部特征的线性加权组合。为了将以上两个模型的优点结合起来,学术界提出了 bi-LSTM + CRF 模型,bi-LSTM 指的是双向 LSTM。

下面将用 TensorFlow 实现序列标注的例子介绍基于 bi-LSTM + CRF 和字符嵌入实现 NER 和 POS,网络结构如图 4-43 所示。在介绍命名实体识别这个案例之前我们需要清楚以下概念和模型。

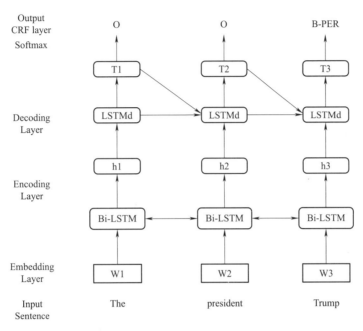

图 4-43 网络结构

4.4.2 概念解释

命名实体识别(Named Entity Recognition,NER)是自然语言处理的一项基础任务。NER 指从文本中识别出命名性指称项,为关系抽取等任务做铺垫。一般是指识别出人名、地名和组织机构名这三类命名实体。具体来说是识别出待处理文本中三大类(实体类、时间类和数字类)、七小类(人名、机构名、地名、时间、日期、货币和百分比)命名实体。其实,命名实体识别任务本质上就是进行序列标注任务。请看下面这个识别例子:

John	lives	in	New	York	and	works	for	the	European	Union
B-PER	O	O	B-LOC	I-LOC	O	O	O	O	B-ORG	I-ORG

其中,识别实体包括位置(LOC)、人员(PER)、组织(ORG)和杂项(MISC),除此之外使用标记方案来区分开头(标签 B-…)、实体内部(标签 I-…),无实体(标签 O)。

这样就可以解释上面的例子,其中 John 是人名用 PER 表示,并且它是开头单词要加上标签 B,lives 和 in 是无实体标签类用 O 表示,New York 是位置用 LOC 表示,并且它是实体内部加上标签 I,后面的单词与前面标记方法一致就不一一阐述了。

虽然上述过程看起来有一点复杂,但也有规律可循,那么我们可以制作一个系统来为上述句子的每个单词分配一个类进行识别。但是，系统不像人们有生活经验，那么它如何正确区分其中包含的这些人名、地名和组织等实体呢？这就引入了另一个重要的内容，通过提取上下文信息来进行学习。

近年来，随着硬件能力的发展以及词的分布式表示(word embedding)的出现，神经网络可以有效处理许多 NLP（自然语言处理）任务的模型，学界提出了 LSTM-CRF 模型做序列标注。

4.4.3 模型

在实现命名实体识别程序之前，我们可以先将其模型架构整理出来。整个模型的主要由是循环神经网络(Recurrent Neural Network，RNN)组成，如果详细划分，可以将模型分为三个部分：词表示、词的上下文信息表示和解码。

- 词表示：先加载一些预先训练好的单词嵌入，从字符中提取一些含义。
- 词的上下文信息表示：使用 LSTM 获得每个词上下文的意思，得到它们有意义的表示。
- 解码：用获得的每个单词的向量得到最终预测。

1. 词表示

用词向量 $w \in R^n$ 来表示每一个单词，捕获每个词本身的信息。

词向量由两部分连接起来：一部分是用 GloVe 训练出来的词向量 $w_{glove} \in R^{d_1}$，另一部分是字符级别的向量 $w_{chars} \in R^{d_2}$。

在之前进行表示时需要手工提取并表示一些特征，例如，如果单词以大写字母开头，则为 0 或 1 的组件。而在这个模型里面，不再需要人工提取特征，可以通过字符级别上使用双向 LSTM 提取一些拼写层面的特征。

单词 $w = [c_1, \cdots, c_p]$ 每个字符 $c_i \in R^{d_3}$（区分大小写）都和一个向量关联。我们在字符嵌入序列上运行双向 LSTM 并连接最终状态以获得固定大小的向量 $w_{chars} \in R^{d_2}$。该向量提取了字母级别的特征，例如大小写的特征。然后，将它和 Glove 训练好的 $w_{glove} \in R^{d_1}$ 拼接起来得到一个代表单词的向量表达：$w = [w_{glove}, w_{chars}] \in R^n$。

```
#规模大小 = (批量数据规模,在批量数据中句子的最大长度)
word_ids = tf.placeholder(tf.int32,shape = [None,None])
#规模大小 = (批量数据规模)
sequence_lengths = tf.placeholder(tf.int32,shape = [None])
```

当 TensorFlow 接收批量的单词和数据时，为了使它们具有相同的长度，需要对句子进行填充。所以需要定义 2 个占位符。

```
L = tf.Variable(embeddings,dtype = tf.float32,trainable = False)
#规模大小 = (批量数据,句子,词向量规模)
pretrained_embeddings = tf.nn.embedding_lookup(L,word_ids)
```

使用 TensorFlow 内置函数来加载单词嵌入，读取 word embeddings。假设这个 embeddings 是一个由 GloVe 训练出来的 numpy 数组，那么 embeddings[i] 表示第 i 个词的向量表示。注意，在此处使用 tf.Variable 并且参数设置 trainable = False，而不是用 tf.constant，否则可能会面临内存问题。

```
# 规模大小 = (批量数据规模,句子的最大长度,词的最大长度)
char_ids = tf.placeholder(tf.int32,shape = [None,None,None])
# 规模大小 = (批量数据规模,句子的最大长度)
word_lengths = tf.placeholder(tf.int32,shape = [None,None])
```

从字符构建表示,仍然用到两个占位符来确保单词具有相同长度,使用 None 是因为在此处选择了动态填充,也就是和 batch 的最大长度对齐。所以,句子长度和单词长度取决于 batch。

```
# 1. 得到嵌入字符
K = tf.get_variable(name = "char_embeddings",dtype = tf.float32,shape = [nchars,dim_char])
# 规模大小 = (批量数据,句子,单词,嵌入字符的维度)
char_embeddings = tf.nn.embedding_lookup(K,char_ids)
# 2. 为 dynamic_rnn 放入时间维度
s = tf.shape(char_embeddings) # store old shape
# 规模大小 = (批量数据×句子,词,嵌入字符的维度)
char_embeddings = tf.reshape(char_embeddings,shape = [-1,s[-2],s[-1]])
word_lengths = tf.reshape(self.word_lengths, shape = [-1])
# 3. 对字符进行双向 LSTM
cell_fw = tf.contrib.rnn.LSTMCell(char_hidden_size,state_is_tuple = True)
cell_bw = tf.contrib.rnn.LSTMCell(char_hidden_size,state_is_tuple = True)
_,((_,output_fw),(_,output_bw)) = tf.nn.bidirectional_dynamic_rnn(cell_fw,
cell_bw,char_embeddings,sequence_length = word_lengths,dtype = tf.float32)
# 规模大小 = (批量数据×句子,2×隐藏的字符规模)
output = tf.concat([output_fw,output_bw],axis = -1)
# 规模大小 = (批量数据,句子,2×隐藏的字符规模)
char_rep = tf.reshape(output,shape = [-1,s[1],2* char_hidden_size])
# 规模大小 = (批量数据,句子,2×隐藏的字符规模 + 单词向量规模)
word_embeddings = tf.concat([pretrained_embeddings,char_rep],axis = -1)
```

因为没有任何预训练的字符嵌入,所以调用 tf.get_variable()函数来初始化矩阵。也要 reshape 一下四维的向量,来匹配 bidirectional_dynamic_rnn 所需要的输入要求。需要注意的是,此处我们通过使用特殊参数 sequence_length 来确保最后得到有效状态。若遇到无效步长,dynamic_rnn 则直接穿过这个状态并且返回零向量。

2. 词的上下文信息表示

在我们得到了词向量 w 之后,就可以对句子里的每一个词运行 LSTM 或 bi-LSTM,从而得到另一个向量表示:$h \in R^k$。

```
cell_fw = tf.contrib.rnn.LSTMCell(hidden_size)
cell_bw = tf.contrib.rnn.LSTMCell(hidden_size)

(output_fw, output_bw), _ = tf.nn.bidirectional_dynamic_rnn(cell_fw, cell_bw, word_embeddings,sequence_length = sequence_lengths,dtype = tf.float32)

context_rep = tf.concat([output_fw,output_bw],axis = -1)
```

此处使用的是每个时间步骤隐藏层的输出而不是最终状态的输出,输入一个有 m 个单词的句子 $w_1, w_2, \cdots, w_n \in R$,最终会得到 $h_1, h_2, \cdots, h_m \in R^k$,并且此时的输出包含了上下文信息。

3. 解码

在编码阶段计算得分,每个单词 w 和它的上下文信息表示的向量 h 相关联。从字的含义、字符及其上下文中捕获信息做出最后预测。

```
W = tf.get_variable("W",shape =[2* self.config.hidden_size,self.config.ntags],
                dtype = tf.float32)
b = tf.get_variable("b",shape =[self.config.ntags],dtype = tf.float32,
                initializer = tf.zeros_initializer())
ntime_steps = tf.shape(context_rep)[1]
context_rep_flat = tf.reshape(context_rep,[ -1,2* hidden_size])
pred = tf.matmul(context_rep_flat,W) + b
scores = tf.reshape(pred,[ -1,ntime_steps,ntags])
```

可使用一个全连接层搞定,通过使用全连接的神经网络来获得一个向量,其中每个条目对应于每个标签的分数。需要注意的是,此处使用 zero_initializer 初始化偏置,并且可以通过 softmax 和线性 CRF 两种方案做出最后的预测。其中 softmax 是将得分归一化为概率,但其只是局部考虑,并没有考虑相邻词的影响。第二种 linear-chain CRF 将相邻词的影响也考虑在内。

4.4.4 代码研读

在训练时损失函数使用的是 CRF 损失,计算公式为:

$$CRF : p(\tilde{y}) = \frac{e^{c(\tilde{y})}}{Z}$$

$$localsoftmax : P(\tilde{y}) = \Pi pt(\tilde{y}')$$

其中,$\tilde{y}$ 为正确的标注序列,它的概率为 P。

上式看起来和计算起来都很复杂,但是在 TensorFlow 中已经被包装好了,我们只下面用一行代码就可以实现对它的调用。

```
# 规模大小 = (批量数据,句子)
labels = tf.placeholder(tf.int32,shape =[None,None],name = "labels")
log_likelihood,transition_params = tf.contrib.crf.crf_log_likelihood(scores, labels,
sequence_lengths)
loss = tf.reduce_mean( - log_likelihood)
```

下面是损失的计算,也十分简便,需要用 tf.sequence_mask 将 sequence 转化为布尔向量。

```
losses = tf.nn.sparse_softmax_cross_entropy_with_logits(logits = scores, labels =
labels)
# 规模大小 = (批量数据,句子,nclasses)
mask = tf.sequence_mask(sequence_lengths)
# 应用掩膜
losses = tf.boolean_mask(losses,mask)
loss = tf.reduce_mean(losses)
```

最终训练操作可以被定义为:

```
optimizer = tf.train.AdamOptimizer(self.lr)
train_op = optimizer.minimize(self.loss)
```

tf.train.AdamOptimizer()函数是 Adam 优化算法,它是寻找全局最优点的优化算法,引入了二次方梯度校正,并且经过偏置校正后,每一次迭代学习率都有个确定范围,使得参数比较平稳。

本 章 小 结

本章主要介绍了四个基于 TensorFlow 的深度学习应用案例:人脸识别与性别年龄判别、车牌识别、图像风格迁移和命名实体标注,从案例的背景介绍、原理分析以及代码实现三个角度进行讲解。这四个案例涵盖了目标分类、目标识别、目标检测、图像变换以及自然语言处理等领域。通过这些案例的学习,读者对使用深度学习技术解决实际问题有了直观的了解,有助于提高解决实际问题的能力。

参 考 文 献

[1] 邱锡鹏. 神经网络与深度学习[EB/OL]. (2019-4-18)[2019-12-01]. https://nndl.github.io/nndl-book.pdf.

[2] LECUN Y, BENGIO Y, HINTON G. Deep learning[J]. Nature, 2015, 521(7553): 436-444.

[3] LECUN Y, BOTTOU L, BENGIO Y, et al. Gradient-based learning applied to document recognition[J]. Proceedings of the IEEE, 1998, 86(11): 2278-2324.

[4] KRIZHEVSKY A, SUTSKEVER I, HINTON G E. Imagenet classification with deep convolutional neural networks[A]. Neural information processing systems 2012[C]. NY: Curran Associates, 2012: 1097-1105.

[5] SZEGEDY C, LIU W, JIA Y, et al. Going deeper with convolutions[A]. Proceedings of the IEEE conference on computer vision and pattern recognition[C]. Boston, MA: IEEE, 2015: 1-9.

[6] SIMONYAN K, ZISSERMAN A. Very deep convolutional networks for large-scale image recognition[J]. arXiv preprint arXiv, 2014, 1409.1556.

[7] HE K, ZHANG X, REN S, et al. Deep residual learning for image recognition[A]. Proceedings of the IEEE conference on computer vision and pattern recognition[C]. Las Vegas, NV: IEEE, 2016: 770-778.

[8] GOODFELLOW I, POUGET-ABADIE J, MIRZA M, et al. Generative adversarial nets[A]. Advances in neural information processing systems[C]. Montreal, Canada: Curran Associates, 2014: 2672-2680.

[9] ARJOVSKY M, CHINTALA S, BOTTOU L. Wasserstein gan[J]. arXiv preprint arXiv, 2017, 1701.07875.

[10] ZHU J Y, PARK T, ISOLA P, et al. Unpaired image-to-image translation using cycle-consistent adversarial networks[A]. Proceedings of the IEEE international conference on computer vision[C]. Venice: IEEE, 2017: 2223-2232.

[11] BROCK A, DONAHUE J, SIMONYAN K. Large scale gan training for high fidelity natural image synthesis[J]. arXiv preprint arXiv, 2018, 1809.11096.

[12] HOCHREITER S, SCHMIDHUBER J. Long short-term memory[J]. Neural computation, 1997, 9(8): 1735-1780.

[13] OLAH, C. Understanding LSTM Networks[EB/OL]. http://colah.github.io/posts/2015-08-Understanding-LSTMs

[14] J. DENG, W. DONG, R. SOCHER, et al. ImageNet: A large-scale hierarchical image database[A]. Proceedings of the IEEE Conference on Computer Vision and Pattern Recognition[C]. Miami, FL: IEEE, 2009: 248-255

[15] LECUN Y, BOTTOU L, BENGIO Y, et al. Gradient-based learning applied to document recognition[J]. Proceedings of the IEEE, 1998, 86(11): 2278-2324.

[16] KRIZHEVSKY A, SUTSKEVER I, HINTON G E. Imagenet classification with deep convolutional neural networks[A]. Advances in neural information processing systems[C]. NY: Curran Associates, 2012: 1097-1105.

[17] ARORA S, BHASKARA A, GE R, et al. Provable bounds for learning some deep representations[A]. International Conference on Machine Learning[C]. New York, NY: ACM, 2014: 584-592.

[18] ÇATALYÜREK Ü V, AYKANAT C, UÇAR B. On two-dimensional sparse matrix partitioning: Models, methods, and a recipe[J]. SIAM Journal on Scientific Computing, 2010, 32(2): 656-683.

[19] LEE H, KWON H. Going deeper with contextual CNN for hyperspectral image classification[J]. IEEE Transactions on Image Processing, 2017, 26(10): 4843-4855.

[20] LIN M, CHEN Q, YAN S. Network in network[J]. arXiv preprint arXiv, 2013: 1312.4400.

[21] WU S, ZHONG S, LIU Y. Deep residual learning for image steganalysis[J]. Multimedia tools and applications, 2018, 77(9): 10437-10453.

[22] REN S, HE K, GIRSHICK R, et al. Faster r-cnn: Towards real-time object detection with region proposal networks[A]. Advances in neural information processing systems[C]. NY: Curran Associates, 2015: 91-99.

[23] REDMON J, DIVVALA S, GIRSHICK R, et al. You only look once: Unified, real-time object detection[A]. Proceedings of the IEEE conference on computer vision and pattern recognition[C]. Las Vegas, NV: IEEE, 2016: 779-788.

[24] ZHAO Q, SHENG T, WANG Y, et al. M2det: A single-shot object detector based on multi-level feature pyramid network[A]. Proceedings of the AAAI Conference on Artificial Intelligence[C]. Menlo Park, CA: AAAI, 2019, 33: 9259-9266.

[25] RONNEBERGER O, FISCHER P, BROX T. U-net: Convolutional networks for biomedical image segmentation[A]. International Conference on Medical image computing and computer-assisted intervention[C]. New York: Springer, Cham, 2015: 234-241.

[26] CIRESAN D, GIUSTI A, GAMBARDELLA L M, et al. Deep neural networks segment neuronal membranes in electron microscopy images[A]. Advances in neural information processing systems[C]. NY: Curran Associates, 2012: 2843-2851.

[27] LONG J, SHELHAMER E, DARRELL T. Fully convolutional networks for semantic segmentation[A]. Proceedings of the IEEE conference on computer vision and pattern recognition[C]. Boston, MA, USA: IEEE, 2015: 3431-3440.

[28] HE K, GKIOXARI G, DOLLÁR P, et al. Mask r-cnn[A]. Proceedings of the IEEE international conference on computer vision[C]. Piscataway, NJ: IEEE, 2017: 2961-2969.

[29] REN S, HE K, GIRSHICK R, et al. Faster r-cnn: Towards real-time object detection with region proposal networks[A]. Advances in neural information processing systems[C]. NY: Curran Associates, 2015: 91-99.

[30] LIU A, YANG Y, SUN Q, et al. A Deep Fully Convolution Neural Network for Semantic Segmentation Based on Adaptive Feature Fusion[A]. 2018 5th International Conference on Information Science and Control Engineering[C]. Piscataway, NJ: IEEE, 2018: 16-20

[31] SIMONYAN K, ZISSERMAN A. Very deep convolutional networks for large-scale image recognition[J]. arXiv preprint arXiv, 2014: 1409.1556.

[32] CHEN L C, PAPANDREOU G, KOKKINOS I, et al. Deeplab: Semantic image segmentation with deep convolutional nets, atrous convolution, and fully connected crfs[J]. IEEE transactions on pattern analysis and machine intelligence, 2017, 40(4): 834-848.

[33] LIN G, MILAN A, SHEN C, et al. Refinenet: Multi-path refinement networks for high-resolution semantic segmentation[A]. Proceedings of the IEEE conference on computer vision and pattern recognition[C]. Honolulu, HI: IEEE, 2017: 1925-1934.

[34] MIRZA M, OSINDERO S. Conditional generative adversarial nets[J]. arXiv preprint arXiv, 2014: 1411.1784.

[35] OORD A, KALCHBRENNER N, KAVUKCUOGLU K. Pixel recurrent neural networks[J]. arXiv preprint arXiv,

2016:1601.06759.

[36] VAN DEN OORD A, KALCHBRENNER N, ESPEHOLT L, et al. Conditional image generation with pixelcnn decoders[A]. Advances in neural information processing systems[C]. NY: Curran Associates, 2016: 4790-4798.

[37] KINGMA D P, WELLING M. Auto-encoding variational bayes[J]. arXiv preprint arXiv, 2013:1312.6114.

[38] KINGMA D P, DHARIWAL P. Glow: Generative flow with invertible 1x1 convolutions[A]. Advances in neural information processing systems[C]. NY: Curran Associates, 2018:10215-10224.

[39] 郑华滨. 令人拍案叫绝的 Wasserstein GAN[EB/OL]. (2017-04-20)[2019-12-01]. https://zhuanlan.zhihu.com/p/25071913

[40] GULRAJANI I, AHMED F, ARJOVSKY M, et al. Improved training of wasserstein gans[A]. Advances in neural information processing systems[C]. NY: Curran Associates, 2017:5767-5777.

[41] BROCK A, DONAHUE J, SIMONYAN K. Large scale gan training for high fidelity natural image synthesis[J]. arXiv preprint arXiv, 2018:1809.11096.

[42] RADFORD A, METZ L, CHINTALA S. Unsupervised representation learning with deep convolutional generative adversarial networks[J]. arXiv preprint arXiv, 2015:1511.06434, 2015.

[43] KEITAKURITA. Machine Learning Explained. [EB/OL](2018-01-13)[2019-12-01]. https://mlexplained.com/2018/11/30/an-overview-of-normalization-methods-in-deep-learning/

[44] ZHANG H, GOODFELLOW I, METAXAS D, et al. Self-attention generative adversarial networks[A]. International Conference on Machine Learning[C]. NY: ACM, 2019:7354-7363.

[45] ZHANG K, ZHANG Z, LI Z, et al. Joint face detection and alignment using multitask cascaded convolutional networks[J]. IEEE Signal Processing Letters, 2016, 23(10):1499-1503.

[46] GK_2014. 车牌识别实践: Python + OpenCV + CNN [EB/OL](2018-12-04)[2019-12-01]. https://blog.csdn.net/GK_2014/article/details/84779166.